信息安全

技术大讲堂

从实践中学习

Kali Linux 网络扫描

大学霸IT达人◎编著

机械工业出版社
China Machine Press

图书在版编目（CIP）数据

从实践中学习Kali Linux网络扫描/大学霸IT达人编著. —北京：机械工业出版社，2019.7

（信息安全技术大讲堂）

ISBN 978-7-111-63036-4

Ⅰ. 从… Ⅱ. 大… Ⅲ. Linux操作系统－安全技术 Ⅳ. TP316.85

中国版本图书馆CIP数据核字（2019）第126611号

从实践中学习 Kali Linux 网络扫描

出版发行：机械工业出版社（北京市西城区百万庄大街 22 号 邮政编码：100037）

责任编辑：欧振旭 李华君　　责任校对：姚志娟

印　　刷：中国电影出版社印刷厂　　版　　次：2019 年 7 月第 1 版第 1 次印刷

开　　本：186mm×240mm 1/16　　印　　张：15.5

书　　号：ISBN 978-7-111-63036-4　　定　　价：69.00 元

凡购本书，如有缺页、倒页、脱页，由本社发行部调换

客服热线：（010）88379426 88361066　　投稿热线：（010）88379604

购书热线：（010）68326294　　读者信箱：hzit@hzbook.com

前言

网络扫描是发现网络和了解网络环境的一种技术手段。借助网络扫描，我们可以探测网络规模，寻找活跃主机，然后对主机进行侦查，以便了解主机开放的端口情况。基于这些信息，可以判断该主机的操作系统和运行服务等信息。

本书详细讲解了网络扫描涉及的各项理论知识和技术。书中首先从理论层面帮助读者明确扫描的目的和方式，然后从基本协议的角度讲解了通用的扫描技术，最后过渡到特定类型网络环境的专有扫描技术。在先期扫描完成后，本书继续深入讲解了如何借助响应内容识别目标，并对常见的服务给出了扫描建议。在最后的相关章节，本书详细讲解了高效的数据整理和分析方式。

本书特色

1. 内容实用，可操作性强

在实际应用中，网络扫描是一项操作性极强的技术。本书将秉承这个特点，合理安排内容，从第 1 章开始就详细地讲解了扫描环境的搭建和靶机建立。在后续的章节中，将对每个扫描技术都配以操作实例，以带领读者动手练习。

2. 充分讲解网络扫描的相关流程

网络扫描的基本流程包括探测主机存活、端口/服务发现、目标识别。同时，作为渗透测试的一个环节，往往还要进行后续的信息整理和分析。本书将详解这四个流程，手把手带领读者完成网络扫描的相关任务。

3. 由浅入深，容易上手

本书充分考虑到了初学者的情况，首先从概念讲起，帮助他们明确网络扫描的目的和基本扫描思路；然后详细讲解了如何准备实验环境，例如需要用到的软件环境、靶机和网络环境。这样可以让读者更快上手，理解网络扫描的作用。

4. 环环相扣，逐步讲解

网络扫描是一个理论、应用和实践三者紧密结合的技术。任何一个有效的扫描策略都由对应的理论衍生应用，并结合实际情况而产生。本书遵循这个规律，从协议工作机制开始讲解，然后依次讲解应用方式，最后结合实例给出扫描策略。

5. 提供完善的技术支持和售后服务

本书提供了 QQ 交流群（343867787）供读者交流和讨论学习中遇到的各种问题，另外还提供了服务邮箱 hzbook2017@163.com。读者在阅读本书的过程中若有疑问，可以通过 QQ 群或邮箱来获得帮助。

本书内容

第 1 章网络扫描概述，主要介绍了网络扫描的基本概念和学习环境的准备，如网络扫描的目的、扫描方式、配置靶机、配置网络环境及法律边界等问题。

第 2 章扫描基础技术，主要介绍了常见的通用扫描技术，以及这些技术所依赖的理论基础，这些技术包括 ICMP 扫描、TCP 扫描、UDP 扫描和 IP 扫描。

第 3~5 章主要介绍了特定网络的专有扫描技术，主要包括局域网扫描、无线网络扫描和广域网扫描技术。例如，局域网支持 ARP 扫描和 DHCP 扫描；无线网络支持无线监听方式，以实现网络扫描。

第 6 章目标识别，主要介绍了当发现主机时，如何通过指纹信息识别系统和服务的版本。同时，还介绍了通过 SNMP 和 SMB 这两种服务分析目标信息的方法。

第 7 章常见服务扫描策略，主要介绍了 7 大类共 27 种常见服务的判断和版本识别方法，如网络基础服务、文件共享服务、Web 服务、数据库服务和远程登录服务等。

第 8 章信息整理及分析，主要介绍了网络扫描后数据的整理和分析方式。本章简要讲解了如何使用 Maltego 以思维导图的形式归纳数据，并拓展、延伸出新的信息。

附录 A 特殊扫描方式，介绍了 FTP 弹跳扫描和僵尸扫描两种特殊扫描方式。

附录 B 相关 API，介绍了用户在安装某个第三方 Transform 时，需要使用的 API Key。

本书配套资源获取方式

本书涉及的工具和软件需要读者自行下载，下载途径有以下几种：

- 根据图书中对应章节给出的网址自行下载；
- 加入技术讨论 QQ 群（343867787）获取；
- 登录华章公司网站 www.hzbook.com，在该网站上搜索到本书，然后单击“资料下载”按钮，即可在页面上找到“配书资源”下载链接。

本书内容更新文档获取方式

为了让本书内容紧跟技术的发展和软件更新，我们会对书中的相关内容进行不定斯更新，并发布对应的电子文档。需要的读者可以加入 QQ 交流群（343867787）获取，也可以通过华章公司网站上的本书配套资源链接下载。

本书读者对象

- 渗透测试技术人员；
- 网络安全和维护人员；
- 信息安全技术爱好者；
- 计算机安全技术自学者；
- 高校相关专业的学生；
- 专业培训机构的学员。

本书阅读建议

- Kali Linux 内置了 Nmap 和 Maltego 等工具，使用该系统的读者可以跳过第 1.3.1 节、8.1.1 节和 8.1.2 节的内容。
- 学习阶段建议多使用靶机进行练习，以避免因为错误操作而影响实际的网络环境。
- 由于安全工具经常会更新、增补不同的功能，因此建议读者定期更新工具，以获取更稳定和更强大的环境。

本书作者

本书由大学霸 IT 达人技术团队编写。感谢在本书编写和出版过程中给予我们大量帮助的各位编辑！

由于作者水平所限，加之写作时间较为仓促，书中可能还存在一些疏漏和不足之处，敬请各位读者批评指正。

编著者

目录

第 1 章　网络扫描概述

随着互联网络的飞速发展，网络入侵行为日益严重，网络安全已成为人们的关注点。在实施渗透测试过程中，网络扫描是收集目标系统信息的重要技术之一。通过实施网络扫描，可以发现一个网络中活动的主机、开放的端口及对应服务等。本章将介绍网络扫描的目的和方式。

1.1　扫描目的

通过网络扫描，用户能够发现网络中活动的主机和主机上开放的端口，进而判断出目标主机开放的服务。然后通过对服务的扫描，还可以获取到目标主机的操作系统类型、服务欢迎信息和版本等信息。本节将介绍网络扫描的目的。

1.1.1　发现主机

通过对一个网络中的主机实施扫描，即可发现该网络中活动的主机。当发现网络中活动的主机后，用户就可以在扫描时重新规划扫描范围，而不需要对所有主机进行扫描，这样将会节约大量的时间和资源，而且扫描的结果更精确。这样用户可以针对活动主机做进一步扫描，以探测开放的端口，进而推断出开放的服务信息等。

1.1.2　探测端口

当用户扫描到网络中活动的主机后，即可探测该活动主机中开放的所有端口。这里的端口指的不是物理意义上的端口，而是特指 TCP/IP 协议中的端口，它是逻辑意义上的端口。在 TCP/IP 协议中，最常用的协议是 TCP 和 UDP 协议，由于这两个协议是独立的，因此各自的端口号也相互独立。例如，TCP 有 235 端口，UDP 也可以有 235 端口，且两者并不冲突。

在 TCP/IP 协议中的端口，可以根据它们的用途进行分类。因此下面将介绍一下端口的类型，以方便用户判断端口所对应的程序。

1．周知端口（Well Known Ports）

周知端口是众所周知的端口号，范围为 0～1023。例如，WWW 服务默认端口为 80，FTP 服务默认端口为 21 等。不过，用户也可以为这些网络服务指定其他端口号，但是有些系统协议使用固定的端口号，是不能被改变的。例如，139 端口专门用于 NetBIOS 与 TCP/IP 之间的通信，不能手动改变。

2．动态端口（Dynamic Ports）

动态端口的范围是 49152～65535。之所以称为动态端口，是因为它们一般不固定分配某种服务，而是根据程序申请，系统自动进行动态分配。

3．注册端口

1024～49151 端口，是用来分配给用户进程或应用程序的。这些进程主要是用户所安装的一些应用程序，而不是已经分配好了公认端口的常用程序。这些端口在没有被服务器资源占用的时候，可以供用户端动态选用。

1.1.3　判断服务

在计算机网络中，每个服务默认都有对应的端口。例如，FTP 服务默认端口为 21，SSH 服务默认端口为 22，HTTP 服务默认端口为 80 等。所以，如果用户探测出目标主机开放的端口后，即可判断出对应的服务了。为了帮助用户能够快速地判断出开放端口所对应的服务，这里将以表格形式列出一些常见的服务及其对应端口，如表 1.1 所示。

表 1.1　常见的TCP端口号及服务

端口	服务	协议	说明
20、21	FTP	TCP	FTP为档案传输协议。20/TCP是FTP Data使用；21/TCP是FTP Control使用
22	SSH	TCP	Secure Shell（SSH）是一种较安全的远程连接协议
23	Telnet	TCP	Telnet为远程签入协议，如BBS
25	SMTP	TCP	Simple Mail Transfer Protocol（SMTP）是Internet的信件传送协议，用于不同邮件服务器间或使用者到服务器间数据传输

（续）

端口	服务	协议	说明
53	DNS	TCP、UDP	DNS服务器的名称查询
80	HTTP	TCP	World Wide Web Service
88	Kerberos	TCP、UDP	网络账号验证协议
110	POP3	TCP	收信软件（Client端）协议
119	NNTP	TCP	Usenet新闻讨论群组协议，即News服务器使用的网络通信协议
135	RPC	RPC	网络上Windows平台计算机网络服务彼此间沟通用的协议。例如，邮件客户端连到Exchange Server时，先透过port 135建立RPC连接，接着再使用port 1024以上某个动态范围的port进行数据传输
137	NetBIOS Name Server	TCP、UDP	WINS Server就是NetBIOS Name Server，透过WINS Server做名称解析得知网络主机的IP地址
138	NetBIOS Datagram	UDP	是NetBIOS over TCP/IP的一部分，用于网络登入（NetLogon）及网络浏览（Browsing）功能。例如，网上邻居的使用
139	NetBIOS Session Services	TCP	是NetBIOS over TCP/IP的一部分，用于档案分享及网络打印机打印功能
143	IMAP4	TCP	邮件存取协议，类似POP3协议。例如，使用邮件客户端软件可以设定使用IMAP4来连接支持IMAP4邮件服务
161	SNMP	UDP	Simple Network Management Protocol（SNMP）是网络管理时所使用的协议。网管软件及网络接口设备与操作系统平台间透过SNMP协议进行必要的网络管理信息交换
162	SNMP Trap	UDP	使用SNMP做网络管理时，Trap可以使被管理的设备在系统发生紧急状况时通知网管系统
194	IRC	TCP	Internet Relay Chat Protocol（IRC），网络聊天协议
389	LDAP	LDAP	Lightweight Directory Access Protocol，AD透过LDAP连到DC对AD数据库查询
443	HTTPS	TCP	SSL使用的port，透过SSL，使用者端的Browser与WWW Server可以达到安全、加密的数据传输目的
593	RPC over HTTP	TCP	使用在COM+的服务上
993	IMAP	TCP	使用SSL加密的IMAP联机
995	POP3	TCP	使用SSL加密的POP3联机
1433	SQL Server	TCP、UDP	SQL Server是一种数据库服务，使用通信端网络链接库透过TCP/IP进行通信
1434	SQL Monitoring	TCP	用来监控SQL Server的性能

（续）

端口	服务	协议	说明
3306	MySQL	TCP	MySQL数据库服务
3389	RDP	TCP	Remote Desktop Protocol（RDP）

1.2 扫描方式

用户可以使用三种扫描方式来实施网络扫描，分别是主动扫描、被动扫描和第三方扫描。本节将分别介绍这三种扫描方式。

1.2.1 主动扫描

主动扫描就是用户主动发送一些数据包进行扫描，以找到网络中活动的主机。其中，用于主动扫描的工具有很多，如 Netdiscover、Nmap 和 Ping 等。例如，当用户使用 Ping 命令实施主动扫描时，将会发送一个 ICMP Echo-Request 报文给目标主机，如果目标主机收到该请求，并回应一个 ICMP Echo-Reply 报文，则说明该目标主机是活动的。

1.2.2 被动扫描

被动扫描是通过长期监听广播包，来发现同一网络中的活动主机。一般情况下发送广播包，主要有两个原因。一个原因是，应用程序希望在本地网络中找到一个资源，而应用程序对该资源的地址又没有预先储备。例如 ARP 广播包，用于获取局域网内某 IP 对应的 MAC 地址。另一个原因是由于一些重要的功能。例如，路由器要求把它们的信息发送给所有可以找到的邻机。

1.2.3 第三方扫描

用户还可以借助第三方主机来实施扫描。例如，使用公开的网络服务或者控制其他主机/设备来实施扫描。下面将介绍一些第三方扫描方式。

1. Shodan的使用

Shodan 是目前最强大的搜索引擎。但是，它与 Google 这种搜索网址的搜索引擎不同，

Shodan 是用来搜索网络空间中在线设备的，用户可以通过 Shodan 搜索指定的设备，或者搜索特定类型的设备。其中，Shodan 上最受欢迎的搜索内容是 webcam、linksys、cisco、netgear 和 SCADA 等。Shodan 搜索引擎的网址为 https://www.shodan.io/，界面如图 1.1 所示。

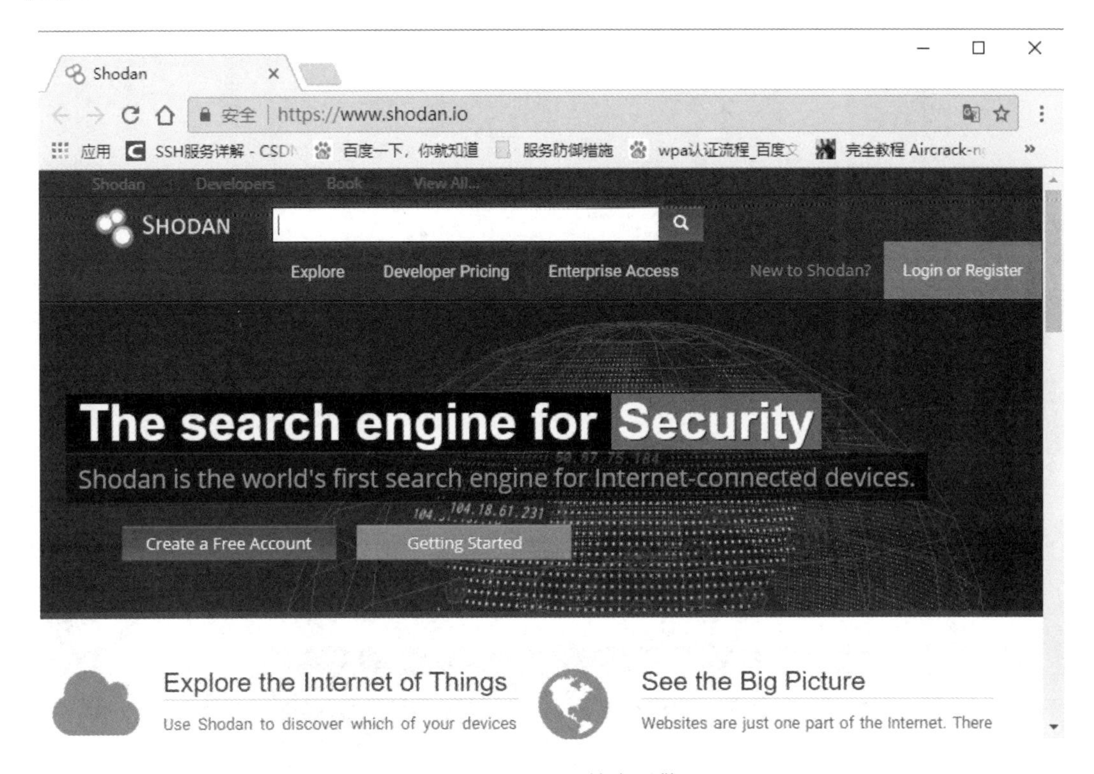

图 1.1　Shodan 搜索引擎

该界面就是 Shodan 搜索引擎的主界面。这里就像是用 Google 一样，在主页的搜索框中输入想要的内容即可。例如，这里搜索一个 SSH 关键词，显示结果如图 1.2 所示。

从该界面中可以看到搜索到的结果，主要包括两个部分：其中，左侧是大量的汇总数据，包括 TOTAL RESULTS（搜索结果总数）、TOP COUNTRIES（使用最多的国家）、TOP SERVICES（使用最多的服务/端口）、TOP ORGANIZATIONS（使用最多的组织/ISP）、TOP OPERATING SYSTEMS（使用最多的操作系统）和 TOP PRODUCTS（使用最多的产品/软件名称）；中间的主页面就是搜索结果，包括 IP 地址、主机名、ISP、该条目的收录时间、该主机位于的国家和 Banner 信息等。如果想要了解每个条目的具体信息，则需要单击每个条目下方的 Details 按钮即可。此时，URL 会变成这种格式 https://www.shodan.io/host/[IP]，如图 1.3 所示，所以用户也可以通过直接访问指定的 IP 来查看详细信息。

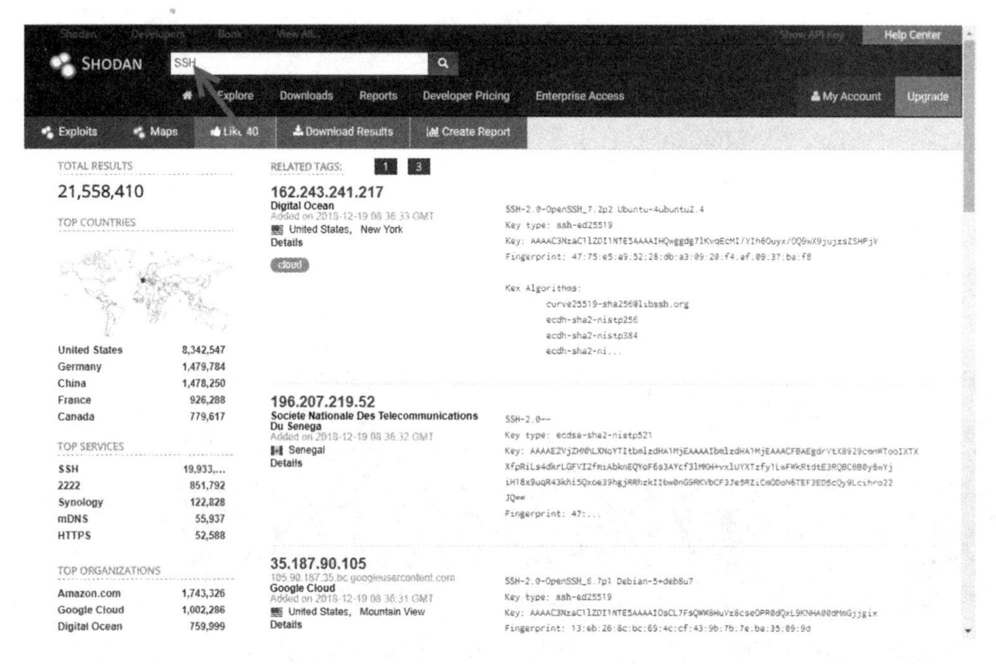

图 1.2　搜索结果

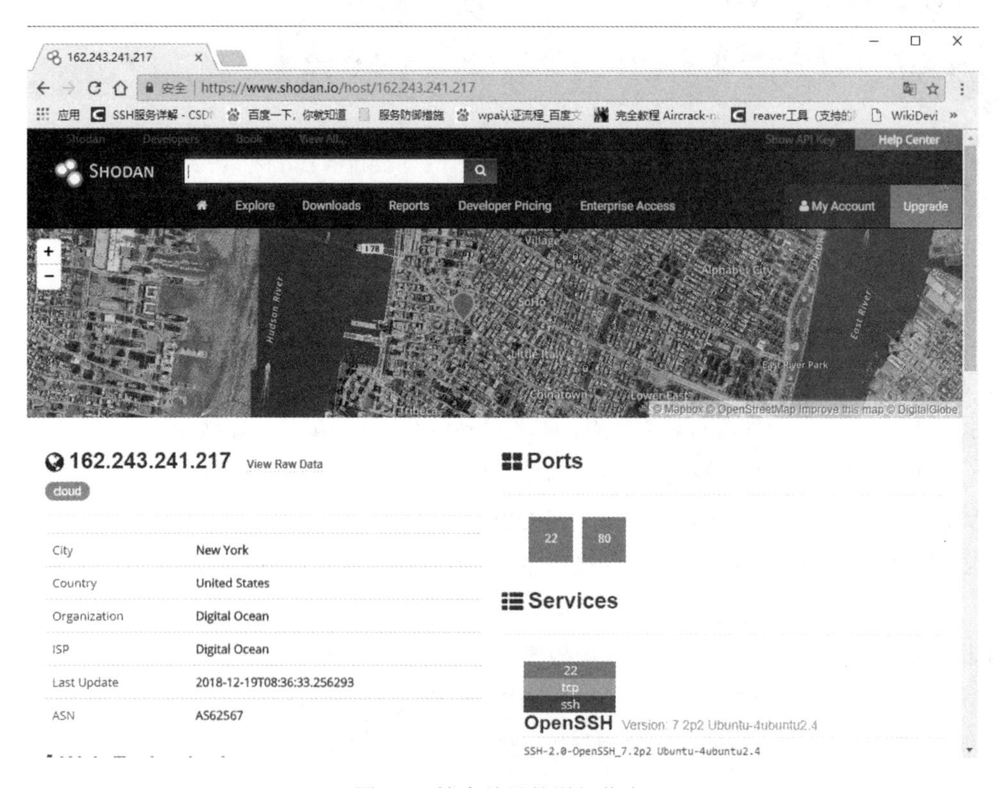

图 1.3　搜索结果的详细信息

从图 1.3 顶部的地图中可以看到主机的物理位置。从左侧可以了解到主机的相关信息，右侧显示了目标主机的端口列表及其详细信息。

如果像前面那样单纯地只使用关键字直接进行搜索，则搜索的结果可能不太满意。此时，用户可以使用一些特定的命令对搜索结果进行过滤。其中，常见的过滤器命令如下：

- hostname：搜索指定的主机名或域名，如 hostname:"baidu"。
- port：搜索指定的端口或服务，如 port:"21"。
- country：搜索指定的国家，如 country:"CN"。
- city：搜索指定的城市，如 city:"beijing"。
- org：搜索指定的组织或公司，如 org:"google"。
- isp：搜索指定的 ISP 供应商，如 isp:"China Telecom"。
- product：搜索指定的操作系统、软件和平台，如 product:"Apache httpd"。
- version：搜索指定的软件版本，如 version:"1.6.2"。
- geo：搜索指定的地理位置，参数为经纬度，如 geo:"31.8639, 117.2808"。
- before/after：搜索指定收录时间前后的数据，格式为 dd-mm-yy，如 before:"11-11-15"。
- net：搜索指定的 IP 地址或子网，如 net:"210.45.240.0/24"。

【实例 1-1】使用 Shodan 查找位于国内的 Apache 服务器。搜索过滤器的语法格式为 apache country:"CN"。此时，在 Shodan 的搜索文本框中输入该过滤器，如图 1.4 所示。

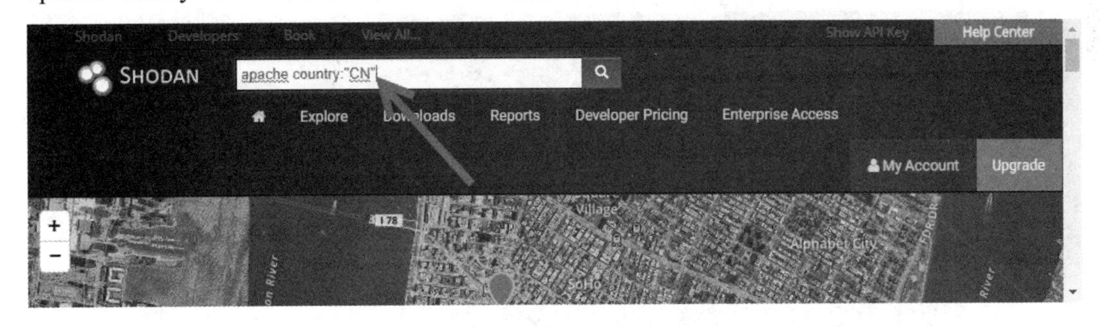

图 1.4 搜索过滤器

在搜索框中输入以上过滤器后，单击 （搜索）按钮，即可显示其扫描结果，如图 1.5 所示。

从图 1.5 中可以看到扫描到的结果。如果想要查看某个主机的具体位置，单击 Maps 按钮后，Shodan 会将查询结果可视化地展示在地图当中，如图 1.6 所示。

Shodan 服务还支持用户将扫描结果生成一个报表并下载下来。如果想要生成报表，可以单击 Create Report 按钮，将弹出一个对话框，如图 1.7 所示。

在该对话框中需要指定一个标题。例如，这里设置标题为 SSH。然后，单击 Create Report

按钮，将显示如图 1.8 所示页面。

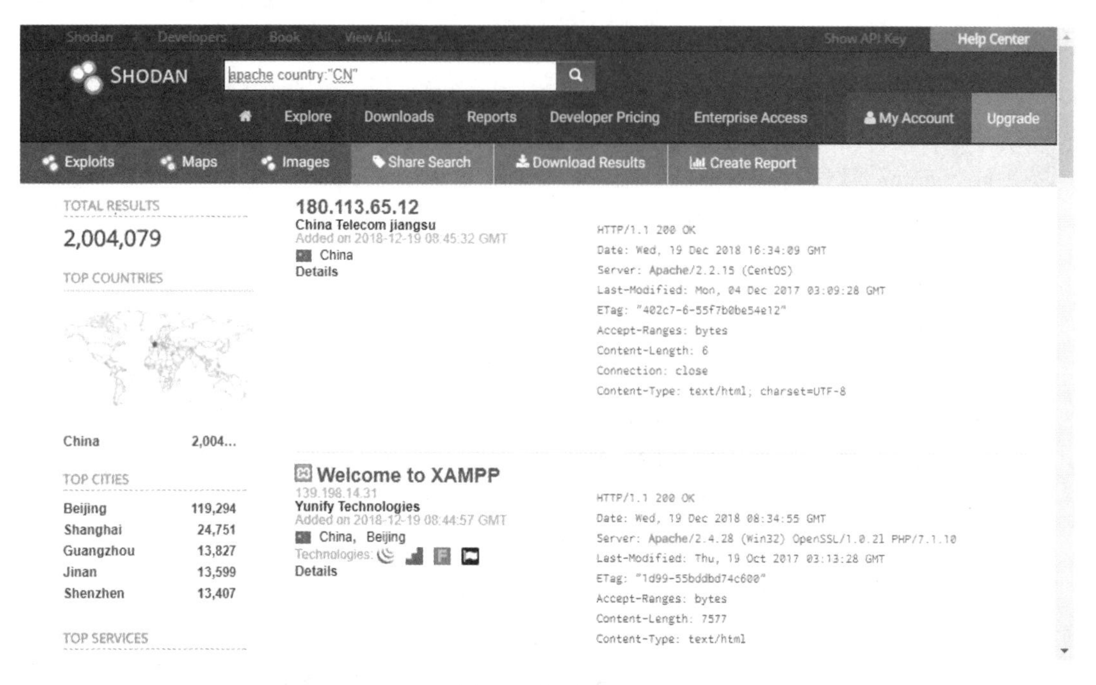

图 1.5　扫描结果

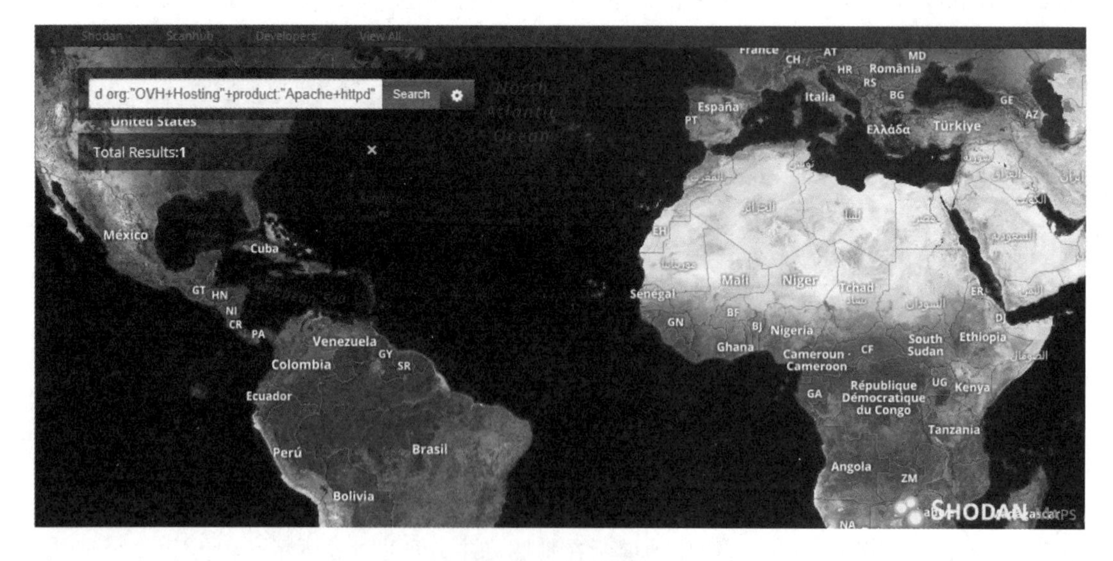

图 1.6　地图位置

从图 1.8 中可以看到一条提示信息，显示报告已生成成功，并且该报告已发送到注册账号的邮箱中。此时，进入邮箱即可看到接收到的邮件，如图 1.9 所示。

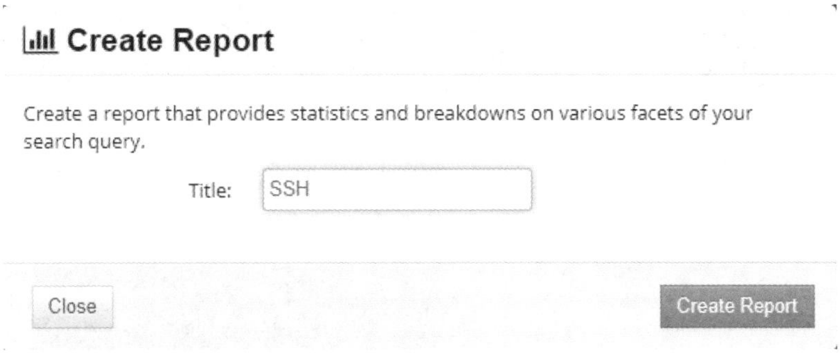

Create Report

Create a report that provides statistics and breakdowns on various facets of your search query.

Title: SSH

Close　　Create Report

图 1.7　对话框

从图 1.10 中可以看到提示报告 SSH 已成功生成。此时，单击该邮件中的链接，即可查看报告内容，如图 1.10 所示。

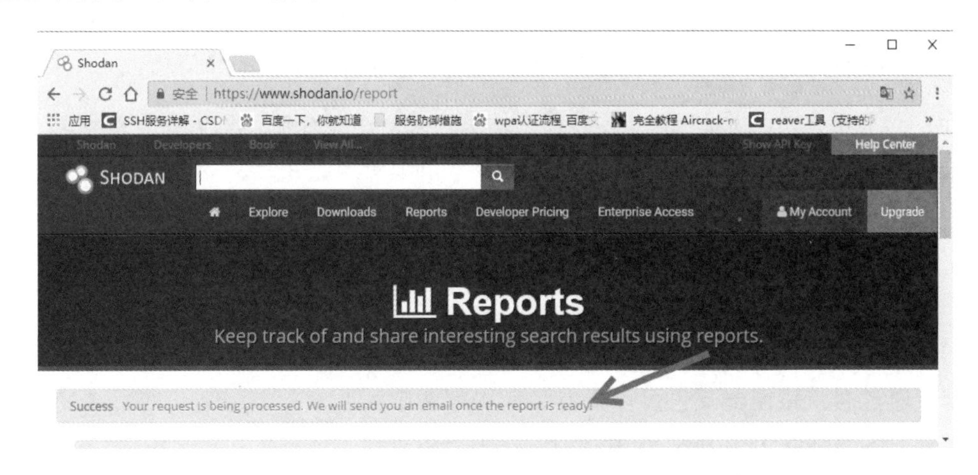

图 1.8　报告生成成功

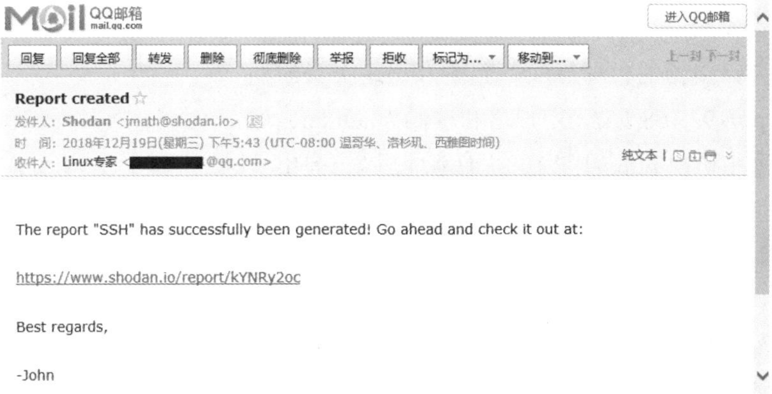

Mail QQ邮箱 mail.qq.com　　进入QQ邮箱

回复　回复全部　转发　删除　彻底删除　举报　拒收　标记为...　移动到...　上一封 下一封

Report created

发件人：Shodan <jmath@shodan.io>

时　间：2018年12月19日(星期三) 下午5:43 (UTC-08:00 温哥华、洛杉矶、西雅图时间)

收件人：Linux专家 <[redacted]@qq.com>　　纯文本

The report "SSH" has successfully been generated! Go ahead and check it out at:

https://www.shodan.io/report/kYNRy2oc

Best regards,

-John

图 1.9　报告信息

图 1.10　报告内容

该报告内容较多，由于无法截取整个页面，因而只显示了一部分信息。

提示：如果用户想要导出 Shodan 的搜索结果到某一个报表时，则需要登录该站点才可以；否则，在菜单栏中，没有 Create Report 按钮。其中，Shodan 站点的注册账号地址为 https://account.shodan.io/register。用户可以根据提示，注册一个账号并登录该站点。

2．路由器的管理界面

用户通过登录路由器，也可以查看当前局域网中活动的主机。下面将以 TP-LINK 路由器为例，来介绍查看活动主机的方法。

【实例 1-2】利用路由器的管理界面查看活动主机。具体操作步骤如下。

（1）登录路由器的管理界面。其中，该路由器的默认地址为 http://192.168.1.1/，用户名和密码为 admin。当用户在浏览器中访问 http://192.168.1.1/地址后，将弹出一个身份验证对话框，如图 1.11 所示。

图 1.11　身份验证对话框

（2）在其中输入默认的用户名和密码进行登录。登录成功后，将显示如图 1.12 所示页面。

（3）在其中依次选择“DHCP 服务器”|“客户端列表”选项，将进入如图 1.13 所示页面。

（4）从图 1.13 所示的客户端列表中可以看到有 4 个客户端。由此可以说明，当前局域网中有 4 个客户端，其 IP 地址分别是 192.168.1.100、192.168.1.101、192.168.1.102 和 192.168.1.103。

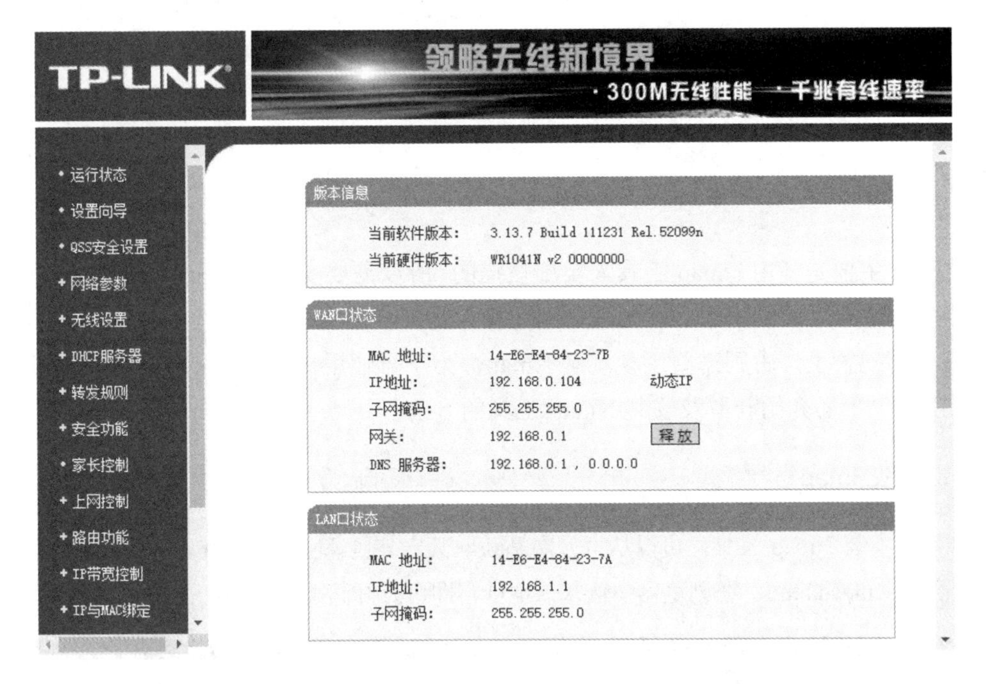

图 1.12　路由器管理界面

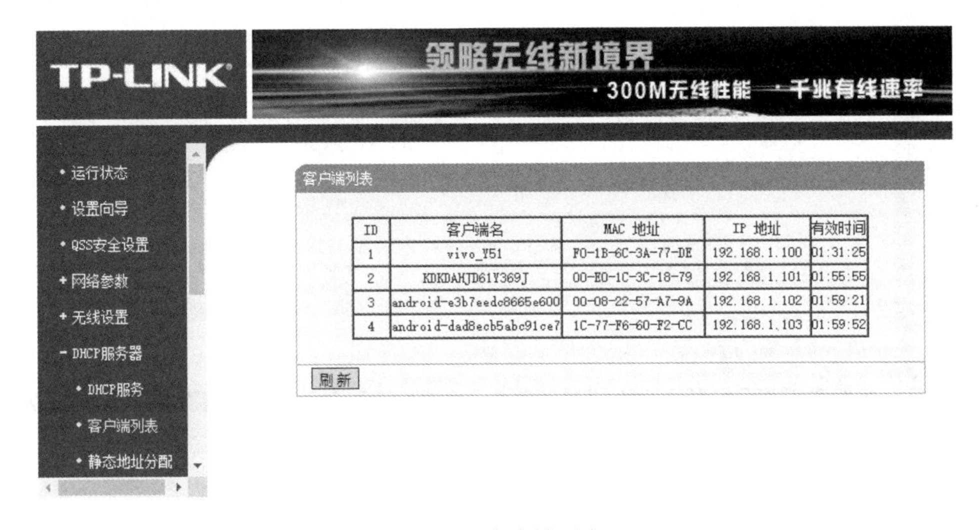

图 1.13　客户端列表

1.3 准备环境

当用户对网络扫描的目的和方式了解清楚后，就可以对目标实施扫描了。但是要实施扫描，还需要准备环境，如安装扫描工具、搭建攻击靶机和网络环境等。本节将介绍准备环境的相关工作。

1.3.1 软件环境

在书中主要是使用 Nmap 工具来实施扫描的，所以需要安装 Nmap 工具。在 Kali Linux 系统中，默认已经安装了 Nmap 工具。因此推荐用户使用 Kali Linux 操作系统，这样就无须进行任何配置了，否则需要手动安装 Nmap。为了方便用户在非 Kali Linux 系统中使用 Nmap 工具，下面介绍获取及安装 Nmap 工具的方法。

1. 获取Nmap

如果要安装 Nmap 工具，可以从官方网站获取其安装包。Nmap 的官方下载地址为 https://nmap.org/download.html。在浏览器中输入该地址，即可打开其下载页面，如图 1.14 所示。

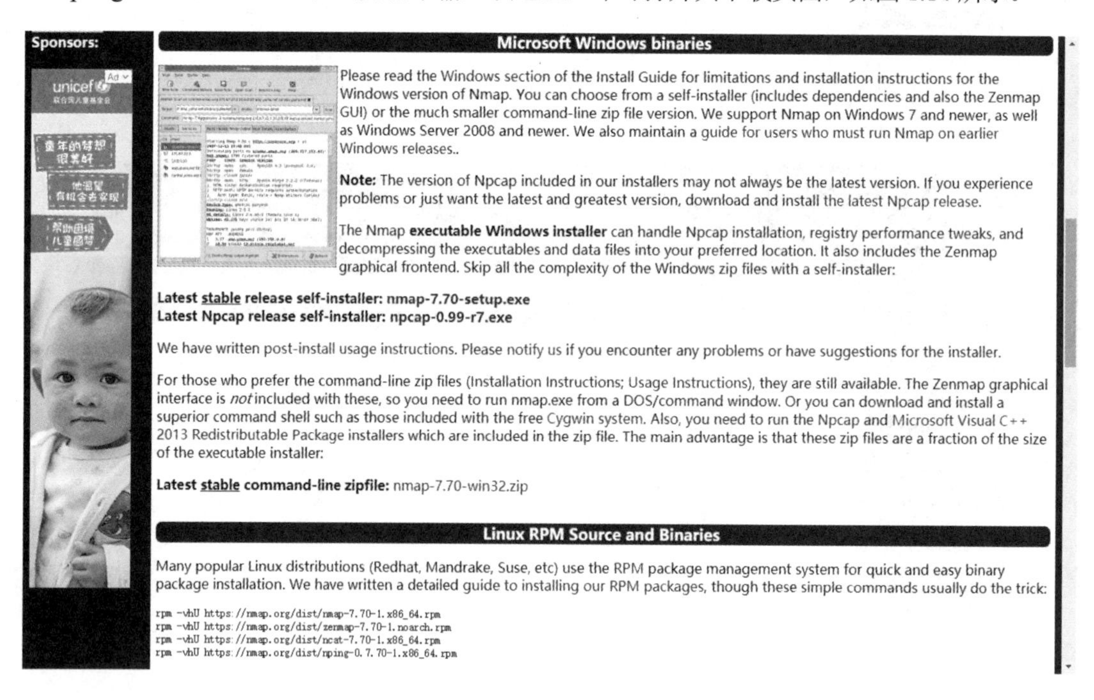

图 1.14　Nmap 下载页面

在图 1.14 所示的下载页面中，提供了 Windows 二进制包、Linux 二进制包、Mac OS X 二进制包、源码包及其他操作系统的包，并且还提供了几种包的安装方式，如 RPM 二进制包的安装方式和源码包安装方式。此时可以根据自己的系统版本及架构，选择相应的软件包。由于页面太大，这里只截取了其中的一部分信息（包括源码包和 Windows 二进制包的下载地址）。

2.安装Nmap

下面将以 Windows 操作系统为例，来介绍安装 Nmap 工具的方法。Nmap 官方网站提供了两种格式的安装包，分别是可执行文件（.exe）和压缩文件（.zip）。其中，.exe 格式的文件需要用户手动安装；.zip 格式的文件直接解压后就可以使用。为了能够快速并方便地使用 Nmap 工具，这里将选择下载.zip 格式。具体安装方法如下：

（1）下载 Windows 版本的.zip 压缩文件安装包，下载完成后，其软件包名为 nmap-7.70-win32.zip。

（2）使用 WinRAR 压缩工具，解压下载的安装包。解压成功后，所有的文件将被解压到一个名为 nmap-7.70 的文件夹中。打开该文件夹后，即可看到用于启动 Nmap 工具的应用程序文件.exe，如图 1.15 所示。

（3）从图 1.15 中可以看到解压出的所有文件。其中，nmap.exe 可执行文件是用来启动 Nmap 工具的。接下来，在命令行终端执行该命令即可。

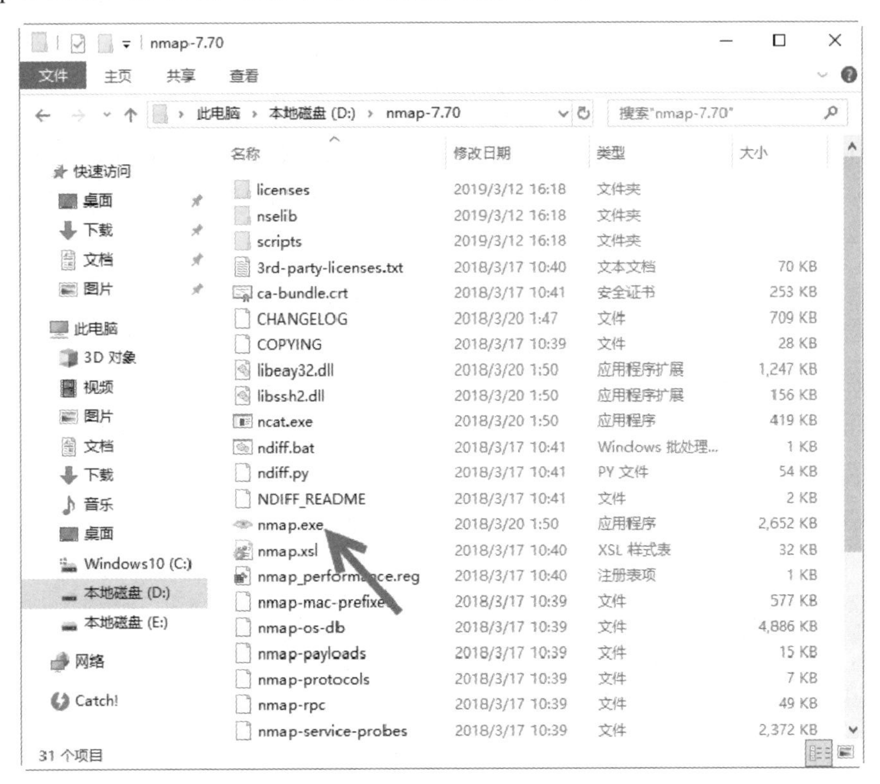

图 1.15　解压出的文件

1.3.2　搭建靶机环境

将扫描工具准备好后，即可开始实施扫描了。在扫描的时候，需要指定目标。在学习阶段，为了避免法律风险，还需要准备靶机。靶机是用来模拟真实目标，以供用户进行测试和联系。目标靶机有 3 种类型，分别是实体靶机、虚拟机靶机和第三方靶机。下面将分别介绍搭建靶机环境的方法。

1．实体靶机

实体靶机就是使用物理主机充当靶机。使用实体靶机，更贴近实际。构建实体靶机有两种选择，分别是使用空闲计算机和网络云主机。

- 空闲计算机是指不用的多余的计算机。使用这类靶机可以模拟各种局域网环境。
- 网络云主机是各大公司提供的云服务器。这类靶机往往具备外网 IP，可以更好地模拟外网环境。

2．虚拟机靶机

实体靶机花费较多，并且数量有限。如果为了测试各种不同的服务和系统，可以选择使用虚拟机的方法。其中，VMware 是一款非常强大的虚拟机安装软件。在该虚拟机软件中，用户可以安装各种操作系统作为靶机，如 Windows XP/7/8/10、Linux、Mac OS 等。而且，这些操作系统可以同时运行，互不影响。同时，用户可以在系统中安装不同的服务。下面将介绍使用 VMware 创建虚拟机的方法。

【实例 1-3】使用 VMware 软件创建虚拟机。具体操作步骤如下：

（1）下载并安装 VMware 软件。其中，VMware 软件的下载地址如下：

https://www.vmware.com/cn/products/workstation-pro/workstation-pro-evaluation.html

在浏览器中输入该地址后，将打开 VMware 的下载页面，如图 1.16 所示。

（2）从图 1.16 中可以看到，分别提供了 Windows 和 Linux 版本的 VMware 安装包。本例中将选择下载 Windows 版本的安装包。单击 Windows 版本软件包下面的“立即下载”按钮进行下载。下载完成后，其软件包名为 VMware-workstation-full-15.0.2-10952284.exe。然后双击该安装包，根据提示即可快速将 VMware 软件安装到系统中。启动 VMware 虚拟机软件后，显示界面如图 1.17 所示。

（3）从主界面中可以看到有 3 个图标，分别是“创建新的虚拟机”“打开虚拟机”“连接远程服务器”。本例中要安装新的虚拟靶机，所以选择创建新的虚拟机。单击创建新的虚拟机图标后，弹出如图 1.18 所示的对话框。

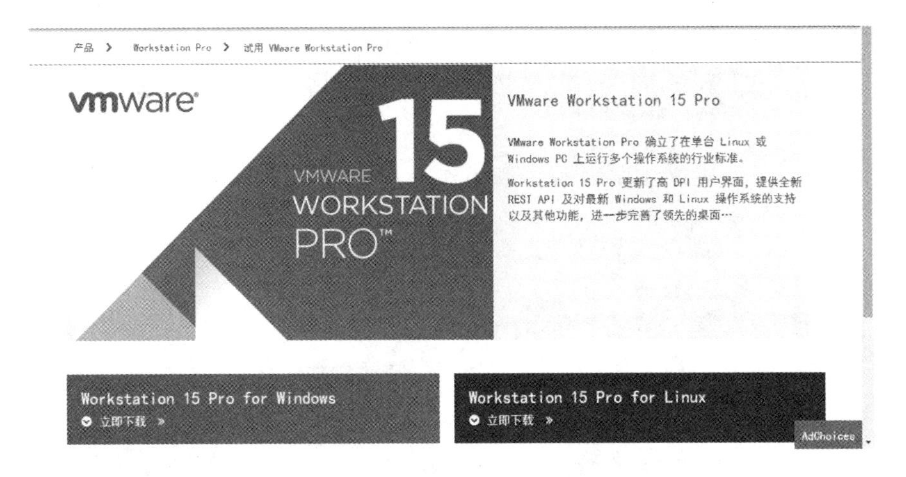

图 1.16　VMware 下载页面

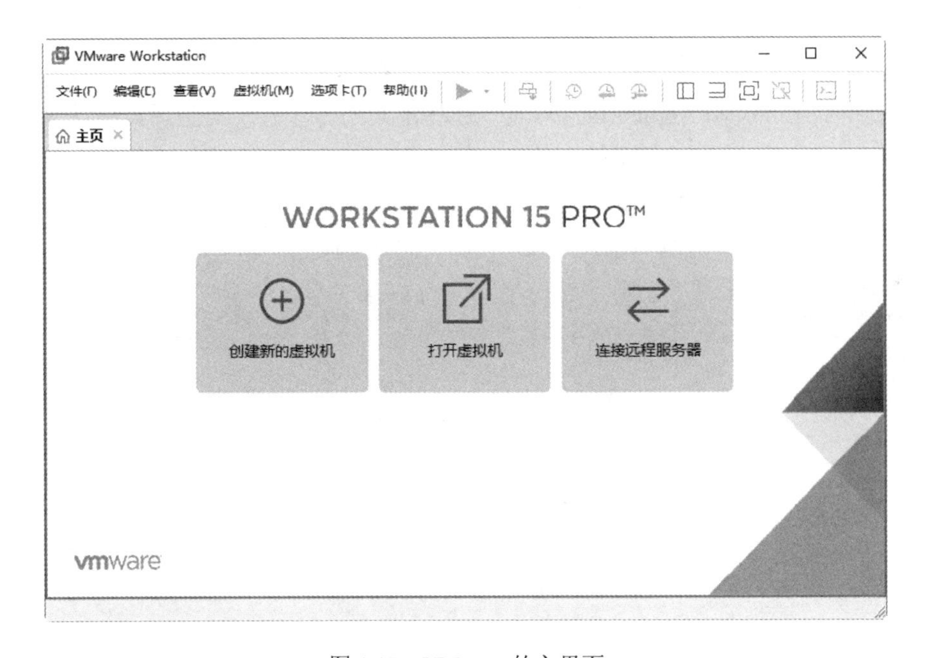

图 1.17　VMware 的主界面

（4）该对话框用来选择安装虚拟机的类型，这里选择“典型（推荐）（T）”选项。单击“下一步”按钮，将进入“安装客户机操作系统”对话框中，如图 1.19 所示。

（5）在其中选择安装来源。这里提供了 3 种方式，分别是安装程序光盘（D）、安装程序光盘映像文件（iso）（M）和稍后安装操作系统（S），在本例中选择“稍后安装操作系统（S）”单选按钮。单击“下一步”按钮，将进入“选择客户机操作系统”对话框，如图 1.20 所示。

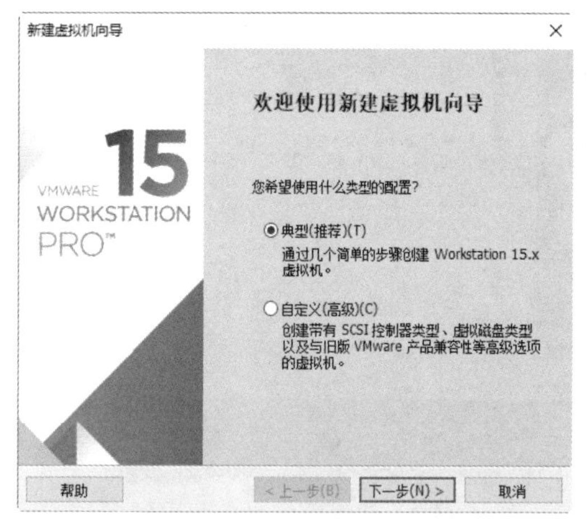

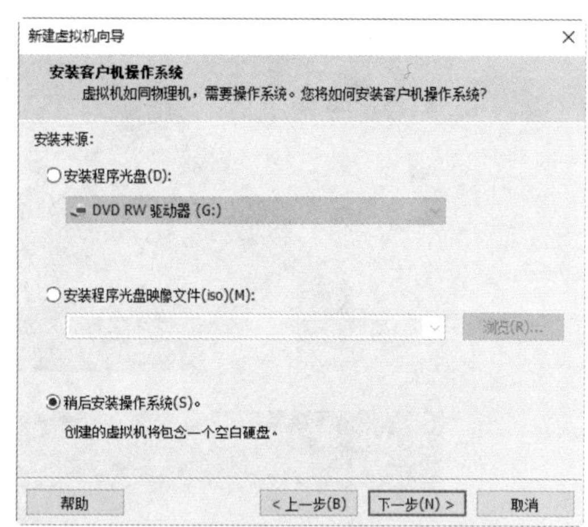

图 1.18　新建虚拟机向导　　　　图 1.19　“安装客户机操作系统”对话框

（6）在其中选择将要安装的操作系统类型和版本。从中可以看到可安装的操作系统类型有 Windows、Linux 和 Apple Mac OS 等。选择不同的操作系统类型后，在版本的下拉列表框中可以选择系统版本。在本例中选择 Linux 系统类型，Debian 9.x 64 位版本。然后，单击“下一步”按钮，进入“命名虚拟机”对话框，如图 1.21 所示。

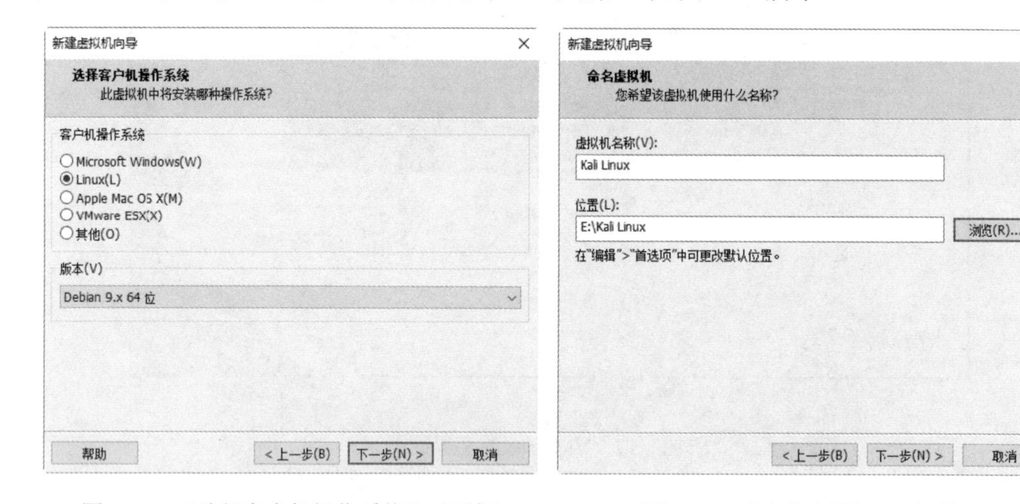

图 1.20　“选择客户机操作系统”对话框　　　　图 1.21　“命名虚拟机”对话框

（7）在其中定义将要安装的虚拟机名称和位置。本例中定义的虚拟机名称为 Kali Linux，位置为 E:\Kali Linux。然后，单击“下一步”按钮，进入“指定磁盘容量”对话框，如图 1.22 所示。

（8）在其中指定将要安装的虚拟机磁盘大小。这里将定义磁盘大小为 100GB，并选择“将虚拟磁盘拆分成多个文件（M）”单选按钮。然后，单击“下一步”按钮，进入“已准备好创建虚拟机”对话框，如图 1.23 所示。

（9）在其中显示了前面配置的虚拟机信息。此时，单击“完成”按钮，则虚拟机创建完成，如图 1.24 所示。

（10）在图 1.24 中显示成功创建了一个虚拟机。此时，将要安装的操作系统镜像文件加载到该虚拟机中，即可开始安装操作系统了。在其中选择“编辑虚拟机设置”选项，将弹出“虚拟机设置”对话框，如图 1.25 所示。

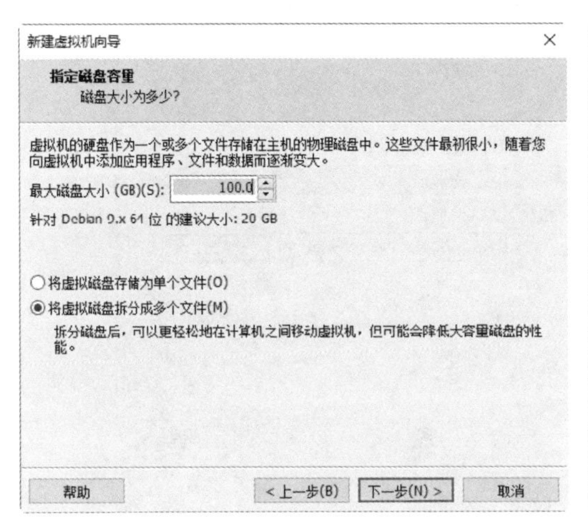

图 1.22　“指定磁盘容量”对话框

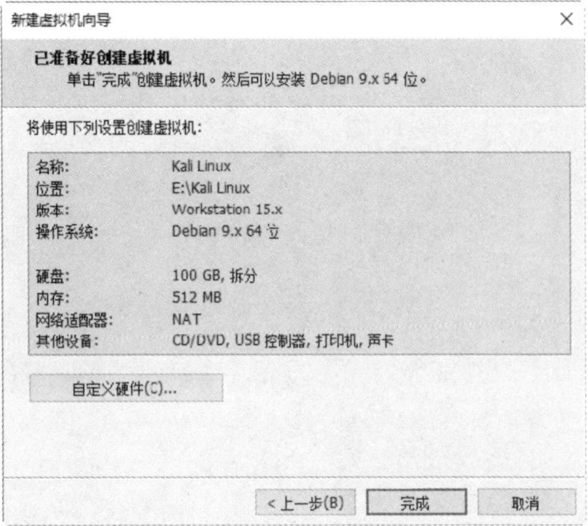

图 1.23　“已准备好创建虚拟机”对话框

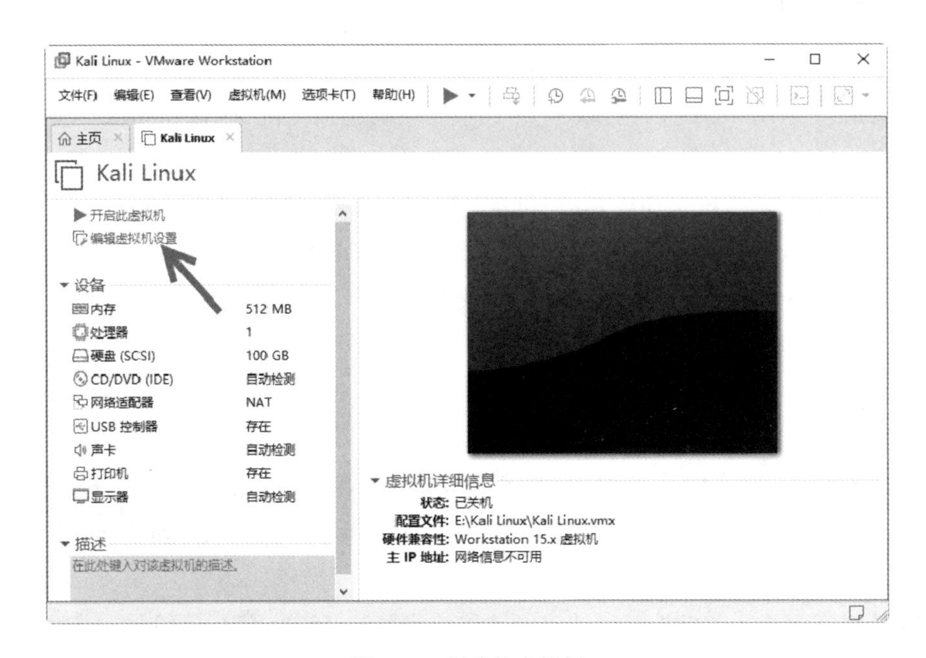

图 1.24　创建的虚拟机

（11）在其中可以设置虚拟机的内存、处理器、使用的镜像文件和网络连接方式等。这里选择 CD/DVD（IED）选项，并在右侧选择“使用 ISO 映像文件（M）”单选按钮，指定要安装的虚拟机系统镜像文件。设置完成后，单击“确定”按钮，将返回如图 1.24 所示的页面。然后，单击“开启此虚拟机”选项，即可开始安装对应的操作系统。

图 1.25　“虚拟机设置”对话框

3．第三方靶机

除了前面的两种靶机外，也可以从互联网上下载一些第三方靶机直接使用，避免手动安装，手动配置系统和服务。例如，一个比较有名的虚拟靶机 Metasploit 2，里面包含了很多的漏洞，可以使用该靶机练习扫描。下面来介绍将第三方靶机加载到虚拟机中的方法。

【实例 1-4】在虚拟机中加载 Metasploit 2 操作系统。具体操作步骤如下：

（1）下载 Metasploitable 2，其文件名为 Metasploitable-Linux-2.0.0.zip。

（2）将 Metasploitable-Linux-2.0.0.zip 文件解压到本地磁盘。

（3）打开 VMwareWorstation，并依次选择“文件”|“打开”命令，将弹出如图 1.26 所示对话框。

（4）在 VMware 中，后缀为“.vmw”的文件是用来启动操作系统的。所以，这里选择 Metasploitable.vmx 文件，并单击“打开”按钮，弹出如图 1.27 所示对话框。

（5）在该窗口中单击“开启此虚拟机”按钮或▶按钮，启动 Metasploitable 2 系统。当启动该系统后，会弹出如图 1.28 所示对话框。

（6）该对话框提示此虚拟机可能已经被移动或复制。单击“我已复制该虚拟机”按钮，将启动 Metasploitable 2 操作系统，如图 1.29 所示。

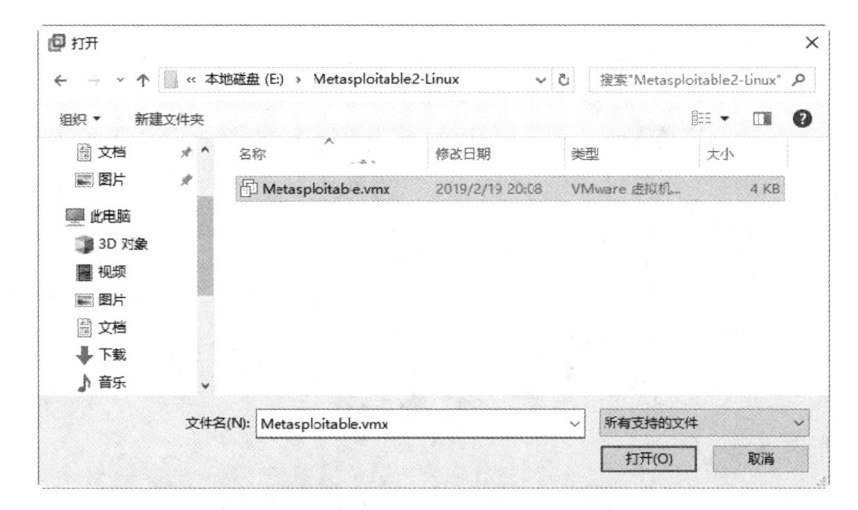

图 1.26　选择 Metasploitable 2 启动

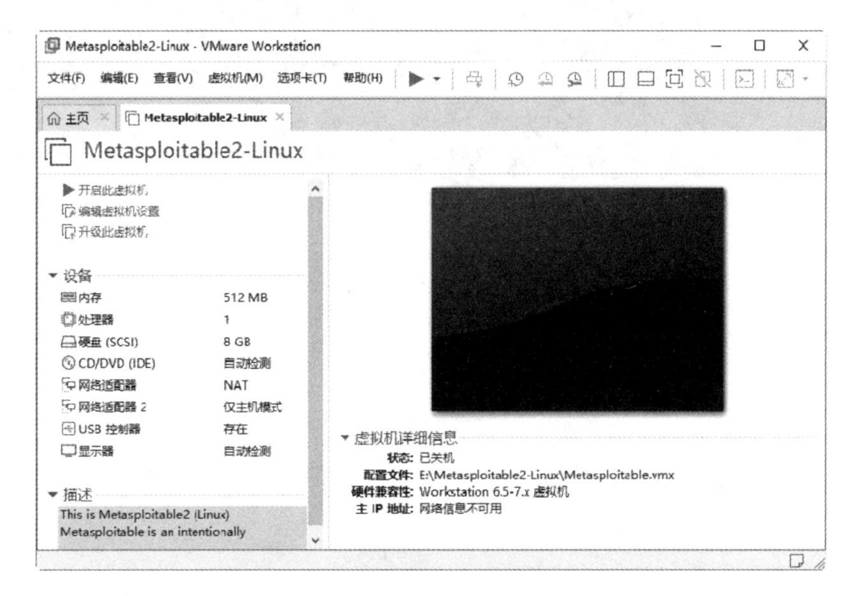

图 1.27　安装的 Metasploitable 系统

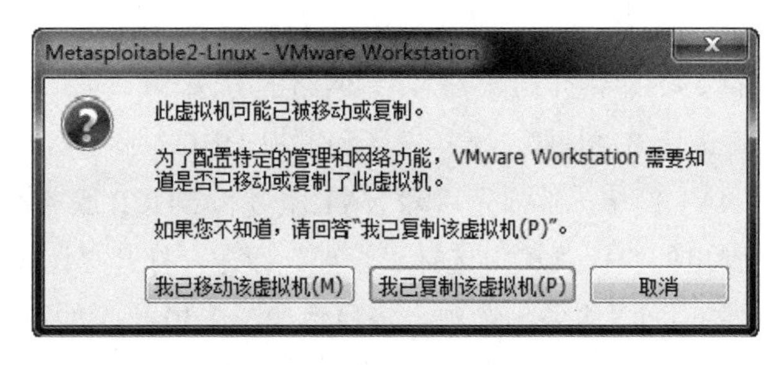

图 1.28　弹出的警告对话框

（7）该界面为 Metasploitable 2 登录界面。系统默认的用户名和密码都是 msfadmin，此时依次输入用户名和密码后将成功登录系统。

```
 * Starting deferred execution scheduler atd                            [ OK ]
 * Starting periodic command scheduler crond                            [ OK ]
 * Starting Tomcat servlet engine tomcat5.5                             [ OK ]
 * Starting web server apache2                                          [ OK ]
 * Running local boot scripts (/etc/rc.local)
nohup: appending output to `nohup.out'
nohup: appending output to `nohup.out'
                                                                        [ OK ]

Warning: Never expose this VM to an untrusted network!

Contact: msfdev[at]metasploit.com

Login with msfadmin/msfadmin to get started


metasploitable login: _
```

图 1.29　启动 Metasploitable 2 操作系统

1.3.3　搭建网络环境

如果用户使用虚拟机作为靶机的话，还需要对网络进行简单配置；如果靶机配置不当，则会导致无法对其实施扫描。下面将介绍在虚拟机中设置网络的方法。

1．虚拟机NAT网络

虚拟机提供了 3 种网络模式，分别是桥接模式、NAT 模式和仅主机模式。如果要访问互联网，NAT 模式是最好的选择。使用 NAT 网络后，不仅可以与局域网中的主机进行通信，还可以访问外网。下面将介绍配置 NAT 网络的方法。

（1）由于 NAT 模式是借助虚拟 NAT 设备和虚拟 DHCP 服务器，使虚拟机连接到互联网的，所以要使用 NAT 网络，必须先启动 NAT 服务和 DHCP 服务。在 Windows 桌面，右击“计算机”，在弹出的快捷菜单中选择“管理”命令，打开“计算机管理”窗口。然后选择“服务和应用程序”|“服务”选项，将显示如图 1.30 所示的窗口。

（2）在该窗口中显示了三部分内容，分别是计算机管理（本地）选项列表、服务信息和操作选项。在第二部分的服务信息下拉列表中，即可找到 VMware NAT Service 和 VMware DHCP Service。从该窗口中可以看到，这两个服务已经启动。如果没有启动的话，选择对应服务并右击，将弹出一个快捷菜单，如图 1.31 所示。

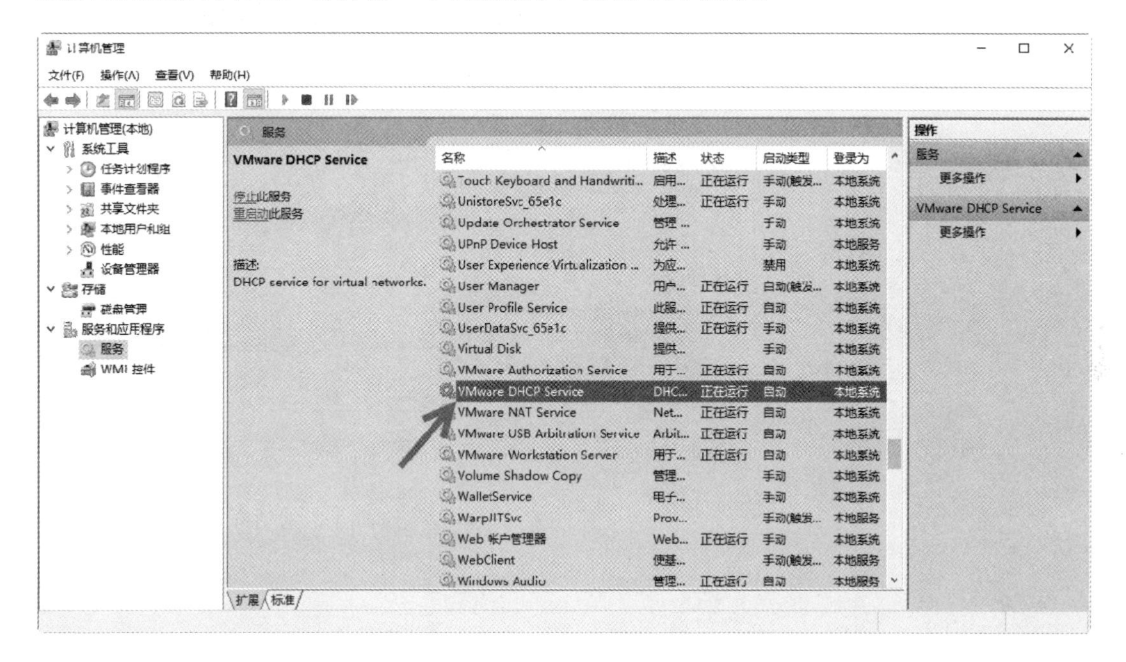

图 1.30　“计算机管理”窗口

（3）在该快捷菜单中，选择“启动（S）”命令，即可启动对应的服务。接下来设置 NAT 的网段和范围，用来为主机动态分配 IP 地址。在 VMware 的菜单栏中依次选择“编辑（E）”|“虚拟网络编辑器（N）”命令，将弹出如图 1.32 所示对话框。

（4）从其中可以看到当前虚拟机中的所有虚拟网络连接方式。这里设置的是 NAT 网络，所以选择 VMnet8。然后即可进行 NAT 和 DHCP 设置。单击“NAT 设置（S）”按钮，将进入如图 1.33 所示对话框。

（5）在该对话框中可设置 NAT 的网段。可以看到，本例中的 NAT 网段为 192.168.33.0/24。如果想要修改为其他网段的话，只需要修改网关 IP 地址即可。例如，如果想要设置 NAT 网段为 192.168.5.0，则设置网关 IP 地址为 192.168.5.2 即可。然后单击“确定”按钮，将返回“虚拟网络编辑器”对话框。单击“DHCP 设置（P）”按钮，将进入如图 1.34 所示对话框，在其中即可设置 NAT 网络范围。

（6）图 1.34 中所示的起始 IP 地址和结束 IP 地址就是用来设置网络范围的。可以看到，当前的 NAT 网络范围为 192.168.33.128 至 192.168.33.254，并且还可以设置地址的租用时间。设置完成后，单击“确定”按钮完成设置。

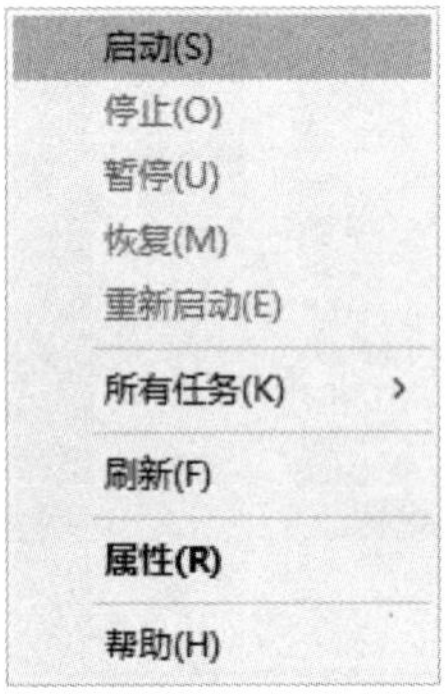

启动(S)
停止(O)
暂停(U)
恢复(M)
重新启动(E)
所有任务(K)
刷新(F)
属性(R)
帮助(H)

图 1.31　菜单栏

图 1.32　“虚拟网络编辑器”对话框

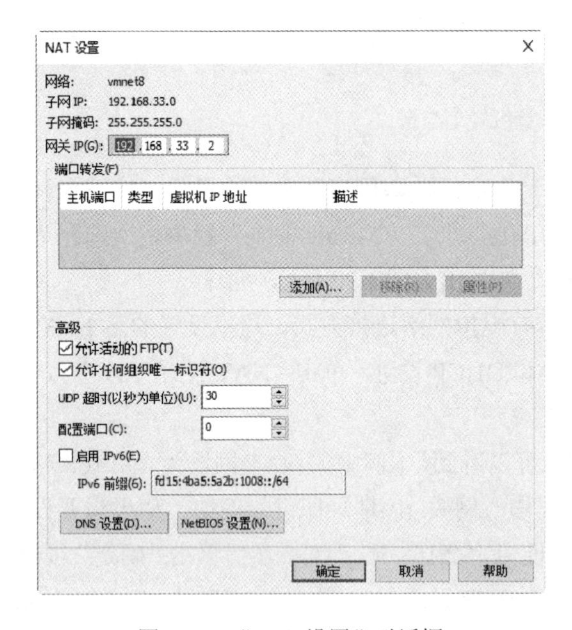

图 1.33　“NAT 设置”对话框

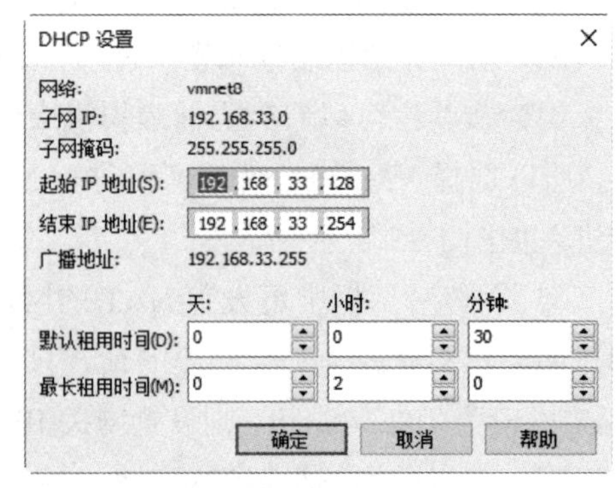

图 1.34　“DHCP 设置”对话框

2．使用实体网络

虚拟机网络可能导致部分扫描出现错误。这时，需要使用实体网络来实施扫描。通过在虚拟机中接入一个 USB 无线网卡，可以让虚拟机使用物理网络。下面介绍在虚拟机中使用 USB 网卡的方式。

【实例 1-5】在虚拟机中使用 USB 无线网卡，具体操作步骤如下：

（1）启动虚拟机的 USB 服务。在当前计算机中打开服务界面，如图 1.35 所示。

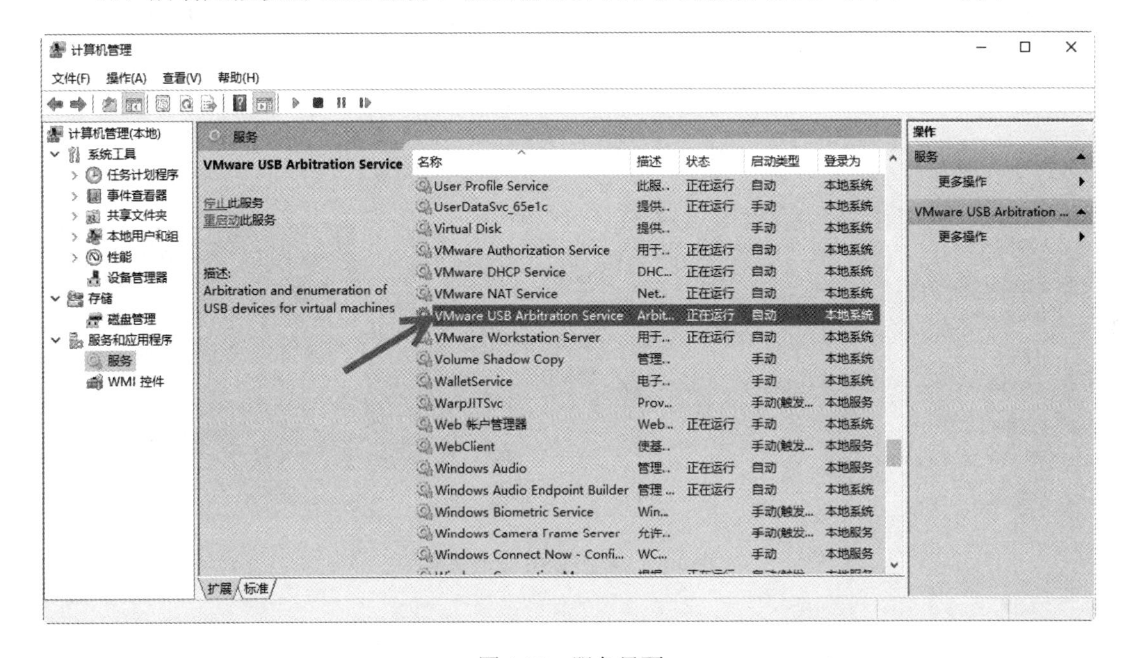

图 1.35　服务界面

（2）从服务中找到 VMware USB Arbitration Service 服务，并确定该服务已启动。接下来将 USB 无线网卡插到实体机上，此时会弹出一个“可移动设备”对话框，如图 1.36 所示。

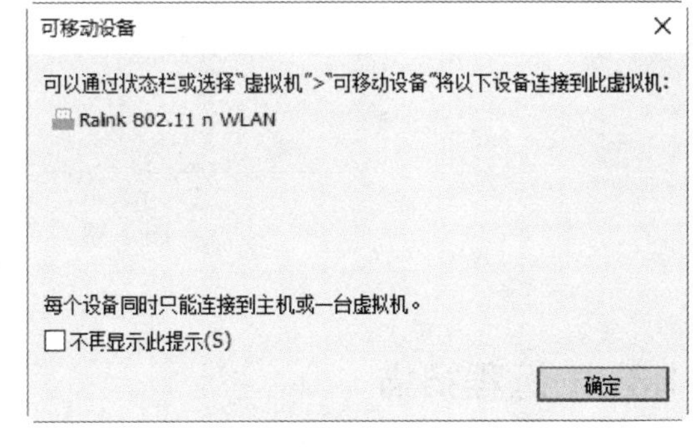

图 1.36　“可移动设备”对话框

（3）从该对话框中可以看到，当前系统中插入了一个名称为“Ralink 802.11n WLAN”的 USB 设备。通过选择“虚拟机”|“可移动设备”命令，即可将该设备连接到此虚拟机上。此时，在 VMware 的菜单栏中依次选择“虚拟机（M）”|“可移动设备（D）”|Ralink 802.11n WLAN|“连接（断开与主机的连接）（C）”命令，即可将该 USB 无线网卡接入到虚拟机中，如图 1.37 所示。

（4）当选择“连接（断开与主机的连接）（C）”选项后，将弹出如图 1.38 所示的对话框。

（5）从该对话框中可以看到，某个 USB 设备将要从主机拔出并连接到虚拟机上。此时，单击“确定”按钮，则成功将 USB 无线网卡接入到虚拟机中。接下来，使用该 USB 无线网卡即可接入实体网络。

注意： 如果插入 USB 无线网卡后，VMware 没有识别该设备，可能是 VMware 的 USB 模块被损坏，这时可以通过修复 VMware 软件解决该问题。

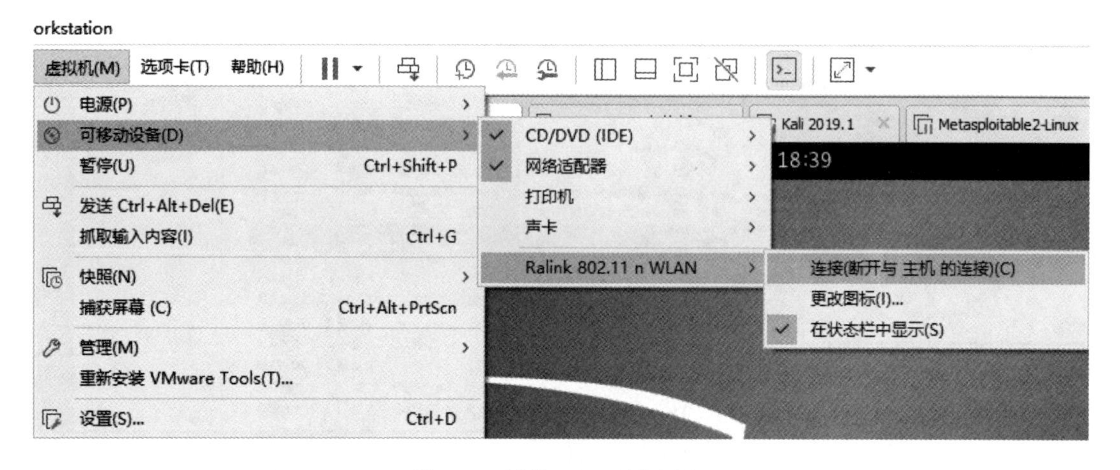

图 1.37　连接 USB 无线网卡

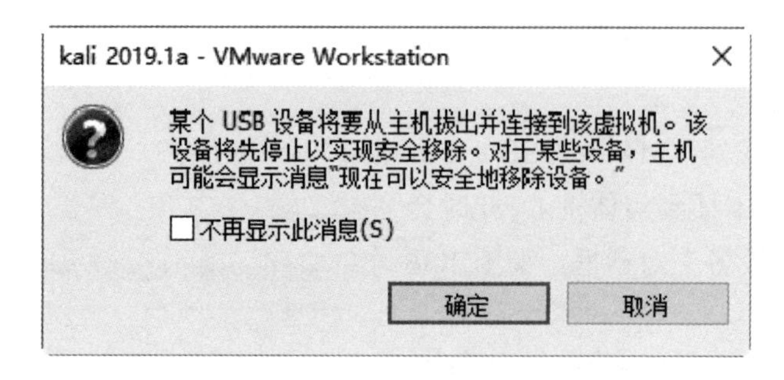

图 1.38　“提示”对话框

1.3.4　远程扫描

前面介绍的几种环境都是一个局域网，可以直接实施扫描。如果无法直接连入对方网络的话，例如异地对局域网进行检测，则需要使用远程扫描方式。此时可以在树莓派上安装 Kali Linux 系统，并配置 4G 上网卡加入异地的局域网中。用户在任何地方通过 4G 网络远程登录 Kali Linux 系统，即可对所在局域网络实施扫描。

1.4 法 律 边 界

当实施网络扫描及渗透测试时，获取准确的书面授权是非常重要的事情，否则可能会面临法律诉讼。本节将介绍网络扫描的法律边界问题。

1.4.1 授权扫描

用户在实施扫描之前，首先需要获取目标所有者的正式授权，否则会违反法律规定，造成不必要的麻烦。下面列举几条网络扫描相关的法律条文。

（1）不得非法入侵他人网络、干扰他人网络正常功能、窃取网络数据，进行危害网络安全的活动。

（2）不得提供专门用于从事侵入网络、干扰网络正常功能及防护措施、窃取网络数据等危害安全活动的程序、工具。

所以，用户在实施扫描之前，必须要获取网络所有人明确的书面授权。

1.4.2 潜在风险

在实施扫描时，部分操作存在一定的潜在风险，如消耗大量的网络资源、触发安全软件报警。例如，用户使用 Namp -A 实施扫描时，将会向 1～65535 端口依次发包，要求建立 TCP 连接，这样容易造成网络拥堵。如果同时扫描局域网内多个主机时，占用的网络资源会翻倍。

部分扫描操作没有建立完整的连接过程，会被网络防火墙认定为攻击行为，从而触发网络警报。同时，部分网络会建立蜜罐机制，而扫描操作往往会触发这类机制，造成错误预警。所以，用户需要事先以正式的方式告知目标网络所有者，扫描操作可能会造成的影响，并要求对方确认。

第 2 章　网络扫描基础技术

在第 1 章中介绍了网络扫描的目的和方式。接下来，用户就可以实施网络扫描了。本章将介绍一些网络扫描的基础技术，如 ICMP 扫描、TCP 扫描、UDP 扫描和 IP 扫描。

2.1　ICMP 扫描

ICMP（Internet Control Message Protocal，因特网控制报文协议）工作在 OSI 的网络层，向数据通信中的源主机报告错误。从技术角度来说，ICMP 就是一个“错误侦测与回报机制”，其目的就是让用户能够检测网络的连续状况，也能够确保连续的准确性。通过实施 ICMP Ping 扫描，可以发现目标主机是否活动。本节将介绍 ICMP 的工作机制及不同的扫描方法。

2.1.1　ICMP 工作机制

ICMP 是 TCP/IP 协议族的一个子协议，用于在 IP 主机、路由器之间传递控制消息。控制消息是指网络通不通、主机是否可达、路由是否可用等网络本身的消息。这些控制消息虽然并不传输用户数据，但是对于用户数据的传递却起着重要的作用。当遇到 IP 数据无法访问目标、IP 路由器无法按当前的传输速率转发数据包等情况时，会自动发送 ICMP 消息，进而确定目标主机的状态。为了使读者对 ICMP 的响应消息有一个清晰的认识，这里以表格形式列出了 ICMP 的所有消息类型，如表 2.1 所示。

表 2.1　ICMP消息类型

类　　型	消息代码	描　　述
0	0	Echo Reply——回显应答（Ping应答）
3	0	Network Unreachable——网络不可达
3	1	Host Unreachable——主机不可达
3	2	Protocol Unreachable——协议不可达
3	3	Port Unreachable——端口不可达

（续）

类　　型	消息代码	描　　述
3	4	Fragmentation needed but no frag. bit set——需要进行分片但设置不分片比特位
3	5	Source routing failed——源站选路失败
3	6	Destination network unknown——目的网络未知
3	7	Destination host unknown——目的主机未知
3	8	Source host isolated (obsolete)——源主机被隔离（作废不用）
3	9	Destination network administratively prohibited——目的网络被强制禁止
3	10	Destination host administratively prohibited——目的主机被强制禁止
3	11	Network unreachable for TOS——由于服务类型TOS，网络不可达
3	12	Host unreachable for TOS——由于服务类型TOS，主机不可达
3	13	Communication administratively prohibited by filtering——由于过滤，通信被强制禁止
3	14	Host precedence violation——主机越权
3	15	Precedence cutoff in effect——优先中止生效
4	0	Source quench——源端被关闭（基本流控制）
5	0	Redirect for network——对网络重定向
5	1	Redirect for host——对主机重定向
5	2	Redirect for TOS and network——对服务类型和网络重定向
5	3	Redirect for TOS and host——对服务类型和主机重定向
8	0	Echo request——回显请求（Ping请求）
9	0	Router advertisement——路由器通告
10	0	Route solicitation——路由器请求
11	0	TTL equals 0 during transit——传输期间生存时间为0
11	1	TTL equals 0 during reassembly——在数据报组装期间生存时间为0
12	0	IP header bad (catchall error)——坏的IP首部（包括各种差错）
12	1	Required options missing——缺少必需的选项
13	0	Timestamp request (obsolete)——时间戳请求（作废不用）
14		Timestamp reply (obsolete)——时间戳应答（作废不用）
15	0	Information request (obsolete)——信息请求（作废不用）
16	0	Information reply (obsolete)——信息应答（作废不用）
17	0	Address mask request——地址掩码请求
18	0	Address mask reply——地址掩码应答

2.1.2 标准 ICMP 扫描

标准 ICMP 扫描就是简单的通过向目标主机发送 ICMP Echo Request 数据包，来探测目标主机是否在线。如果目标主机回复用户 ICMP Echo Reply 包的话，则说明目标主机在线；否则说明不在线。其中，最常见的发送 ICMP Echo Request 包工具就是 Ping。用户还可以使用一个类似 Ping 的工具 fping 等。下面将介绍实施标准 ICMP 扫描的方法。

1．使用Ping命令

Ping 是 Windows、UNIX 和 Linux 系统下的一个命令。使用该命令可以检查网络是否连通，可以很好地帮助用户分析和判定网络故障。该命令是通过发送一个 ICMP Echo Request 数据包，并等待目标主机返回的响应，来检查网络是否通畅或者网络连接速度。该命令的语法格式如下：

```
ping [目标]
```

【实例 2-1】使用 Ping 命令实施标准 ICMP 扫描。执行命令如下：

```
root@daxueba:~# ping 192.168.33.152
PING 192.168.33.152 (192.168.33.152) 56(84) bytes of data.
64 bytes from 192.168.33.152: icmp_seq=1 ttl=64 time=0.516 ms
64 bytes from 192.168.33.152: icmp_seq=2 ttl=64 time=0.344 ms
64 bytes from 192.168.33.152: icmp_seq=3 ttl=64 time=0.535 ms
64 bytes from 192.168.33.152: icmp_seq=4 ttl=64 time=0.365 ms
64 bytes from 192.168.33.152: icmp_seq=5 ttl=64 time=0.287 ms
^C
--- 192.168.33.152 ping statistics ---
5 packets transmitted, 5 received, 0% packet loss, time 79ms
rtt min/avg/max/mdev = 0.287/0.409/0.535/0.100 ms
```

看到以上输出信息，则表示得到了目标主机的响应。由此可以说明，目标主机是活动的。如果目标主机没有在线的话，将显示如下信息：

```
root@daxueba:~# ping 192.168.33.128
PING 192.168.33.128 (192.168.33.128) 56(84) bytes of data.
From 192.168.33.154 icmp_seq=1 Destination Host Unreachable
From 192.168.33.154 icmp_seq=2 Destination Host Unreachable
From 192.168.33.154 icmp_seq=3 Destination Host Unreachable
```

从输出的信息可以看到，返回的响应包为 Destination Host Unreachable（目标主机不可达）。

提示： 当用户使用 Ping 命令扫描时，如果扫描的目标主机是 Windows 系统，则将返回四个响应包。如果目标主机是 Linux 系统，将一直 Ping 下去。此时，用户需要按 Ctrl+C 组合键停止 Ping。

2. 使用Nmap工具

Nmap 是一个免费开放的网络扫描和嗅探工具包，也叫网络映射器（Network Mapper）。Nmap 工具的“-PE”选项，可以用来实施 ICMP 扫描，该工具的语法格式如下：

```
nmap -PE [目标]
```

以上语法中的-PE 选项，表示将发送一个 ICMP echo、timestamp 和 netmask 请求，来探测目标主机是否在线。

【实例 2-2】使用 Nmap 实施 ICMP 扫描。执行命令如下：

```
root@daxueba:~# nmap -PE 192.168.33.152
Starting Nmap 7.70 ( https://nmap.org ) at 2018-12-20 10:58 CST
Nmap scan report for 192.168.33.152 (192.168.33.152)
Host is up (0.00030s latency).                                  #主机是活动的
Not shown: 997 closed ports                                     #关闭的端口
PORT   STATE SERVICE                                            #开放的端口
21/tcp   open    ftp
22/tcp   open    ssh
80/tcp   open    http
MAC Address: 00:0C:29:FD:58:4B (VMware)
Nmap done: 1 IP address (1 host up) scanned in 0.31 seconds
```

从输出的信息可以看到，目标主机 192.168.33.152 是活动的（up），而且还可以看到，目标主机开放了三个端口，997 个端口是关闭的。其中，开放的端口分别是 21、22 和 80。如果目标主机没有在线的话，则将显示如下信息：

```
root@daxueba:~# nmap -PE 192.168.33.128
Starting Nmap 7.70 ( https://nmap.org ) at 2018-12-20 15:30 CST
Note: Host seems down. If it is really up, but blocking our ping probes,
try -Pn
Nmap done: 1 IP address (0 hosts up) scanned in 0.53 seconds
```

从输出的信息可以看到，目标主机是关闭的（down）。

3. 使用Fping命令

Fping 是一个小型命令行工具，用于向网络主机发送 ICMP 回应请求，类似于 Ping，但在 Ping 多个主机时性能要高得多。Fping 与 Ping 命令不同的是，Fping 可以在命令行上定义任意数量的主机，或者指定包含要 Ping 的 IP 地址或主机列表文件。其中，使用 Fping 命令实施扫描的语法格式如下：

```
fping [目标…]
```

【实例 2-3】使用 Fping 实施 ICMP 扫描。执行命令如下：

```
root@daxueba:~# fping 192.168.33.128 192.168.33.147 192.168.33.152
192.168.33.147 is alive
192.168.33.152 is alive
ICMP Host Unreachable from 192.168.33.154 for ICMP Echo sent to 192.168.
33.128
ICMP Host Unreachable from 192.168.33.154 for ICMP Echo sent to 192.168.
33.128
ICMP Host Unreachable from 192.168.33.154 for ICMP Echo sent to 192.168.
33.128
ICMP Host Unreachable from 192.168.33.154 for ICMP Echo sent to 192.168.
33.128
192.168.33.128 is unreachable
```

从以上输出的信息可以看到，测试了 3 台主机。其中，主机 192.168.33.147 和 192.168.33.152 是活动的，主机 192.168.33.128 不可达。

2.1.3 时间戳查询扫描

对于一些服务器来说，通常会配置防火墙，用来阻止 ICMP Echo 请求。但是由于一些配置不当，仍然可能会回复 ICMP 时间戳请求。因而可以通过使用 ICMP 时间戳查询扫描，来判断目标主机是否在线。下面将介绍使用 Nmap 实施 ICMP 时间戳查询扫描的方法。

使用 Nmap 实施 ICMP 时间戳查询扫描的语法格式如下：

```
nmap -PP [目标]
```

其中，-PP 表示进行一个 ICMP 时间戳 Ping 扫描。

【实例 2-4】对目标主机 192.168.33.152 实施时间戳查询扫描。执行命令如下：

```
root@daxueba:~# nmap -PP 192.168.33.152
Starting Nmap 7.70 ( https://nmap.org ) at 2018-12-20 10:58 CST
Nmap scan report for 192.168.33.152 (192.168.33.152)
Host is up (0.000095s latency).
Not shown: 997 closed ports
PORT   STATE SERVICE
21/tcp  open   ftp
22/tcp  open   ssh
80/tcp  open   http
MAC Address: 00:0C:29:FD:58:4B (VMware)
Nmap done: 1 IP address (1 host up) scanned in 0.26 seconds
```

从输出的信息中可以看到，目标主机是活动的。

2.1.4　地址掩码查询扫描

地址掩码查询扫描和时间戳查询扫描类似。这种非常规的 ICMP 查询，试图用备选的 ICMP 登记 Ping 指定的主机，这种类型的 Ping 可绕过配置有封锁标准回声请求策略的防火墙。使用 Nmap 实施地址掩码查询扫描的语法格式如下：

```
nmap -PM [目标]
```

其中，-PM 表示进行一个 ICMP 地址掩码 Ping 扫描。

【实例 2-5】使用 Nmap 对目标主机实施地址掩码查询扫描。执行命令如下：

```
root@daxueba:~# nmap -PM 192.168.33.152
Starting Nmap 7.70 ( https://nmap.org ) at 2018-12-20 10:59 CST
Nmap scan report for 192.168.33.152 (192.168.33.152)
Host is up (0.00011s latency).
Not shown: 997 closed ports
PORT   STATE SERVICE
21/tcp  open   ftp
22/tcp  open   ssh
80/tcp  open   http
MAC Address: 00:0C:29:FD:58:4B (VMware)
Nmap done: 1 IP address (1 host up) scanned in 0.26 seconds
```

从以上输出信息中可以看到，目标主机是活动的。

2.2　TCP 扫描

TCP（Transmission Control Protocol，传输控制协议）是一种面向连接的、可靠的、基于字节流的传输层通信协议。根据 TCP 协议的工作流程，可以向目标主机发送不同类型的包，然后根据目标主机的响应情况，来判断目标主机是否在线。本节将介绍 TCP 的工作机制及扫描方法。

2.2.1　TCP 工作机制

TCP 是因特网中的传输层协议，使用三次握手协议建立连接。当主动方发出 SYN 连接请求后，等待对方回答 SYN+ACK，并最终对对方的 SYN 执行 ACK 确认。这种建立连接的方法可以防止产生错误的连接，TCP 使用的流量控制协议是可变大小的滑动窗口协议。TCP 建立连接的工作流程如图 2.1 所示。

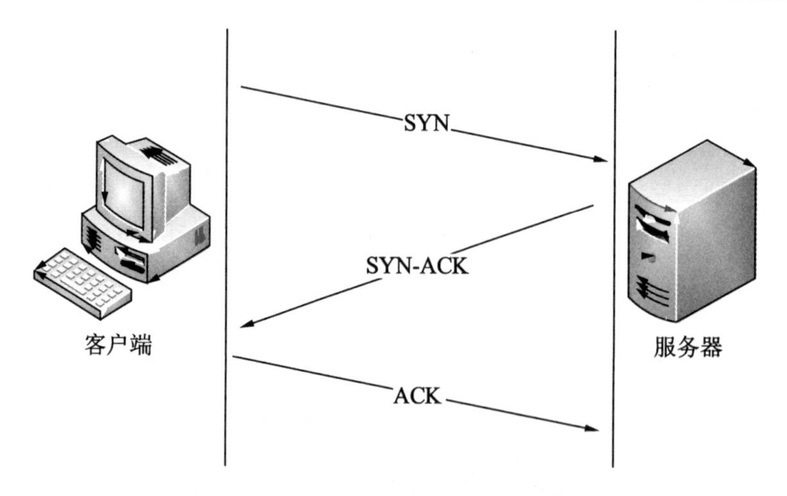

图 2.1　TCP 建立连接的工作流程

以上建立连接的详细工作流程如下：

（1）客户端发送 SYN（SEQ=x）报文给服务器端，进入 SYN_SEND 状态。

（2）服务器端收到 SYN 报文后，将回应一个 SYN（SEQ=y）ACK（ACK=x+1）报文，进入 SYN_RECV 状态。

（3）客户端收到服务器端的 SYN 报文后，将回应一个 ACK（ACK=y+1）报文，进入 Established 状态。至此，TCP 的三次握手就完成了，TCP 客户端和服务器端成功地建立了连接。接下来就可以开始传输数据了。

2.2.2　TCP SYN 扫描

TCP SYN 扫描也叫做隐蔽扫描或半打开的扫描。在这种技术中，扫描主机向目标主机指定端口发送 SYN 数据包。如果源主机收到 RST 数据包，则说明端口是关闭的；如果源主机收到 SYN+ACK 数据包，则说明目标端口处于监听状态。由于扫描主机已经获取端口的状态信息，并不需要建立连接，所以传送一个 RST 数据包给目标主机，从而停止建立连接。在 SYN 扫描过程中，客户端和服务器端没有形成三次握手，所以没有建立一个正常的 TCP 连接，因此扫描操作不会被防火墙和日志所记录。这样就不会在目标主机上留下任何的痕迹，但是这种扫描需要 Root 权限。下面将介绍使用 Nmap 工具实施 TCP SYN 扫描的方法。

1．TCP SYN Ping扫描

Ping 扫描主要就是用于探测网络中活动主机的。Nmap 默认 Ping 扫描是使用 TCP ACK

和 ICMP Echo 请求来判断目标主机是否响应。如果目标主机上有防火墙阻止这些请求时，将会漏掉这些主机。此时，用户可以使用 TCP SYN Ping 扫描来处理这种情况。用于 TCP SYN Ping 扫描的语法格式如下：

```
nmap -PS [目标]
```

其中，-PS 表示实施 TCP SYN Ping 扫描。

【实例 2-6】实施 TCP SYN Ping 扫描。执行命令如下：

```
root@daxueba:~# nmap -PS 192.168.33.152
Starting Nmap 7.70 ( https://nmap.org ) at 2018-12-20 10:59 CST
Nmap scan report for 192.168.33.152 (192.168.33.152)
Host is up (0.00015s latency).
Not shown: 997 closed ports
PORT   STATE SERVICE
21/tcp open  ftp
22/tcp open  ssh
80/tcp open  http
MAC Address: 00:0C:29:FD:58:4B (VMware)
Nmap done: 1 IP address (1 host up) scanned in 0.23 seconds
```

从以上输出信息中可以看到，目标主机是开放的。

2. TCP SYN扫描

实施 TCP SYN 扫描的语法格式如下：

```
nmap -sS [目标]
```

其中，-sS 表示实施 TCP SYN 扫描。这里的-sS 选项，实际上是-s 和-S 两个选项的组合。可以分别来理解这两个选项：-s 表示告诉 Nmap 运行哪种类型的扫描；-S 表示执行 TCP SYN 类型扫描。

【实例 2-7】实施 TCP SYN 扫描。执行命令如下：

```
root@daxueba:~# nmap -sS 192.168.33.152
Starting Nmap 7.70 ( https://nmap.org ) at 2018-12-20 10:59 CST
Nmap scan report for 192.168.33.152 (192.168.33.152)
Host is up (0.00010s latency).
Not shown: 997 closed ports
PORT    STATE  SERVICE
21/tcp    open   ftp
22/tcp    open   ssh
80/tcp    open   http
MAC Address: 00:0C:29:FD:58:4B (VMware)
Nmap done: 1 IP address (1 host up) scanned in 0.24 seconds
```

2.2.3 TCP ACK 扫描

TCP ACK 扫描和 TCP SYN 扫描类似，其扫描方法是源主机向目标主机的一个端口发送一个只有 ACK 标志的 TCP 数据包，不论目标主机的端口是否开启，都会返回相应的 RST 数据包，然后通过 RST 包中的 TTL，来判断端口是否开启。其中，当 TTL 值小于 64 时，表示端口开启；当 TTL 值大于 64 时，则表示端口关闭。下面将介绍实施 TCP ACK 扫描的方法。

1. TCP ACK Ping扫描

TCP ACK Ping 扫描和 TCP SYN Ping 扫描类似，都是根据目标主机的响应来判断主机是否在线。使用这种扫描方式，可以探测阻止 SYN 包或 ICMP Echo 请求的主机。但是这种扫描方式会被防火墙阻止。用于实施 TCP ACK Ping 扫描的语法格式如下：

```
nmap -PA [目标]
```

其中，-PA 表示实施 TCP ACK Ping 扫描。

【实例 2-8】实施 TCP ACK Ping 扫描。执行命令如下：

```
root@daxueba:~# nmap -PA 192.168.33.152
Starting Nmap 7.70 ( https://nmap.org ) at 2018-12-20 10:59 CST
Nmap scan report for 192.168.33.152 (192.168.33.152)
Host is up (0.00054s latency).
Not shown: 997 closed ports
PORT   STATE SERVICE
21/tcp  open   ftp
22/tcp  open   ssh
80/tcp  open   http
MAC Address: 00:0C:29:FD:58:4B (VMware)
Nmap done: 1 IP address (1 host up) scanned in 0.26 seconds
```

2. TCP ACK扫描

实施 TCP ACK 扫描的语法格式如下：

```
nmap -sA [目标]
```

其中，-sA 表示实施 TCP ACK 扫描。

【实例 2-9】实施 TCP ACK 扫描。执行命令如下：

```
root@daxueba:~# nmap -sA 192.168.33.152
Starting Nmap 7.70 ( https://nmap.org ) at 2018-12-20 10:55 CST
Nmap scan report for 192.168.33.152 (192.168.33.152)
Host is up (0.00010s latency).
```

```
All 1000 scanned ports on 192.168.33.152 (192.168.33.152) are unfiltered
MAC Address: 00:0C:29:FD:58:4B (VMware)
Nmap done: 1 IP address (1 host up) scanned in 0.24 seconds
```

2.2.4　TCP 全连接扫描

TCP 全连接扫描是端口扫描中最基础和最稳定的，因为 Nmap 试图在其命令指定的每个端口上完成三次握手。这种扫描完整地完成了三次握手过程，之后又通过友好的方式断开连接，因此不容易形成对目标的泛洪攻击，以至崩溃。这种扫描方法的特点是扫描速度慢、准确性高，对操作者没有权限上的要求，但是容易被防火墙和 IDS（防入侵系统）发现。下面将介绍使用 Nmap 实施 TCP 全连接扫描的方法。

使用 Nmap 实施 TCP 全连接扫描的语法格式如下：

```
nmap -sT [目标]
```

其中，-sT 表示实施 TCP 全连接扫描。

【实例 2-10】使用 Nmap 实施 TCP 全连接扫描，执行命令如下：

```
root@daxueba:~# nmap -sT 192.168.33.152
Starting Nmap 7.70 ( https://nmap.org ) at 2018-12-20 10:57 CST
Nmap scan report for 192.168.33.152 (192.168.33.152)
Host is up (0.00089s latency).
Not shown: 997 closed ports
PORT   STATE SERVICE
21/tcp  open   ftp
22/tcp  open   ssh
80/tcp  open   http
MAC Address: 00:0C:29:FD:58:4B (VMware)
Nmap done: 1 IP address (1 host up) scanned in 0.17 seconds
```

2.2.5　TCP 窗口扫描

窗口扫描和 ACK 扫描完全一样。它通过检查返回的 RST 报文的 TCP 窗口域，来判断目标端口是开放还是关闭。在某些系统上，开放端口用正数表示窗口大小（甚至对于 RST 报文），而关闭端口的窗口大小为 0。因此，当收到 RST 包时，窗口扫描并不总是把端口标记为 unfiltered，而是根据 TCP 窗口值是正数还是 0，分别把端口标记为 open 或者 closed。下面介绍 TCP 窗口扫描的方法。

使用 Nmap 实施 TCP 窗口扫描的语法格式如下：

```
nmap -sW [目标]
```

其中，-sW 选项表示实施 TCP 窗口扫描。

【实例 2-11】对目标主机实施 TCP 窗口扫描。执行命令如下：

```
root@daxueba:~# nmap -sW 192.168.33.152
Starting Nmap 7.70 ( https://nmap.org ) at 2018-12-20 11:00 CST
Nmap scan report for 192.168.33.152 (192.168.33.152)
Host is up (0.000087s latency).
All 1000 scanned ports on 192.168.33.152 (192.168.33.152) are closed
MAC Address: 00:0C:29:FD:58:4B (VMware)
Nmap done: 1 IP address (1 host up) scanned in 0.23 seconds
```

2.2.6 端口状态

前面介绍了几种常见的 TCP 扫描端口方式。使用 Nmap 工具还可以进行一些其他扫描，如 TCP FIN 扫描和 TCP Null 扫描等。下面分别介绍这些端口扫描方式。

使用 Nmap 进行端口扫描时，可以识别 6 个端口状态，分别是 open（开放的）、closed（关闭的）、filtered（被过滤的）、unfiltered（未被过滤的）、open|filtered（开放或者被过滤的）和 closed|filtered（关闭或者被过滤的）。这里介绍下 Nmap 识别的 6 个端口状态的具体含义。

- open（开放的）：应用程序正在该端口接收 TCP 连接或者 UDP 报文。安全意识强的人们应该知道每个开放的端口都是攻击的入口。攻击者或者入侵测试者想要发现开放的端口，而管理员则试图关闭它们或者用防火墙保护它们以免妨碍了合法用户。非安全扫描可能对开放的端口也感兴趣，因为它们显示了网络上哪些服务可供使用。
- closed（关闭的）：关闭的端口对于 Nmap 也是可访问的（它接受 Nmap 的探测报文并作出响应），但没有应用程序在其上监听。它们可以显示该 IP 地址上（主机发现，或者 ping 扫描）的主机正在运行，也对部分操作系统的探测有所帮助。因为关闭的端口是可访问的，也许一会儿之后可能有一些关闭的端口又开放了。系统管理员可能会用防火墙封锁这样的端口，这样它们就会显示为被过滤的状态。
- filtered（被过滤的）：由于包过滤阻止探测报文到达端口，Nmap 无法确定该端口是否开放。过滤可能来自专业的防火墙设备、路由器规则或者主机上的软件防火墙。有时候它们响应 ICMP 错误消息，如类型 3 代码 13（无法到达目标：通信被管理员禁止），但更普遍的是过滤器只是丢弃探测帧，不做任何响应。Nmap 会重试若干次，检测探测包是否是由于网络阻塞而被丢弃的。这会导致扫描速度明显变慢。
- unfiltered（未被过滤的）：未被过滤状态意味着端口可访问，但 Nmap 不能确定它是开放还是关闭。用户只有通过映射防火墙规则集的 ACK 扫描，才会把端口分类到这种状态。使用其他类型的扫描（如窗口扫描、SYN 扫描或者 FIN 扫描），来扫描未被过滤的端口可以帮助确定端口是否开放。

- open|filtered（开放或者被过滤的）：当无法确定端口是开放还是被过滤的时候，Nmap 会把该端口划分成这种状态。开放的端口不响应就是这种情况，没有响应也可能意味着报文过滤器丢弃了探测报文和探测报文引起的任何响应。因此 Nmap 无法确定该端口是开放的还是被过滤的。UDP、IP 协议、FIN、Null 和 Xmas 扫描可能把端口归入此类。
- closed|filtered（关闭或者被过滤的）：该状态用于 Nmap 不能确定端口是关闭的还是被过滤的，它只可能出现在 IPID Idle 扫描中。

1. TCP FIN扫描

有些时候，使用 TCP SYN 扫描也不是最佳的扫描模式。因为如果目标主机有防火墙的时候，会阻止 SYN 数据包，这时候可以考虑使用 TCP FIN 扫描。因为 TCP FIN 标志的数据包，并不需要完成 TCP 的握手。TCP FIN 扫描就是向目标端口发送一个 FIN 包。如果收到目标响应的 RST 包，则说明该端口是关闭的；如果没有收到 RST 包，则说明端口可能是开放的或被屏蔽的。使用 Nmap 实施 TCP FIN 扫描的语法格式如下：

```
nmap -sF [目标]
```

其中，-sF 表示发送一个设置了 FIN 标志的数据包。

【实例 2-12】使用 Nmap 实施 TCP FIN 扫描。执行命令如下：

```
root@daxueba:~# nmap -sF 192.168.33.152
Starting Nmap 7.70 ( https://nmap.org ) at 2018-12-20 11:01 CST
Nmap scan report for 192.168.33.152 (192.168.33.152)
Host is up (0.00063s latency).
Not shown: 997 closed ports
PORT   STATE          SERVICE
21/tcp   open|filtered      ftp
22/tcp   open|filtered      ssh
80/tcp   open|filtered      http
MAC Address: 00:0C:29:FD:58:4B (VMware)
Nmap done: 1 IP address (1 host up) scanned in 1.42 seconds
```

2. TCP Xmas树扫描

TCP Xmas 树扫描也称为圣诞树扫描，它发送带有 URG、PSH 和 FIN 标志的 TCP 数据包。如果目标主机响应一个 RST 标志数据包，则说明目标主机的端口是关闭的。使用 Nmap 实施 TCP Xmas 树扫描的语法格式如下：

```
nmap -sX
```

其中，-sX 表示实施 TCP Xmas 树扫描。

【实例 2-13】实施 TCP Xmas 树扫描。执行命令如下：

```
root@daxueba:~# nmap -sX 192.168.33.152
Starting Nmap 7.70 ( https://nmap.org ) at 2018-12-20 11:01 CST
```

```
Nmap scan report for 192.168.33.152 (192.168.33.152)
Host is up (0.000078s latency).
Not shown: 997 closed ports
PORT    STATE          SERVICE
21/tcp  open|filtered  ftp
22/tcp  open|filtered  ssh
80/tcp  open|filtered  http
MAC Address: 00:0C:29:FD:58:4B (VMware)
Nmap done: 1 IP address (1 host up) scanned in 1.40 seconds
```

3. TCP Null扫描

TCP Null（空）扫描和 TCP Xmas 树扫描一样，也是通过发送非常规的 TCP 通信数据包对目标计算机进行探测。在很多情况下，Null 扫描和 Xmas 树扫描正好相反，因为 Null 扫描使用没有任何标记（全空）的数据包。根据 RFC793 规定，如果目标主机的相应端口是关闭的话，则应该响应一个 RST 数据包；如果目标主机的相应端口是开启的话，则不会响应任何信息。使用 Nmap 实施 TCP Null 扫描的语法格式如下：

```
nmap -sN [目标]
```

其中，-sN 表示实施 TCP Null 扫描。

【实例 2-14】实施 TCP Null 扫描。执行命令如下：

```
root@daxueba:~# nmap -sN 192.168.33.152
Starting Nmap 7.70 ( https://nmap.org ) at 2018-12-20 11:00 CST
Nmap scan report for 192.168.33.152 (192.168.33.152)
Host is up (0.00067s latency).
Not shown: 997 closed ports
PORT    STATE          SERVICE
21/tcp  open|filtered  ftp
22/tcp  open|filtered  ssh
80/tcp  open|filtered  http
MAC Address: 00:0C:29:FD:58:4B (VMware)
Nmap done: 1 IP address (1 host up) scanned in 1.40 seconds
```

2.3 UDP 扫描

UDP 扫描通过向目标主机发送 UDP 包，根据目标主机的响应情况来判断目标是否在线。由于 UDP 协议是非面向连接的，对 UDP 端口的探测也就不像 TCP 端口的探测那样依赖于连接建立过程，这使得 UDP 端口扫描的可靠性并不高。所以，虽然 UDP 协议较之 TCP 协议更简单，但是对 UDP 端口的扫描却是相当困难的。本节将介绍 UDP 扫描的工作机制及扫描方法。

2.3.1　UDP 工作机制

UDP（User Datagram Protocol，用户数据报协议）是与 TCP 响应的协议。它是面向非连接的协议，它不与对方建立连接，而是直接就把数据包发送过来。UDP 适用于一次只传少量数据，对可靠性要求不高的应用环境。其中，Ping 命令的原理就是向对方主机发送 UDP 数据包，然后对方主机确认是否收到数据包。如果数据包是否到达的消息及反馈回来，那么网络就是通的。

2.3.2　实施 UDP 扫描

UDP 扫描是通过发送 UDP 数据包到目标主机并等待响应，来判断目标端口是否开放。如果目标返回 ICMP 不可达的错误（类型 3，代码 3），则说明端口是关闭的；如果得到正确的或适当的响应，则说明端口是开放的。下面介绍使用 Nmap 实施 UDP 扫描的方法。

1．UDP Ping扫描

UDP Ping 扫描就是通过向目标主机发送一个空的 UDP 包到指定端口，然后根据目标主机的响应情况来判断目标是否在线。尽管一些服务器会配置防火墙阻止连接，但有些情况下用户可能仅配置了过滤 TCP 连接，而忘记配置 UDP 过滤规则。所以，使用 UDP Ping 扫描也是发现主机的一种方法。其语法格式如下：

```
nmap -PU [portlist] [目标]
```

以上语法中的选项及含义如下：

- -PU：扫描只会对目标进行 UDP Ping 扫描。这种类型的扫描会发送 UDP 包来获得一个响应。
- portlist：指定扫描的端口，默认是 40125。

【实例 2-15】对目标主机的 53 号端口实施 UDP Ping 扫描。执行命令如下：

```
root@daxueba:~# nmap -PU53 61.135.169.121
Starting Nmap 7.70 ( https://nmap.org ) at 2019-01-02 14:45 CST
Note: Host seems down. If it is really up, but blocking our ping probes,
try -Pn
Nmap done: 1 IP address (0 hosts up) scanned in 2.12 seconds
```

从输出的信息中可以看到，目标主机上的 53 号端口没有开放，进而推断出目标主机不在线。

注意：使用 UDP Ping 扫描方式，NAT 网络中会影响扫描结果。

2. UDP扫描

实施 UDP 扫描的语法格式如下：

```
nmap -sU
```

其中，-sU 表示这种扫描技术是用来寻址目标主机打开的 UDP 端口。它不需要发送任何的 SYN 包，因为这种技术是针对 UDP 端口的。UDP 扫描发送 UDP 数据包到目标主机，并等待响应。如果返回 ICMP 不可达的错误消息，说明端口是关闭的；如果得到正确的或适当的回应，则说明端口是开放的。

【实例 2-16】实施 UDP 扫描。执行命令如下：

```
root@daxueba:~# nmap -sU 192.168.33.147
Starting Nmap 7.70 ( https://nmap.org ) at 2018-12-20 11:15 CST
Nmap scan report for 192.168.33.147 (192.168.33.147)
Host is up (0.00046s latency).
Not shown: 990 closed ports
PORT        STATE             SERVICE
9/udp       open|filtered     discard
53/udp      open              domain
68/udp      open|filtered     dhcpc
69/udp      open|filtered     tftp
111/udp     open              rpcbind
137/udp     open              netbios-ns
138/udp     open|filtered     netbios-dgm
2049/udp    open              nfs
3401/udp    open|filtered     squid-snmp
16420/udp   open|filtered     unknown
MAC Address: 00:0C:29:3E:84:91 (VMware)
Nmap done: 1 IP address (1 host up) scanned in 1107.22 seconds
```

从输出的信息中可以看到目标主机上开放的 UDP 端口及对应服务。例如，开放的 UDP 端口有 53、111 和 137 等。

2.4 IP 扫描

IP（Internet Protocol Address，网际协议地址）也称为 IP 地址，是分配给用户上网使用的网际协议设备的地址标签。Nmap 工具提供了一个-sO 选项，可以用来实施 IP 扫描。通过实施 IP 扫描，可以探测到目标主机中 TCP/IP 协议簇中有哪些协议，类型号分别是多少。其中，用于实施 IP 扫描的语法格式如下：

```
nmap -sO [目标]
```

其中，-sO 表示使用 IP 协议扫描确定目标主机支持的协议类型。

【实例 2-17】使用 Nmap 实施 IP 扫描。执行命令如下：

```
root@daxueba:~# nmap -sO 192.168.33.152
Starting Nmap 7.70 ( https://nmap.org ) at 2018-12-20 11:03 CST
Warning: 192.168.33.152 giving up on port because retransmission cap hit (10).
Nmap scan report for 192.168.33.152 (192.168.33.152)
Host is up (0.00052s latency).                          #目标主机是开放的
Not shown: 244 closed protocols                         #关闭的协议号
PROTOCOL STATE          SERVICE                         #开放的协议号
1        open           icmp
2        open|filtered  igmp
6        open           tcp
17       open           udp
64       open|filtered  sat-expak
95       open|filtered  micp
101      open|filtered  ifmp
103      open|filtered  pim
131      open|filtered  pipe
136      open|filtered  udplite
142      open|filtered  rohc
230      open|filtered  unknown
MAC Address: 00:0C:29:FD:58:4B (VMware)
Nmap done: 1 IP address (1 host up) scanned in 274.75 seconds
```

从以上输出信息中可以看到目标主机上支持所有协议。例如，支持的协议有 ICMP、IGMP、TCP 和 UDP 等，对应的协议号分别为 1、2、6 和 17。

第3章　局域网扫描

局域网（Local Area Network，LAN）是指某一区域内由多台计算机互联成的计算机组。在局域网中，所有的主机之间都可以进行通信。所以，通过对局域网中的主机进行扫描，即可发现活动的主机，并进行数据传输。本章将介绍对局域网中的主机进行扫描的方法。

3.1　网络环境

在实施局域网扫描之前，需要对其网络环境有所了解，如网络范围、经过的路由等，然后才可以确定扫描的目标。本节将对局域网网络环境进行简单介绍。

3.1.1　网络范围

当用户实施局域网扫描时，首先要确定一个网络范围，如单个 IP 地址、多个 IP 地址、一个地址范围或整个子网，否则将会浪费大量的时间。IP 地址是由两部分组成，即网络地址和主机地址。网络地址表示其属于互联网的哪一个网络，主机地址表示其属于该网络中的哪一台主机。二者是主从关系。IP 地址根据网络号和主机号，分为 A 类（1.0.0.0～126.0.0.0）、B 类（128.1.0.0～191.255.0.0）和 C 类（192.0.1.0～223.255.255.0）三类及特殊地址 D 类和 E 类。另外，全 0 和全 1 都保留不用。下面简单对每类地址作一个分析。

- A 类：该类地址范围为 1.0.0.0～126.0.0.0，子网掩码为 255.0.0.0。在该地址中，第一个字节为网络号，后三个字节为主机号。该类 IP 地址的最前面为 0，所以地址的网络号取值于 1～126 之间。
- B 类：该类地址范围为 128.1.0.0～191.255.0.0，子网掩码为 255.255.0.0。在该地址中，前两个字节为网络号，后两个字节为主机号。该类 IP 地址的最前面为 10，所以地址的网络号取值于 128～191 之间。
- C 类：该类地址范围为 192.0.1.0～223.255.255.0，子网掩码为 255.255.255.0。在该地址中，前 3 个字节为网络号，最后一个字节为主机号。该类 IP 地址的最前面为

110，所以地址的网络号取值于 129～223 之间。

- D 类：是多播地址。该类 IP 地址的最前面为 1110，所以地址的网络号取值于 224～239 之间。一般用于多路广播用户。多播地址是让源设备能够将分组发送给一组设备的地址。属于多播组的设备将被分配一个多播组 IP 地址，多播地址范围为 224.0.0.0～239.255.255.255。由于多播地址表示一组设备，因此只能用作分组的目标地址。源地址总是为单播地址。多播 MAC 地址以十六进制值 01-00-5E 开头，余下的 6 个十六进制位是根据 IP 多播组地址的最后 23 位转换得到的。
- E 类：是保留地址。该类 IP 地址的最前面为 1111，所以地址的网络号取值于 240～255 之间。

在扫描时还可以通过 CIDR 格式来指定扫描整个子网。其中，CIDR 格式是由网络地址和子网掩码两部分组成，中间使用斜杠（/）分隔。下面将给出一个 CIDR 和子网掩码对应列表，如表 3.1 所示。

表 3.1　CIDR对照表

子 网 掩 码	CIDR	子 网 掩 码	CIDR
000.000.000.000	/0	255.255.128.000	/17
128.000.000.000	/1	255.255.192.000	/18
192.000.000.000	/2	255.255.224.000	/19
224.000.000.000	/3	255.255.240.000	/20
240.000.000.000	/4	255.255.248.000	/21
248.000.000.000	/5	255.255.252.000	/22
252.000.000.000	/6	255.255.254.000	/23
254.000.000.000	/7	255.255.255.000	/24
255.000.000.000	/8	255.255.255.128	/25
255.128.000.000	/9	255.255.255.192	/26
255.192.000.000	/10	255.255.255.224	/27
255.224.000.000	/11	255.255.255.240	/28
255.240.000.000	/12	255.255.255.248	/29
255.248.000.000	/13	255.255.255.252	/30
255.252.000.000	/14	255.255.255.254	/31
255.254.000.000	/15	255.255.255.255	/32
255.255.000.000	/16		

在 IP 地址中，还有一种特殊的 IP 地址是广播地址。广播地址是专门用于同时向网络中所有工作站进行发送的一个地址。在使用 TCP/IP 协议的网络中，主机标识段 host ID 为全 1 的 IP 地址为广播地址，广播的分组传送给 host ID 段所涉及的所有计算机。例如，10.0.0.0（255.0.0.0）网段，其广播地址为 10.255.255.255；172.16.0.0（255.255.0.0）网段，

其广播地址为 172.16.255.255；192.168.1.0（255.255.255.0）网段，其广播地址为 192.168.1.255。其中，广播地址对应的 MAC 地址为 FF-FF-FF-FF-FF-FF。

1．使用Netmask工具

在 Kali Linux 中，默认提供了一个名为 Netmask 工具，可以用来实现 IP 地址格式转换。该工具可以在 IP 范围、子网掩码、CIDR、Cisco 等格式中互相转换，并且提供了 IP 地址的点分十进制、十六进制、八进制、二进制之间的互相转换。

【实例 3-1】使用 Netmask 工具将 IP 范围转换为 CIDR 格式。执行命令如下：

```
root@daxueba:~# netmask -c 192.168.0.0:192.168.2.255
    192.168.0.0/23
    192.168.2.0/24
```

从以上输出的信息中可以看到，已经成功地将 IP 范围转换为 CIDR 格式了。

【实例 3-2】使用 Netmask 工具将 IP 范围转换为标准的子网掩码格式。执行命令如下：

```
root@daxueba:~# netmask -s 192.168.0.0:192.168.2.255
    192.168.0.0/255.255.254.0
    192.168.2.0/255.255.255.0
```

从以上输出的信息中可以看到，已经成功地将 IP 范围转换为子网掩码格式了。

【实例 3-3】使用 Netmask 工具将 IP 范围转换到 Cisco 格式。执行命令如下：

```
root@daxueba:~# netmask -i 192.168.0.0:192.168.2.255
    192.168.0.0 0.0.1.255
    192.168.2.0 0.0.0.255
```

从以上输出的信息中可以看到，已经成功地将 IP 范围转换为 Cisco 格式了。

【实例 3-4】使用 Netmask 工具将 CIDR 格式转换到 IP 范围格式。执行命令如下：

```
root@daxueba:~# netmask -r 192.168.0.0/23
    192.168.0.0-192.168.1.255   (512)
```

从以上输出的信息中可以看到，已经成功地将 CIDR 格式转换为 IP 范围格式了。

2．使用Nmap工具实施扫描

Nmap 工具提供了一个-iL 选项，可以对指定的目标列表实施扫描。使用该工具的语法格式如下：

```
nmap -iL [inputfilename]
```

以上语法中的选项及参数含义如下：

- -iL：从文件列表中读取目标地址。该列表支持任何格式的地址，包括 IP 地址、主机名、CIDR、IPv6 或者八位字节范围，而且每一项必须以一个或多个空格、制表符或换行符分开。
- inputfilename：地址列表文件名。

【实例 3-5】使用 Nmap 工具对 192.168.33.0/24 整个子网中的主机进行扫描。这里将该目标写入 hosts.list 文件，具体如下：

```
root@daxueba:~# vi hosts.list
192.168.33.0/24
```

此时，将使用-iL 选项，指定对该目标列表文件实施扫描。执行命令如下：

```
root@daxueba:~# nmap -iL hosts.list
Starting Nmap 7.70 ( https://nmap.org ) at 2018-12-21 11:28 CST
Nmap scan report for 192.168.33.152 (192.168.33.152)
Host is up (0.00096s latency).
Not shown: 997 closed ports
PORT   STATE SERVICE
21/tcp   open    ftp
22/tcp   open    ssh
80/tcp   open    http
MAC Address: 00:0C:29:FD:58:4B (VMware)
Nmap scan report for 192.168.33.1 (192.168.33.1)
Host is up (0.00022s latency).
All 1000 scanned ports on 192.168.33.1 (192.168.33.1) are filtered
MAC Address: 00:50:56:C0:00:08 (VMware)
Nmap scan report for 192.168.33.2 (192.168.33.2)
Host is up (0.00044s latency).
All 1000 scanned ports on 192.168.33.2 (192.168.33.2) are closed
MAC Address: 00:50:56:FE:0A:32 (VMware)
Nmap done: 3 IP addresses (3 hosts up) scanned in 4.12 seconds
```

从以上显示的结果中可以看到，192.168.33.0/24 网络内有 3 台活动主机。其中，活动的主机地址分别是 192.168.33.152、192.168.33.1 和 192.168.33.2。

3.1.2　上级网络

在一个局域网内，用户也可能会使用多个路由器进行串联，以满足扩大原有的网络范围，或者在原有的网络下构建新的网络（子网络）。如果用户连接的是最底层网络的话，则可以通过路由跟踪的方式扫描到上级网络的路由。根据获取的路由信息，可以猜测上级网络的范围大小。下面将介绍实施路由跟踪的方法。

1. 使用Nmap工具

Nmap 工具提供了一个--traceroute 选项，可以用来实现路由跟踪。下面介绍使用 Nmap 工具实施路由跟踪，以获取上级网络信息。

【实例 3-6】使用 Nmap 工具找出访问百度服务器（www.baidu.com）所经过的网络节点。执行命令如下：

```
root@daxueba:~# nmap --traceroute www.baidu.com
Starting Nmap 7.70 ( https://nmap.org ) at 2019-01-04 15:28 CST
Nmap scan report for www.baidu.com (61.135.169.125)
Host is up (0.019s latency).
Other addresses for www.baidu.com (not scanned): 61.135.169.121
Not shown: 998 filtered ports
PORT    STATE SERVICE
80/tcp  open  http
443/tcp open  https
TRACEROUTE (using port 443/tcp)
HOP RTT      ADDRESS
1   1.22 ms  192.168.1.1 (192.168.1.1)
2   3.56 ms  10.188.0.1 (10.188.0.1)
3   ... 10
11  18.21 ms 61.135.169.125
Nmap done: 1 IP address (1 host up) scanned in 9.22 seconds
```

从输出的信息中可以看到，Nmap 工具自动将百度服务器的 IP 地址解析出来并进行了扫描。从显示的结果中可以看到，本地到百度服务器经过的上级路由依次为 192.168.1.1 和 192.168.0.1。而且，还可以看到目标服务器上开放了 80 和 443 两个端口。

2．使用Traceroute工具

Traceroute 是一款用来侦测由源主机到目标主机所经过的路由请求的重要工具。Traceroute 工具收到目的主机 IP 后，首先给目的主机发送一个 TTL=1（TTL 指生存时间）的 UDP 数据包，而经过的第一个路由器收到这个数据包之后，自动把 TTL 减去 1。当 TTL 变为 0 之后，路由器就将这个数据包抛弃了，并同时产生一个主机不可达的 ICMP 超时数据报给主机。主机收到这个 ICMP 数据报以后，会发送一个 TTL=2 的数据报给目的主机，然后刺激第二个路由器给主机发送 ICMP 数据报，如此反复，直到到达目的主机。这样 Traceroute 就可以拿到所有路由器的 IP，从而避开 IP 头只能记录有限路由的 IP 地址。下面介绍使用 Traceroute 工具实施路由跟踪的方法。

使用 Traceroute 工具实施路由跟踪的语法格式如下：

```
traceroute [Target]
```

【实例 3-7】使用 Traceroute 工具侦测访问百度服务器的所有路由。执行命令如下：

```
root@daxueba:~# traceroute www.baidu.com
traceroute to www.baidu.com (61.135.169.125), 30 hops max, 60 byte packets
 1  192.168.1.1 (192.168.1.1)  0.622 ms  0.520 ms  0.616 ms
 2  10.188.0.1 (10.188.0.1)  3.504 ms  3.463 ms  3.528 ms
 3  193.6.220.60.adsl-pool.sx.cn (60.220.6.193) 12.510 ms 12.441 ms 12.364
ms
 4  253.8.220.60.adsl-pool.sx.cn(60.220.8.253) 14.471 ms 169.9.220.60.
adsl-
```

```
    pool.sx.cn (60.220.9.169)  12.489 ms 249.8.220.60.adsl-pool.sx.cn (60.
220. 8.249)  12.112 ms
    5  * 219.158.96.89 (219.158.96.89)  24.322 ms 219.158.103.81 (219.158.103.
    81)  21.709 ms
    6  124.65.194.18 (124.65.194.18)  23.039 ms 124.65.194.166 (124.65.194.
166) 23.014 ms 124.65.194.154 (124.65.194.154)  26.398 ms
    7  123.126.0.54 (123.126.0.54)  20.222 ms  19.757 ms 61.51.113.194 (61.51.
    113.194)  32.827 ms
    8  61.49.168.78 (61.49.168.78)  27.969 ms 123.125.248.110 (123.125.248.
110)
    21.597 ms 61.49.168.102 (61.49.168.102)  21.717 ms
    9  * * *
   10  * * *
   11  * * *
   12  * * *
   13  * * *
   14  * * *
   15  * * *
   16  * * *
   17  * * *
   18  * * *
   19  * * *
   20  * * *
   21  * * *
   22  * * *
   23  * * *
   24  * * *
   25  * * *
   26  * * *
   27  * * *
   28  * * *
   29  * * *
   30  * * *
```

在以上输出信息中，每条记录序列号从 1 开始。其中，每个记录就是一跳，每跳表示一个网关。而且我们还可以看到每行有 3 个时间，单位是 ms。这 3 个时间表示探测数据包向每个网关发送 3 个数据包后，网关响应后返回的时间。另外，我们还发现有一些行是以星号表示的。出现这种情况，可能是防火墙封掉了 ICMP 的返回消息，所以我们无法获取到相关的数据包返回数据。从输出的第一行信息可以看到，已经成功解析出百度服务器的 IP 地址为 61.135.169.125，共经过 30 跳，包大小为 60 个字节。从显示的记录中可以看到，经过的路由有 192.168.1.1、10.188.0.1、60.220.6.193 等。

提示：在 NAT 模式下，Traceroute 运行存在问题，无法展现上一级的路由信息。

3.2　ARP 扫描

ARP（Address Resolution Protocol，地址解析协议）是根据 IP 地址获取物理地址的一个 TCP/IP 协议。由于主机进行通信时，将会发送一个包含目标 IP 地址的 ARP 请求广播到网络上的所有主机，并接收返回消息，以此确定目标的物理地址，所以可以使用主动和被动两种方式来实施 ARP 扫描。本节将介绍 ARP 扫描的方法。

3.2.1　主动扫描

主动扫描就是主动发送一个 ARP 请求包，等待目标主机的响应。如果目标主机响应了该请求后，则说明该主机是活动的；否则，说明目标主机不在线。下面介绍使用 Nmap 工具的-PR 选项实施 ARP 主动扫描的方法。

使用 Nmap 工具实施 ARP 主动扫描的语法格式如下：

```
nmap -PR [目标]
```

其中，-PR 表示实施 ARP Ping 扫描。

【实例 3-8】使用 Nmap 实施 ARP 主动扫描。执行命令如下：

```
root@daxueba:~# nmap -PR 192.168.33.152
Starting Nmap 7.70 ( https://nmap.org ) at 2018-12-21 11:49 CST
Nmap scan report for 192.168.33.152 (192.168.33.152)
Host is up (0.000073s latency).
Not shown: 997 closed ports
PORT   STATE SERVICE
21/tcp   open    ftp
22/tcp   open    ssh
80/tcp   open    http
MAC Address: 00:0C:29:FD:58:4B (VMware)
Nmap done: 1 IP address (1 host up) scanned in 0.21 seconds
```

从以上输出信息中可以看到，目标主机 192.168.33.152 是活动的。而且，开放的端口有 3 个，分别是 21、22 和 80。

1．使用Netdiscover工具

Netdiscover 是一个主动/被动的 ARP 侦查工具。使用该工具可以在网络上扫描 IP 地址，检查在线主机或搜索为它们发送的 ARP 请求。下面介绍使用 Netdiscover 工具实施 ARP 主动扫描的方法。语法格式如下：

```
netdiscover -r [range]
```

其中，-r [range]表示指定扫描的网络范围。

【实例 3-9】使用 Netdiscover 工具实施 ARP 主动扫描。执行命令如下:

```
root@daxueba:~# netdiscover -r 192.168.1.0/24
 Currently scanning: Finished!   |   Screen View: Unique Hosts

 6 Captured ARP Req/Rep packets, from 3 hosts.   Total size: 360
 _____________________________________________________________________
   IP            At MAC Address     Count     Len  MAC Vendor / Hostname
 ---------------------------------------------------------------------
 192.168.1.1   70:85:40:53:e0:35   20   1200   Unknown vendor
 192.168.1.3    1c:6f:65:c8:4c:89    14    840    GIGA-BYTE TECHNOLOGY
 CO.,LTD.
 192.168.1.41   1c:77:f6:60:f2:cc   5   300    GUANGDONG OPPO MOBILE
TELECOMMUNICATIONS CORP.,LTD
```

从以上输出信息中可以看到，扫描到了 3 台活动主机，地址分别是 192.168.1.1、192.168.1.3 和 192.168.1.41。

2．使用arp-scan工具

arp-scan 是一款 ARP 扫描工具。该工具可以进行单一目标扫描，也可以进行批量扫描。批量扫描的时候，用户可以通过 CIDR、地址范围或者列表文件的方式指定。该工具允许用户定制 ARP 包，构建非标准数据包。同时，该工具会自动解析 MAC 地址，给出 MAC 地址对应的硬件厂商，以帮助用户确认目标。其中，使用 arp-scan 工具扫描的语法格式如下：

```
arp-scan [目标]
```

【实例 3-10】使用 arp-scan 工具对目标主机 192.168.1.3 实施扫描。执行命令如下：

```
root@daxueba:~# arp-scan 192.168.1.3
Interface: eth0, datalink type: EN10MB (Ethernet)
Starting arp-scan 1.9.5 with 1 hosts (https://github.com/royhills/arp-scan)
192.168.1.3 1c:6f:65:c8:4c:89   GIGA-BYTE TECHNOLOGY CO.,LTD.
1 packets received by filter, 0 packets dropped by kernel
Ending arp-scan 1.9.5: 1 hosts scanned in 0.590 seconds (1.69 hosts/sec).
1 responded
```

从以上的输出信息中可以看到，目标主机是活动的。此外，还可以看到该目标主机的 MAC 地址为 1c:6f:65:c8:4c:89，网卡生产厂商为 GIGA-BYTE TECHNOLOGY CO.,LTD。

3．使用Arping工具

Arping 是一个 ARP 级别的 Ping 工具，主要用来向局域网内的其他主机发送 ARP 请求的指令。使用该工具可以测试局域网内的某个 IP 地址是否已被使用。Arping 工具的语法格式如下：

```
arping -c <count> [目标]
```

其中，-c <count>表示指定发送的 ARP 包数。

【实例 3-11】使用 Arping 工具实施 ARP 扫描，并发送一个 ARP 请求包。执行命令如下：

```
root@daxueba:~# arping -c 1 192.168.33.147
ARPING 192.168.33.147
60 bytes from 00:0c:29:3e:84:91 (192.168.33.147): index=0 time=238.821 usec
--- 192.168.33.147 statistics ---
1 packets transmitted, 1 packets received,  0% unanswered (0 extra)
rtt min/avg/max/std-dev = 0.239/0.239/0.239/0.000 ms
```

从以上输出信息中可以看到，收到了目标主机返回的一个响应包，由此可以说明目标主机是活动的。如果目标主机不在线，将显示如下信息：

```
root@daxueba:~# arping -c 1 192.168.33.128
ARPING 192.168.33.128
Timeout
--- 192.168.33.128 statistics ---
1 packets transmitted, 0 packets received, 100% unanswered (0 extra)
```

从输出的信息中可以看到，返回的消息为 Timeout（超时）。

3.2.2 被动扫描

被动扫描是通过长期监听 ARP 广播，来发现同一局域网中的活动主机。Netdiscover 工具既可以以主动模式扫描主机，也可以以被动模式嗅探存活的主机。下面介绍使用 Netdiscover 工具实施被动扫描的方法。

Netdiscover 工具实施被动扫描的语法格式如下：

```
netdiscover -p
```

其中，-p：被动模式（passive mode），不发送任何数据包，仅嗅探。

【实例 3-12】使用 Netdiscover 工具实施被动扫描。执行命令如下：

```
root@daxueba:~# netdiscover -p
```

执行以上命令后，将显示如下信息：

```
Currently scanning: (passive)   |   Screen View: Unique Hosts

 39 Captured ARP Req/Rep packets, from 3 hosts.   Total size: 2340
 _____________________________________________________________________________
   IP          At MAC Address  Coun  Len   MAC Vendor / Hostname
 -----------------------------------------------------------------------------
```

```
192.168.1.1   70:85:40:53:e0:35   20   1200  Unknown vendor
192.168.1.3   1c:6f:65:c8:4c:89    14    840   GIGA-BYTE TECHNOLOGY
CO.,LTD.
192.168.1.41   1c:77:f6:60:f2:cc  5   300     GUANGDONG OPPO MOBILE
TELECOMMUNICATIONS CORP.,LTD
```

从输出的第 1 行信息中，可以看到正在使用被动模式（passive）实施扫描。从第 2 行信息中，可以看到嗅探到的包数、主机数及包大小。第 3 行以下的信息则是嗅探到的包信息。在该部分中共包括 6 列，分别是 IP（IP 地址）、At MAC Address（MAC 地址）、Count（包数）、Len（长度）、MAC Vendor（MAC 地址生产厂商）和 Hostname（主机名）。通过分析捕获到的包，可以知道当前局域网中活动的主机 IP 地址、MAC 地址及 MAC 地址的生产厂商等。例如，主机 192.168.13 的 MAC 地址为 1c:6f:65:c8:4c:89，MAC 地址厂商为 GIGA-BYTE，主机名为 TECHNOLOGY CO.,LTD.。如果用户不想要继续扫描的话，可以按快捷键 Ctrl+C 停止被动扫描。

3.2.3　设备 MAC 查询

通过对目标主机实施 ARP 扫描后，可以获取到目标主机的 MAC 地址，以及 MAC 生产厂商。但有一些设备无法获取到其生产厂商，此时可以到 https://mac.51240.com/网站进行查询，以获取更详细的信息。

【实例 3-13】查询设备 MAC 地址的详细信息。具体操作步骤如下：

（1）在浏览器中输入 MAC 地址查询网址 https://mac.51240.com/。访问成功后，将显示如图 3.1 所示的界面。

图 3.1　MAC 地址查询

（2）在图 3.1 所示的“MAC 地址”文本框中输入要查询的 MAC 地址，并单击“查询”按钮即可获取到对应信息。其中，输入的 MAC 地址格式为 00-01-6C-A6-29 或 00:01:6C:06:A6:29。例如，这里查询 MAC 地址为 70:85:40:53:e0:35 的信息，查询结果如图 3.2 所示。

（3）从图 3.2 中可以看到获取到的 MAC 相关信息，包括组织名称、国家/地区、省份、城市、街道和邮编。

图 3.2　查询结果

3.3　DHCP 被动扫描

DHCP（Dynamic Host Configuration Protocol，动态主机配置协议）是一个局域网的网络协议，主要作用就是给内部网或网络服务供应商自动分配 IP 地址。当一个客户端需要获取一个 IP 地址时，将会向 DHCP 服务器发送广播包，收到请求的服务器会提供一个可用的 IP 地址给客户端，所以可以监听该协议的包。本节将介绍实施 DHCP 被动扫描的方法。

3.3.1　DHCP 工作机制

DHCP 协议采用 UDP 作为传输协议，主机发送请求消息到 DHCP 服务器的 67 号端口，DHCP 服务器回应应答消息给主机的 68 号端口。DHCP 协议的具体工作流程如图 3.3 所示。

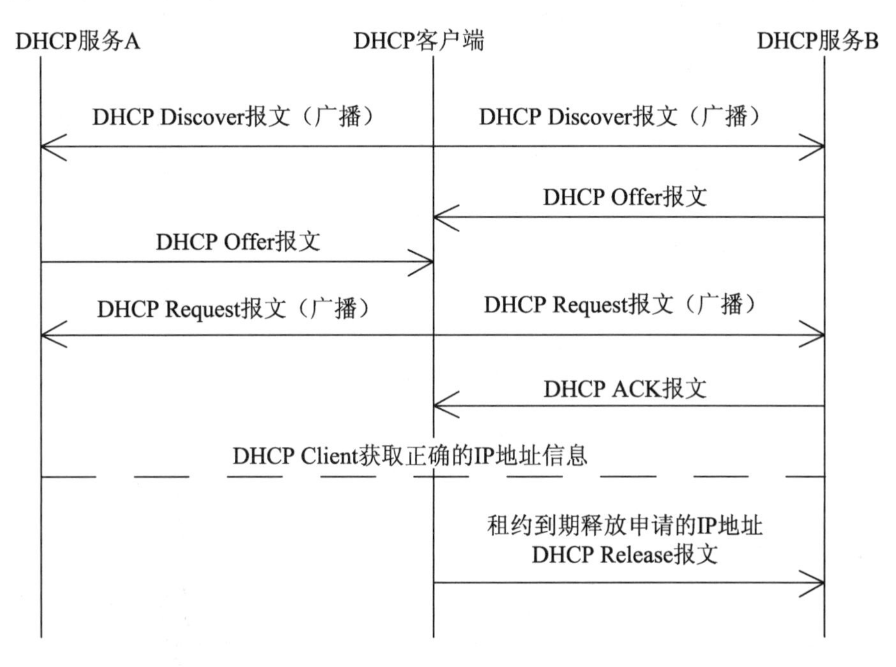

图 3.3　DHCP 工作流程

DHCP 工作流程的详细交互过程如下：

（1）DHCP 客户端以广播的方式发出 DHCP Discover 报文。

（2）所有的 DHCP 服务器都能够接收到 DHCP 客户端发送的 DHCP Discover 报文，所有的 DHCP 服务器都会给出响应，向 DHCP 客户端发送一个 DHCP Offer 报文。DHCP Offer 报文中 Your(Client) IP Address 字段就是 DHCP 服务器能够提供给 DHCP 客户端使用的 IP 地址，且 DHCP 服务器会将自己的 IP 地址放在 Option 字段中以便 DHCP 客户端区分不同的 DHCP 服务器。DHCP 服务器在发出此报文后会存在一个已分配 IP 地址的记录。

（3）DHCP 客户端只能处理其中的一个 DHCP Offer 报文，一般的原则是 DHCP 客户端处理最先收到的 DHCP Offer 报文。DHCP 客户端会发出一个广播的 DHCP Request 报文，在选项字段中会加入选中的 DHCP 服务器的 IP 地址和需要的 IP 地址。

（4）DHCP 服务器收到 DHCP Request 报文后，判断选项字段中的 IP 地址是否与自己的地址相同。如果不相同，DHCP 服务器不做任何处理只清除相应 IP 地址分配记录。如果相同，DHCP 服务器就会向 DHCP 客户端响应一个 DHCP ACK 报文，并在选项字段中增加 IP 地址的使用租期信息。

（5）DHCP 客户端接收到 DHCP ACK 报文后，检查 DHCP 服务器分配的 IP 地址是否能够使用。如果可以使用，则 DHCP 客户端成功获得 IP 地址，并根据 IP 地址使用租期自动启动续延过程。如果 DHCP 客户端发现分配的 IP 地址已经被使用，则 DHCP 客户端向 DHCP 服务器发出 DHCP Decline 报文，通知 DHCP 服务器禁用这个 IP 地址。然后，DHCP 客户端将开始新的地址申请过程。

（6）DHCP 客户端在成功获取 IP 地址后，随时可以通过发送 DHCP Release 报文释放自己的 IP 地址。DHCP 服务器收到 DHCP Release 报文后，会回收相应的 IP 地址并重新分配。

3.3.2 被动扫描

通过对 DHCP 协议的工作流程进行分析可知，当客户端请求获取 IP 地址时，会发送一个 DHCP Discover 广播包，此时，局域网中的所有主机都可以收到该数据包。所以，通过监听方式，即可实现 DHCP 被动扫描。下面将介绍实施 DHCP 被动扫描的方法。

1．使用Nmap工具

在 Nmap 中，提供了一个 broadcast-dhcp-discover 脚本能够用来发送一个 DHCP Discover 广播包，并显示响应包的具体信息。通过对响应包的信息进行分析，能够找到可分配的 IP 地址。使用 broadcast-dhcp-discover 脚本实施被动扫描的语法格式如下：

```
nmap --script broadcast-dhcp-discover
```

【实例 3-14】使用 broadcast-dhcp-discover 脚本向局域网中发送 DHCP Discover 广播包。执行命令如下：

```
root@daxueba:~# nmap --script broadcast-dhcp-discover
Starting Nmap 7.70 ( https://nmap.org ) at 2018-12-30 18:30 CST
Pre-scan script results:
| broadcast-dhcp-discover:
|   Response 1 of 1:
|     IP Offered: 192.168.33.156                        #提供的 IP 地址
|     DHCP Message Type: DHCPOFFER                      #DHCP 消息类型
|     Server Identifier: 192.168.33.254                 #服务器标识符
|     IP Address Lease Time: 30m00s                     #IP 地址释放时间
|     Subnet Mask: 255.255.255.0                        #子网掩码
|     Router: 192.168.33.2                              #路由地址
|     Domain Name Server: 192.168.33.2                  #域名服务
|     Domain Name: localdomain                          #域名
```

```
|     Broadcast Address: 192.168.33.255                   #广播地址
|     NetBIOS Name Server: 192.168.33.2                   #NetBIOS 名称服务
|     Renewal Time Value: 15m00s                          #更新时间值
|_    Rebinding Time Value: 26m15s                        #第二次选择时间值
WARNING: No targets were specified, so 0 hosts scanned.
Nmap done: 0 IP addresses (0 hosts up) scanned in 1.32 seconds
```

从以上输出信息中可以看到，可以提供的 IP 地址为 192.168.33.156。

2. 使用dhcpdump工具

dhcpdump 是一个命令行格式的 DHCP 流量嗅探工具，可以捕获 DHCP 的请求/回复流量，并以用户友好的方式显示解码的 DHCP 协议消息。使用 dhcpdump 工具实施被动扫描的语法格式如下：

```
dhcpdump -i [interface]
```

其中，-i [interface]表示指定监听的网络接口。

在 Kali Linux 中，默认没有安装 dhcpdump 工具。如果要使用该工具，则必须先安装。执行命令如下：

```
root@daxueba:~# apt-get install dhcpdump
```

执行以上命令后，如果没有报错，则说明安装成功。

【实例 3-15】使用 dhcpdump 工具实施被动扫描。执行命令如下：

```
root@daxueba:~# dhcpdump -i eth0
  TIME: 2019-01-02 17:33:29.634                        #时间
    IP: 0.0.0.0 (0:c:29:fd:58:4b) > 255.255.255.255 (ff:ff:ff:ff:ff:ff)
                                                       #IP 地址
    OP: 1 (BOOTPREQUEST)                               #报文类型
 HTYPE: 1 (Ethernet)                                   #客户端的网络硬件地址类型
  HLEN: 6                                              #客户端的网络硬件地址长度
  HOPS: 0                                              #跳数
   XID: 5a162962                                       #事务 ID
  SECS: 0                                              #秒数
 FLAGS: 0                                              #标志
CIADDR: 0.0.0.0                                        #客户端自己的 IP 地址
YIADDR: 0.0.0.0                                        #你的 IP 地址
SIADDR: 0.0.0.0                                        #服务器的 IP 地址
GIADDR: 0.0.0.0                                        #中继代理 IP 地址
CHADDR: 00:0c:29:fd:58:4b:00:00:00:00:00:00:00:00:00:00     #客户端硬件地址
 SNAME: .                                              #服务器的主机名
 FNAME: .                                              #启动文件名
OPTION:  53 (  1) DHCP message type        3 (DHCPREQUEST)   #选项
OPTION:  12 (  7) Host name              daxueba
OPTION:  55 ( 16) Parameter Request List      1 (Subnet mask)
                     28 (Broadcast address)
```

```
                        2 (Time offset)
                        3 (Routers)
                       15 (Domainname)
                        6 (DNS server)
                      119 (Domain Search)
                       12 (Host name)
                       44 (NetBIOS name server)
                       47 (NetBIOS scope)
                       26 (Interface MTU)
                      121 (Classless Static Route)
                       42 (NTP servers)
                      249 (MSFT - Classless route)
                       33 (Static route)
                      252 (MSFT - WinSock Proxy Auto Detect)

  ---------------------------------------------------------------
   TIME: 2019-01-02 17:33:29.634                      #时间
     IP: 192.168.33.254 (0:50:56:f7:d0:3e) > 192.168.33.152 (0:c:29:fd:58:4b)
                                                      #IP 地址
     OP: 2 (BOOTPREPLY)                               #报文类型
  HTYPE: 1 (Ethernet)                                 #客户端的网络硬件地址类型
   HLEN: 6                                            #客户端的网络硬件地址长度
   HOPS: 0                                            #跳数
    XID: 5a162962                                     #事务 ID
   SECS: 0                                            #秒数
  FLAGS: 0                                            #标志
 CIADDR: 0.0.0.0                                      #客户端自己的 IP 地址
 YIADDR: 192.168.33.152                               #你的 IP 地址
 SIADDR: 192.168.33.254                               #服务器的 IP 地址
 GIADDR: 0.0.0.0                                      #中继代理 IP 地址
 CHADDR: 00:0c:29:fd:58:4b:00:00:00:00:00:00:00:00:00:00   #客户机硬件地址
  SNAME: .                                            #服务器的主机名
  FNAME: .                                            #启动文件名
 OPTION:  53 (  1) DHCP message type         5 (DHCPACK)        #选项
 OPTION:  54 (  4) Server identifier         192.168.33.254
 OPTION:  51 (  4) IP address leasetime      1800 (30m)
 OPTION:   1 (  4) Subnet mask               255.255.255.0
 OPTION:  28 (  4) Broadcast address         192.168.33.255
 OPTION:   3 (  4) Routers                   192.168.33.2
 OPTION:  15 ( 11) Domainname                localdomain
 OPTION:   6 (  4) DNS server                192.168.33.2
 OPTION:  44 (  4) NetBIOS name server       192.168.33.2
  ---------------------------------------------------------------
```

以上输出的信息，就是一个 DHCP 请求及响应包信息。通过对以上输出结果的分析，可知道第一个包为 BOOTPREQUEST（请求），第二个包为 BOOTPREPLY（响应）。

3.4 其他监听

除 ARP 和 DHCP 请求外，在局域网中还有一些协议，会主动发送一些广播或组播包，如 BROWSER、SSDP 和 LLMNR 等。此时通过监听方式，可以了解到一些活动主机的信息。本节将介绍对这些协议数据包进行监听的方法。

1．使用Wireshark工具

Wireshark 是一款非常流行的网络封包分析软件，功能十分强大。使用该工具可以截取各种网络封包，并显示网络封包的详细信息。下面将介绍使用 Wireshark 工具监听局域网中的各种广播数据包。

【实例 3-16】使用 Wireshark 进行数据包监听。具体操作步骤如下：

（1）关闭系统中运行的程序，以免产生流量影响对数据包的分析。然后启动 Wireshark 工具。在图形界面依次选择“应用程序”|“嗅探/欺骗”|wireshark 命令，将弹出如图 3.4 所示对话框。或者，在命令行输入如下命令：

```
root@daxueba:~# wireshark
```

执行以上命令后，将弹出如图 3.4 所示对话框。

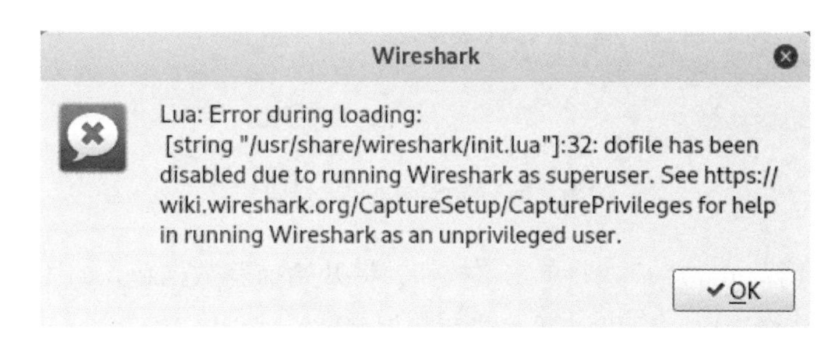

图 3.4　警告信息

（2）该对话框中显示的是一个警告信息，提示在 init.lua 文件中使用 dofile 函数禁用了使用超级用户运行 Wireshark。这是因为 Wireshark 工具是使用 Lua 语言编写的，并且在 Kali Linux 中的 init.lua 文件中有一处语法错误，所以会提示 Lua:Error during loading:。此时只需要将 init.lua 文件中倒数第二行代码修改一下就可以了，原文件中倒数第一、二行代码如下：

```
root@daxueba:~# vi /usr/share/wireshark/init.lua
dofile(DATA_DIR.."console.lua")
--dofile(DATA_DIR.."dtd_gen.lua")
```

将以上第 1 行修改如下：

```
--dofile(DATA_DIR.."console.lua")
--dofile(DATA_DIR.."dtd_gen.lua")
```

修改完该内容后，再次运行 Wireshark 将不会提示以上警告信息。

（3）此时，单击 OK 按钮，即可启动 Wireshark 工具，如图 3.5 所示。

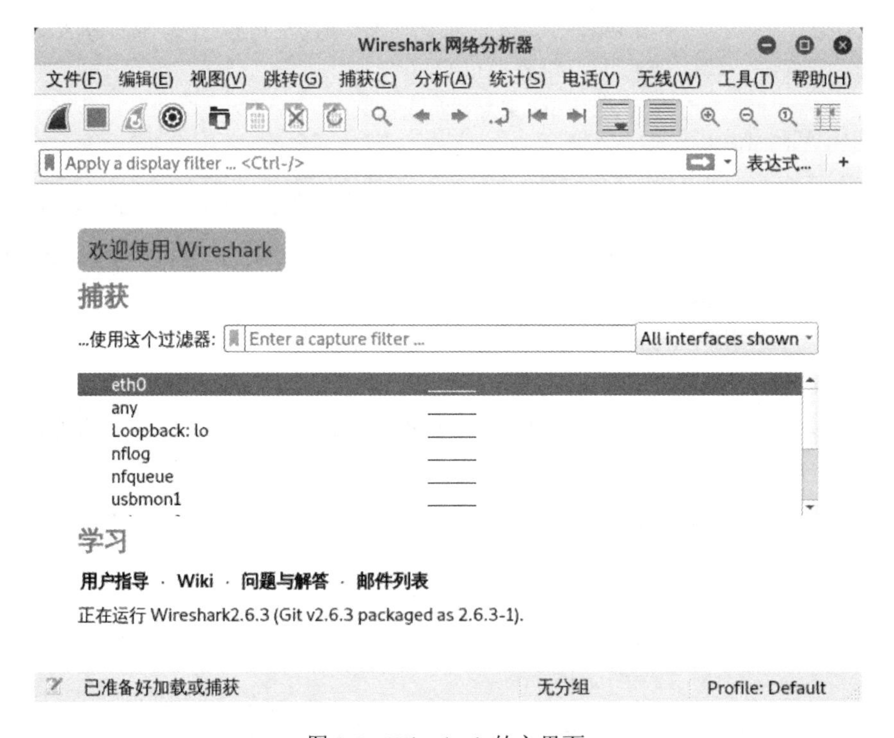

图 3.5　Wireshark 的主界面

（4）在其中选择 eth0 接口，并单击按钮，将开始捕获数据包，如图 3.6 所示。或者，直接双击选择的网络接口，也可以开始捕获数据包。

（5）从图 3.6 中可以看到监听到的所有数据包。从 Protocol（协议）列中可以看到每个数据包的协议。例如，监听到的协议数据包有 ICMPv6、BROWSER、SSDP、NBNS、LLMNR、ARP、DHCP。此时，通过分析源（Source）和目标地址（Destination），即可知道这些包是由哪个主机发送的，进而确定该主机的状态。为了能够快速找到广播的数据包，可以使用显示过滤器进行过滤。显示过滤器的语法格式如下：

```
ip.dst==广播地址
```

在本例中广播地址为 192.168.33.255，所以输入的显示过滤器为“ip.dst==192.168.33.255”。当过滤成功后，显示如图 3.7 所示。

（6）在图 3.7 中显示的数据包都是广播数据包。发送这几个广播数据包的源 IP 地址分别是 192.168.33.147 和 192.168.33.1。由此可以说明，当前局域网中 IP 地址为 192.168.33.147 和 192.168.33.1 的主机是活动的。

No.	Time	Source	Destination	Protocol	Length	Info
1	0.000000000	fe80::20c:29ff:fefd…	ff02::2	ICMPv6	62	Router Solicitation
2	138.1049367…	192.168.33.147	192.168.33.255	BROWSER	286	Local Master Announcement METAS
3	138.1064017…	192.168.33.147	192.168.33.255	BROWSER	257	Domain/Workgroup Announcement W
4	138.2033981…	192.168.33.1	239.255.255.250	SSDP	177	M-SEARCH * HTTP/1.1
5	138.2034155…	192.168.33.1	239.255.255.250	SSDP	177	M-SEARCH * HTTP/1.1
6	139.2038678…	192.168.33.1	239.255.255.250	SSDP	177	M-SEARCH * HTTP/1.1
7	139.2038841…	192.168.33.1	239.255.255.250	SSDP	177	M-SEARCH * HTTP/1.1
8	140.2039364…	192.168.33.1	239.255.255.250	SSDP	177	M-SEARCH * HTTP/1.1
9	140.2039536…	192.168.33.1	239.255.255.250	SSDP	177	M-SEARCH * HTTP/1.1
10	141.2043465…	192.168.33.1	239.255.255.250	SSDP	177	M-SEARCH * HTTP/1.1
11	141.2043636…	192.168.33.1	239.255.255.250	SSDP	177	M-SEARCH * HTTP/1.1
24	251.6613681…	192.168.33.1	192.168.33.255	NBNS	92	Name query NB X<00>
25	251.6617934…	fe80::10f5:2228:d4f…	ff02::1:3	LLMNR	81	Standard query 0xf88d A x
26	251.6618132…	192.168.33.1	224.0.0.252	LLMNR	61	Standard query 0xf88d A x
27	252.4117953…	192.168.33.1	192.168.33.255	NBNS	92	Name query NB X<00>
28	253.1622785…	192.168.33.1	192.168.33.255	NBNS	92	Name query NB X<00>
29	279.1355181…	Vmware_3e:84:91	Broadcast	ARP	60	Who has 192.168.33.254? Tell 19
30	279.1355379…	Vmware_f7:d0:3e	Vmware_3e:84:91	ARP	60	192.168.33.254 is at 00:50:56:f
31	279.1361072…	192.168.33.147	192.168.33.254	DHCP	342	DHCP Request - Transaction ID
32	279.1361122…	192.168.33.254	192.168.33.147	DHCP	342	DHCP ACK - Transaction ID
33	416.6274686…	192.168.33.154	193.228.143.12	NTP	90	NTP Version 4, client
34	416.9997292…	Vmware_fe:0a:32	Broadcast	ARP	60	Who has 192.168.33.154? Tell 19
35	417.0003465…	Vmware_17:5f:2b	Vmware_fe:0a:32	ARP	60	192.168.33.154 is at 00:0c:29:1
36	417.0003557…	193.228.143.12	192.168.33.154	NTP	90	NTP Version 4, server

Ethernet (eth), 14 bytes　　分组: 99 · 已显示: 99 (100.0%) · 已丢弃: 0 (0.0%)　Profile: Default

图 3.6　监听到的数据包

ip.dst==192.168.33.255　　表达式… +

No.	Time	Source	Destination	Protocol	Length	Info
2	138.104936732	192.168.33.147	192.168.33.255	BROWSER	286	Local Master Announcem
3	138.106401711	192.168.33.147	192.168.33.255	BROWSER	257	Domain/Workgroup Annou
24	251.661368190	192.168.33.1	192.168.33.255	NBNS	92	Name query NB X<00>
27	252.411795343	192.168.33.1	192.168.33.255	NBNS	92	Name query NB X<00>
28	253.162278555	192.168.33.1	192.168.33.255	NBNS	92	Name query NB X<00>
98	869.164271733	192.168.33.147	192.168.33.255	BROWSER	286	Local Master Announcem
99	869.165708938	192.168.33.147	192.168.33.255	BROWSER	257	Domain/Workgroup Annou

```
▸ Frame 2: 286 bytes on wire (2288 bits), 286 bytes captured (2288 bits) on interface 0
▸ Ethernet II, Src: Vmware_3e:84:91 (00:0c:29:3e:84:91), Dst: Broadcast (ff:ff:ff:ff:ff:ff)
▸ Internet Protocol Version 4, Src: 192.168.33.147, Dst: 192.168.33.255
▸ User Datagram Protocol, Src Port: 138, Dst Port: 138
▸ NetBIOS Datagram Service
▸ SMB (Server Message Block Protocol)
▸ SMB MailSlot Protocol
▸ Microsoft Windows Browser Protocol
```

User Datagram Protocol (udp), 8 bytes　　分组: 99 · 已显示: 7 (7.1%)　Profile: Default

图 3.7　广播数据包

2. 使用Tcpdump工具

Tcpdump 是一个命令行的嗅探工具，可以基于过滤表达式抓取网络中的报文，分析报文，并且在包层面输出报文内容以便于包层面的分析。其中，使用 Tcpdump 工具监听数据包的语法格式如下：

```
tcpdump -i < interface >-w <file>
```

以上语法中的选项及含义如下：

- -i < interface >：指定监听的网络接口。
- -w < file >：指定数据包保存的文件名。

【实例 3-17】使用 Tcpdump 工具监听局域网（192.168.33.0/24）中的广播数据包。执行命令如下：

```
root@daxueba:~# tcpdump -i eth0 'dst 192.168.33.255'
```

执行以上命令后，将显示如下信息：

```
tcpdump: verbose output suppressed, use -v or -vv for full protocol decode
listening on eth0, link-type EN10MB (Ethernet), capture size 262144 bytes
16:42:08.253592 IP 192.168.33.1.netbios-ns > 192.168.33.255.netbios-ns:
NBT UDP PACKET(137): QUERY; REQUEST; BROADCAST
16:42:09.003718 IP 192.168.33.1.netbios-ns > 192.168.33.255.netbios-ns:
NBT UDP PACKET(137): QUERY; REQUEST; BROADCAST
16:42:09.753975 IP 192.168.33.1.netbios-ns > 192.168.33.255.netbios-ns:
NBT UDP PACKET(137): QUERY; REQUEST; BROADCAST
16:43:40.623859 IP 192.168.33.147.netbios-dgm > 192.168.33.255.netbios-dgm:
NBT UDP PACKET(138)
16:43:40.623967 IP 192.168.33.147.netbios-dgm > 192.168.33.255.netbios-dgm:
NBT UDP PACKET(138)
16:55:47.618389 IP 192.168.33.147.netbios-dgm > 192.168.33.255.netbios-dgm:
NBT UDP PACKET(138)
16:55:47.618562 IP 192.168.33.147.netbios-dgm > 192.168.33.255.netbios-dgm:
NBT UDP PACKET(138)
16:58:20.188490 IP 192.168.33.1.netbios-ns > 192.168.33.255.netbios-ns:
NBT UDP PACKET(137): QUERY; REQUEST; BROADCAST
16:58:20.939089 IP 192.168.33.1.netbios-ns > 192.168.33.255.netbios-ns:
NBT UDP PACKET(137): QUERY; REQUEST; BROADCAST
16:58:21.689402 IP 192.168.33.1.netbios-ns > 192.168.33.255.netbios-ns:
NBT UDP PACKET(137): QUERY; REQUEST; BROADCAST
```

从以上输出信息中可以看到监听到的数据包。从显示的包信息中，可以看到数据包的源和目标 IP 地址、使用的协议及包长度。如果想停止监听数据包的话，按 Ctrl+C 组合键后，将显示如下信息：

```
^C
10 packets captured
10 packets received by filter
0 packets dropped by kernel
```

从输出的信息中可以看到，捕获到了 10 个数据包。在以上命令中，没有指定将输出结果写入到一个文件中，所以是标准输出。如果使用-w 选项指定捕获文件的话，将不会是标准输出。此外，还可以使用 Wireshark 工具，以图形界面分析捕获到的包。

第 4 章　无线网络扫描

无线网络（Wireless network）是一种特殊的局域网，也就是人们常说的 Wi-Fi 网络。由于它采用无线方式传输数据，所以扫描方式也有所不同。本章将介绍实施无线网络扫描的方法。

4.1　无线网络概述

无线网络是采用无线通信技术实现的网络。无线网络既包括允许用户建立远距离无线连接的全球语言和数据网络，也包括为近距离无线连接进行优化的红外线技术及射频技术，与有线网络的用途十分类似。无线网络与有线网络最大的不同在于传输媒介，无线网络利用无线电技术取代网线，可以和有线网络互为备份。本节将对无线网络的构成、类型及工作原理进行介绍。

4.1.1　无线网络构成

无线网络的构成非常简单，只需要一个 AP 和一个客户端即可，如图 4.1 所示。

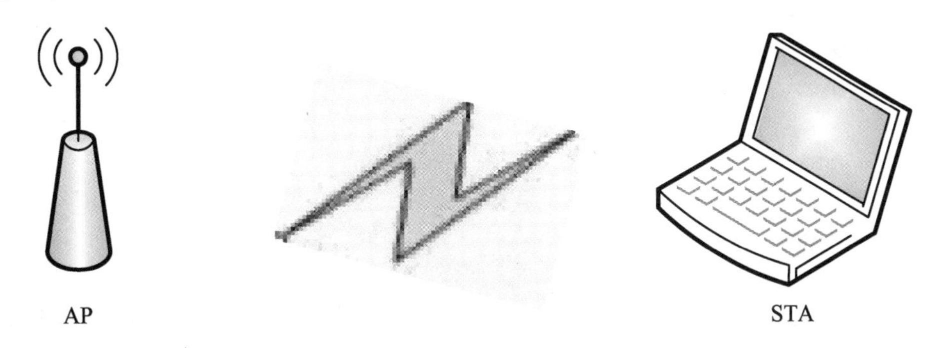

图 4.1　无线网络的构成

在无线网络中，每个设备的含义如下：

- 站点（Station，STA）：网络最基本的组成部分，通常是指无线客户端，如手机、笔记本电脑。
- 接入点（Access Point，AP）：无线接入点既有普通有线接入点的能力，又有接入到上一层网络的能力。其实 AP 和无线路由器是有区别的，相比来说，无线路由器的功能更多。不过在基本功能上，两者并无实质性的区别，所以通常将无线路由器也称之为 AP。

4.1.2　无线网络类型

一般情况下，无线网络有3种网络拓扑结构，分别是独立基本服务集（Independent BSS，IBSS）网络（也叫 Ad-Hoc 网络）、基本服务集（Basic Service Set，BSS）网络和扩展服务集（Extent Service Set，ESS）网络。下面将分别介绍这 3 种网络拓扑结构类型。

1．Ad-Hoc网络

Ad-Hoc 无线局域网是一种省去了无线中间设备 AP 而搭建起来的对等结构网络，只要在计算机上安装了无线网卡，计算机之间即可实现无线互联，如图 4.2 所示。在 Ad-Hoc 无线局域网中，所有的节点都是移动主机，STA 之间直接通信，构成独立基本服务集（IBSS）。

图 4.2　Ad-Hoc 网络

2．BSS网络

基本服务单元（Basic Service Set，BSS）是网络最基本的服务单元。最简单的服务单元可以只有两个无线客户端组成，就好比对等网。客户端可以动态地连接到基本服务单元中，如图 4.3 所示。

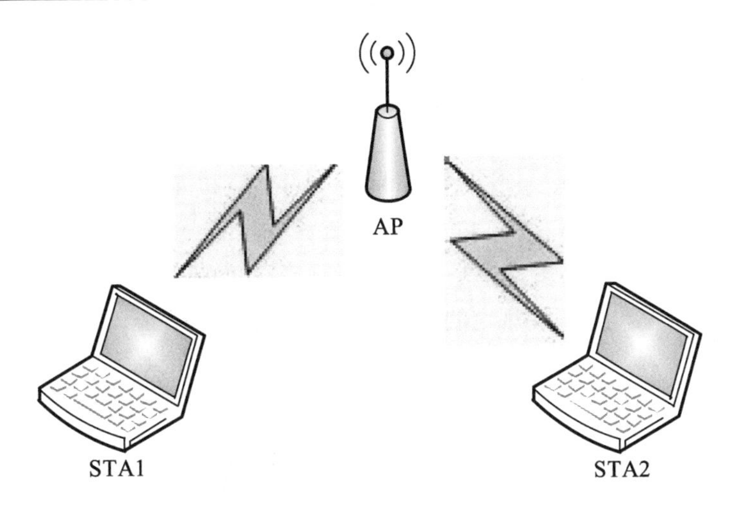

图 4.3　BSS 网络

3．ESS网络

扩展服务单元（Extended Service Set，ESS）是由分配系统和基本服务单元组合而成。这种组合是逻辑上的，如图 4.4 所示。其中，ESS 中的 DS（分布式系统）是一个抽象系统，用来连接不同 BSS 的通信信道（通过路由服务），这样就可以消除 BSS 中 STA 与 STA 之间直接传输距离受到物理设备限制的问题。

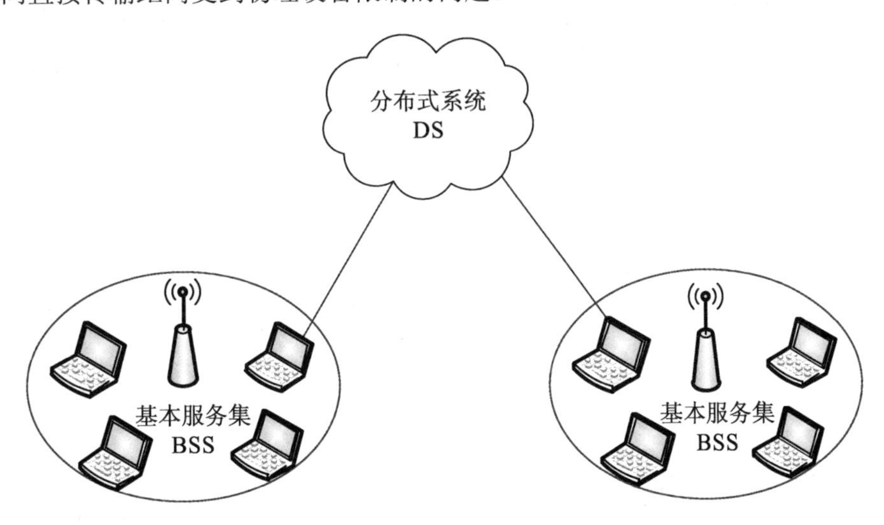

图 4.4　ESS 网络

对于个人 PC 来说，以上 3 种网络结构中，使用最多的就是 BSS 网络模式，用户通过 AP（Access Point）接入点来接入网络。

4.1.3 无线网络工作原理

无线网络的设置至少需要一个 Access Point（AP），以及一个或一个以上的客户端。AP 每 100ms 将 SSID（Service Set Identifier，服务集标识）经由 Beacons（信号台）封包广播一次。Beacons 封包的传输速率是 1Mbit/s，并且长度相当短，所以这个广播动作对网络性能的影响不大。因为 Wi-Fi 规定的最低传输速率也是 1Mbit/s，以确保 Wi-Fi 客户端都能收到这个 SSID 广播封包，而客户端可以借此决定是否要和这一个 SSID 的 AP 连线。

4.2 发现网络

当我们对无线网络的环境了解清楚后，就可以对其实施扫描了。本节将介绍扫描无线网络的方法。

4.2.1 使用 Airodump-ng 工具

Airodump-ng 是 Aircrack-ng 工具集中的一个工具，可以用来扫描无线网络。通过使用 Airodump-ng 工具实施扫描，可以获取到 AP 的相关信息，如 SSID 名称、MAC 地址、工作信道及加密方式等。下面将介绍使用 Airodump-ng 工具扫描网络的方法。

【实例 4-1】使用 Airodump-ng 工具扫描 AP。具体操作步骤如下：

（1）设置无线网卡为监听模式。首先接入无线网卡，并确定该无线网卡已激活。执行命令如下：

```
root@daxueba:~# ifconfig
eth0: flags=4163<UP,BROADCAST,RUNNING,MULTICAST>  mtu 1500
        inet 192.168.33.154  netmask 255.255.255.0  broadcast 192.168.33.255
        inet6 fe80::20c:29ff:fe17:5f2b  prefixlen 64  scopeid 0x20<link>
        ether 00:0c:29:17:5f:2b  txqueuelen 1000  (Ethernet)
        RX packets 41021  bytes 4577437 (4.3 MiB)
        RX errors 0  dropped 0  overruns 0  frame 0
        TX packets 78667  bytes 4843255 (4.6 MiB)
        TX errors 0  dropped 0 overruns 0  carrier 0  collisions 0
lo: flags=73<UP,LOOPBACK,RUNNING>  mtu 65536
        inet 127.0.0.1  netmask 255.0.0.0
        inet6 ::1  prefixlen 128  scopeid 0x10<host>
        loop  txqueuelen 1000  (Local Loopback)
        RX packets 10679  bytes 463098  (452.2 KiB)
```

```
        RX errors 0  dropped 0  overruns 0  frame 0
        TX packets 10679  bytes 463098 (452.2 KiB)
        TX errors 0  dropped 0 overruns 0  carrier 0  collisions 0
wlan0: flags=4099<UP,BROADCAST,MULTICAST>  mtu 1500
        ether a6:48:13:7d:01:be  txqueuelen 1000  (Ethernet)
        RX packets 0  bytes 0 (0.0 B)
        RX errors 0  dropped 0  overruns 0  frame 0
        TX packets 0  bytes 0 (0.0 B)
        TX errors 0  dropped 0 overruns 0  carrier 0  collisions 0
```

从以上输出的信息中可以看到有 3 个接口，分别是 eth0、lo 和 wlan0。其中，eth0 是有线网络接口，lo 是本地回环接口，wlan0 是无线网络接口。由此可以说明接入的无线网络已激活。接下来设置该无线网卡为监听模式。执行命令如下：

```
root@daxueba:~# airmon-ng start wlan0
PHY      Interface       Driver        Chipset
phy0     wlan0        rt2800usb       Ralink Technology, Corp. RT5370
        (mac80211 monitor mode vif enabled for [phy0]wlan0 on [phy0]wlan0mon)
        (mac80211 station mode vif disabled for [phy0]wlan0)
```

从以上输出信息中可以看到，已经成功启动了监听模式。其中，监听的接口为 wlan0mon。

（2）扫描无线网络。执行命令如下：

```
root@daxueba:~# airodump-ng wlan0mon
CH  7 ][ Elapsed: 18 s ][ 2019-01-03 17:07

 BSSID      PWR  Beacons  #Data, #/s  CH  MB   ENC  CIPHER  AUTH  ESSID

70:85:40:  -40  16       754     0    3   130  WPA2 CCMP    PSK   CU_655w
53:E0:3B
 14:E6:E4: -54  5        0       0    6   270  WPA2 CCMP    PSK   Test
84:23:7A
 C8:3A:35: -59  6        0       0    6   270  WPA2 CCMP    PSK   Tenda_5D2B90
5D:2B:90
 80:89:17: -65  6        0       0    11  405  WPA2 CCMP    PSK   TP-LINK_A1B8
66:A1:B8
 74:7D:24: -70  9        0       0    1   130  WPA2 CCMP    PSK   @PHICOMM_46
C1:C4:48
 C0:D0:FF: -79  3        0       0    5   130  WPA2 CCMP    PSK   CMCC-f5CV
1B:F2:E0

 BSSID              STATION             PWR Rate    Lost     Frames  Probe

 70:85:40:53:E0:3B  4C:C0:0A:E9:F4:2B   -56 0e-6e   0        758
```

从以上输出信息中可以看到附近所有可用的无线 AP 及连接的客户端信息。输出的信息可以分为上下两部分。其中，上部分显示了 AP 的相关信息，如 AP 的 MAC 地址、信号强度、工作信道、加密方式及 AP 的网络名称等；下部分显示了客户端与 AP 的连接情况。以上输出信息中有很多参数。为了方便读者对每个参数有一个清晰的认识，下面对每个参数进行详细介绍。

- BSSID：表示无线 AP 的 MAC 地址。
- PWR：网卡报告的信号水平，它主要取决于驱动。当信号值越高时，说明离 AP 或计算机越近。如果一个 BSSID 的 PWR 是-1，说明网卡的驱动不支持报告信号水平。如果部分客户端的 PWR 为-1，那么说明该客户端不在当前网卡能监听到的范围内，但是能捕获到 AP 发往客户端的数据。如果所有的客户端 PWR 值都为-1，那么说明网卡驱动不支持信号水平报告。
- Beacons：无线 AP 发出的通告编号，每个接入点（AP）在最低速率（1Mbit/s）时差不多每秒会发送 10 个左右的 Beacon，所以它们在很远的地方就会被发现。
- #Data：被捕获到的数据分组的数量（如果是 WEP，则代表唯一Ⅳ的数量），包括广播分组。
- #/s：过去 10 秒钟内每秒捕获数据分组的数量。
- CH：信道号（从 Beacons 中获取）。
- MB：无线 AP 所支持的最大速率。如果 MB=11，表示使用 802.11b 协议；如果 MB=22，表示使用 802.11b+协议；如果更高，则使用 802.11g 协议。后面的点（高于 54 之后）表明支持短前导码。如果出现'e'表示网络中有 QoS（802.11 e）启用。
- ENC：使用的加密算法体系。OPN 表示无加密。WEP?表示 WEP 或者 WPA/WPA2，WEP（没有问号）表明静态或动态 WEP。如果出现 TKIP 或 CCMP，那么就是 WPA/WPA2。
- CIPHER：检测到的加密算法，为 CCMP、WRAAP、TKIP、WEP 和 WEP104 中的一个。通常，TKIP 算法与 WPA 结合使用，CCMP 与 WPA2 结合使用。如果密钥索引值大于 0，显示为 WEP40。标准情况下，索引 0～3 是 40bit，104bit 应该是 0。
- AUTH：使用的认证协议。常用的有 MGT（WPA/WPA2 使用独立的认证服务器，平时我们常说的 802.1x，Radius、EAP 等），SKA（WEP 的共享密钥），PSK（WPA/WPA2 的预共享密钥）或者 OPN（WEP 开放式）。
- ESSID：也就是所谓的 SSID 号。如果启用隐藏的 SSID 的话，它可以为空，或者显示为<length: 0>。这种情况下，Airodump-ng 试图从 Probe Responses 和 Association Requests 包中获取 SSID。
- STATION：客户端的 MAC 地址，包括连上的和想要搜索无线信号来连接的客户端。如果客户端没有连接上，就在 BSSID 下显示 not associated。
- Rate：表示传输率。
- Lost：在过去 10 秒钟内丢失的数据分组，基于序列号检测。它意味着从客户端来的数据丢包，每个非管理帧中都有一个序列号字段，把刚接收到的那个帧中的序列号和前一个帧中的序列号一减，就可以知道丢了几个包。
- Frames：客户端发送的数据分组数量。
- Probe：被客户端查探的 ESSID。如果客户端正试图连接一个 AP，但是没有连接上，则会显示在这里。

根据以上对每个字段的描述，可以知道 ESSID 列显示的是 AP 的名称，BSSID 列显示的是 AP 的 MAC 地址。通过分析以上扫描到的信息，可知开放的无线网络有 CU_655w、Test 等。

4.2.2　使用 Kismet 工具

Kismet 是一个基于 Linux 的无线网络扫描程序。这是一个非常方便的工具，通过监测周围的无线信号，可以扫描到附近所有可用的 AP 及所使用的信道等。下面将介绍使用 Kismet 工具扫描无线网络的方法。

【实例 4-2】使用 Kismet 工具扫描无线网络。具体操作步骤如下：

（1）启动 Kismet 工具。执行命令如下：

```
root@daxueba:~# kismet
```

执行以上命令后，将显示如图 4.5 所示的界面。

（2）在图 4.5 中可以设置是否是用终端默认的颜色。因为 Kismet 默认颜色是灰色，可能一些终端不能显示。这里不使用默认的颜色，所以单击 No 按钮，将进入如图 4.6 所示的界面。

（3）图 4.6 中提示正在使用 root 用户运行 Kismet 工具，并且显示的字体颜色不是灰色，而是白色的。此时，单击 OK 按钮，将进入如图 4.7 所示的界面。

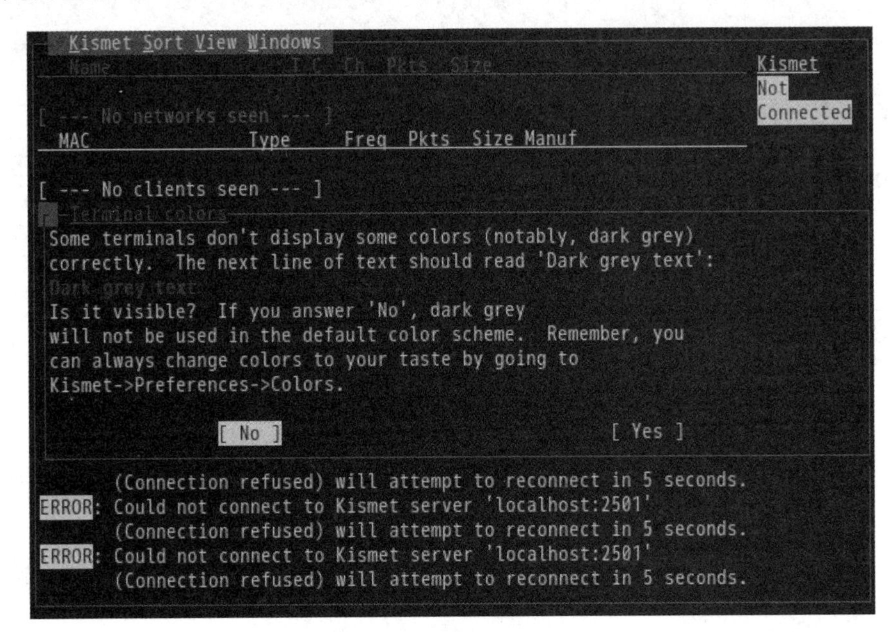

图 4.5　终端颜色

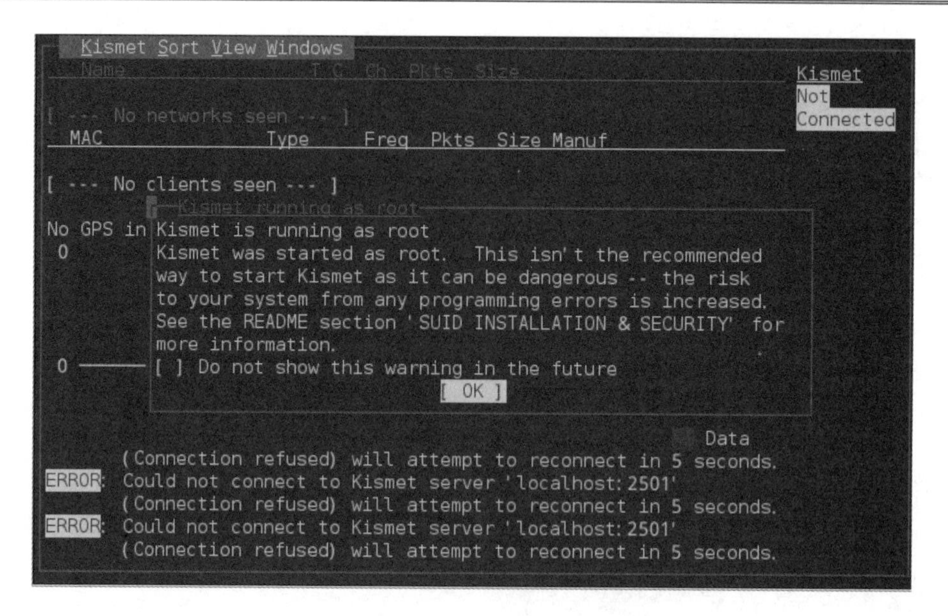

图 4.6　使用 root 用户运行 Kismet

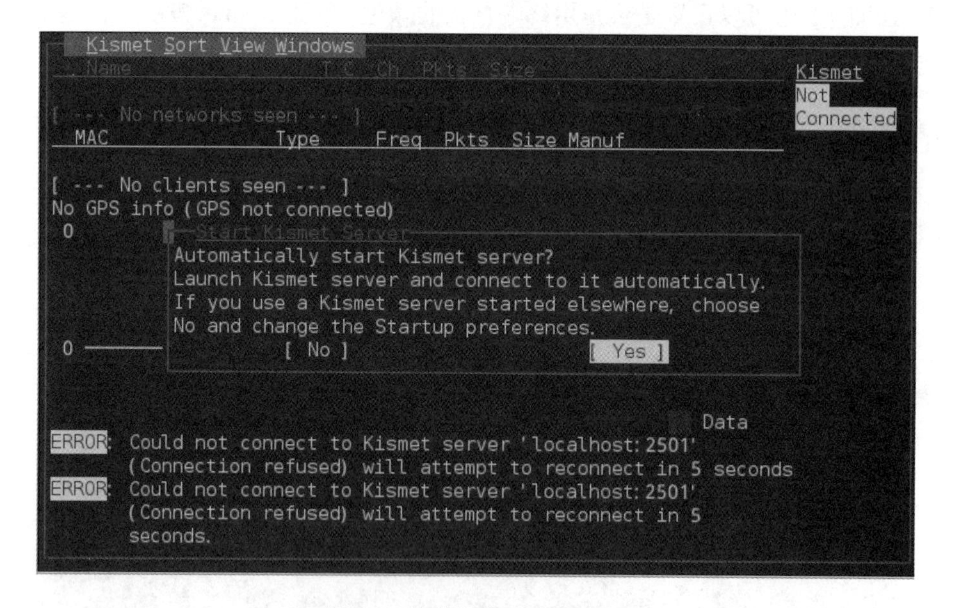

图 4.7　自动启动 Kismet 服务

（4）图 4.7 中提示是否要自动启动 Kismet 服务。这里选择 Yes，将进入如图 4.8 所示的界面。

（5）此时要求设置 Kismet 服务的一些信息。这里使用默认设置，单击 Start 按钮，将进入如图 4.9 所示的界面。

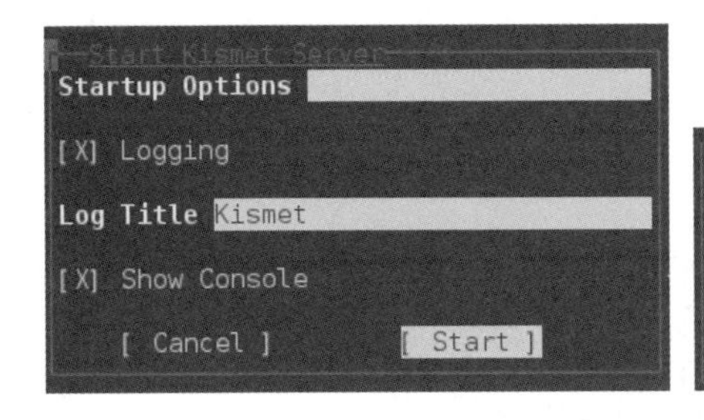

图 4.8　启动 Kismet 服务

图 4.9　添加包资源

（6）在图 4.9 中询问是否现在添加没有被定义的包资源。这里选择 Yes，将进入如图 4.10 所示的界面。

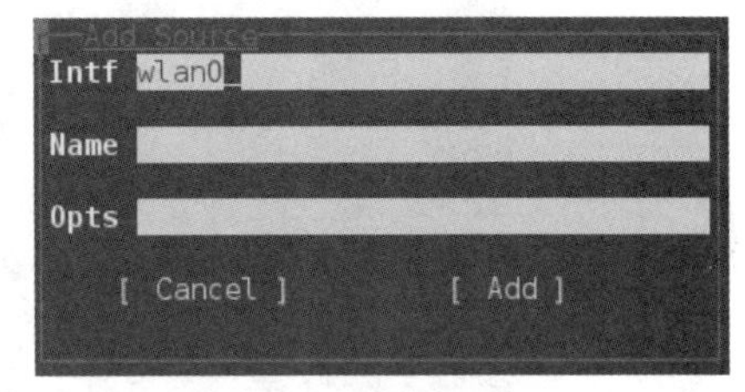

图 4.10　添加资源

（7）在图 4.10 中指定无线网卡接口和描述信息。在 Intf 文本框中，输入无线网卡接口。如果无线网卡已处于监听模式，可以输入 wlan0 或 wlan0mon。其他配置信息可以不用设置。单击 Add 按钮，将进入如图 4.11 所示的界面。

（8）在其中单击 Close Console Window 按钮，将进入如图 4.12 所示的界面。

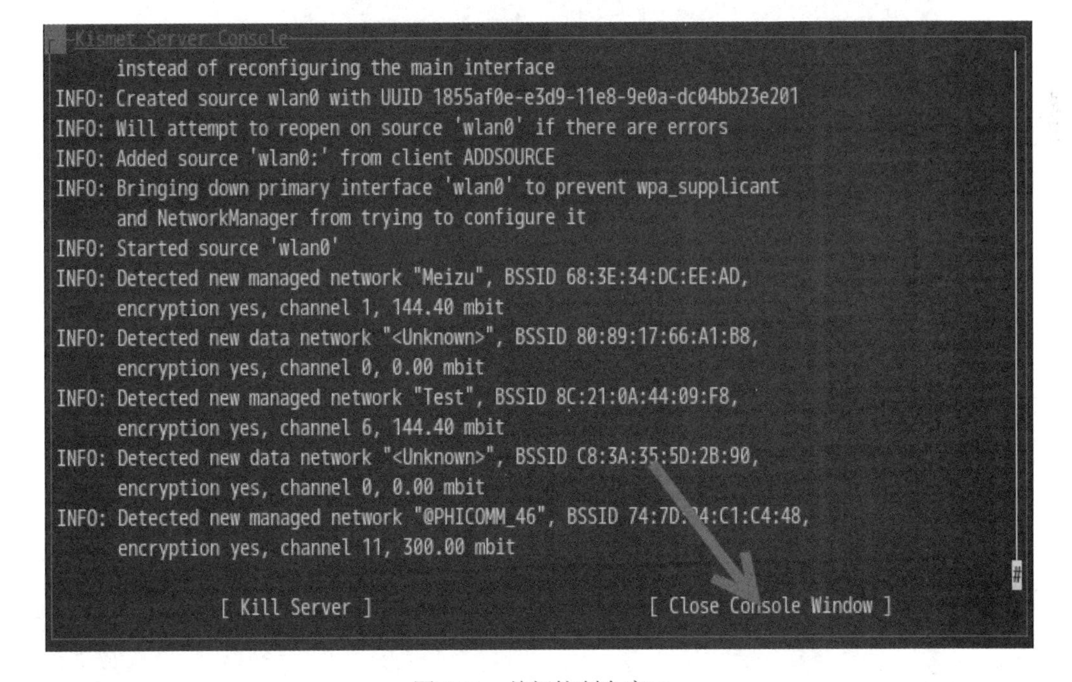

图 4.11　关闭控制台窗口

（9）从图 4.12 中可以看到捕获到的 AP 信息。其中包括 3 部分，第一部分显示 AP 信息，第二部分显示客户端信息，第三部分显示警告信息。在其右侧显示了捕获包的时间、

扫描到的网络数和包数等。从第一部分可以看到扫描到的所有 AP。例如，开放的无线网络由 Meizu、Test 和 Tenda_5D2B90 等。如果不需要再进行网络扫描的话，则需要手动停止扫描。在 Kismet 的菜单栏中依次选择 Kismet|Quit 命令，如图 4.13 所示。

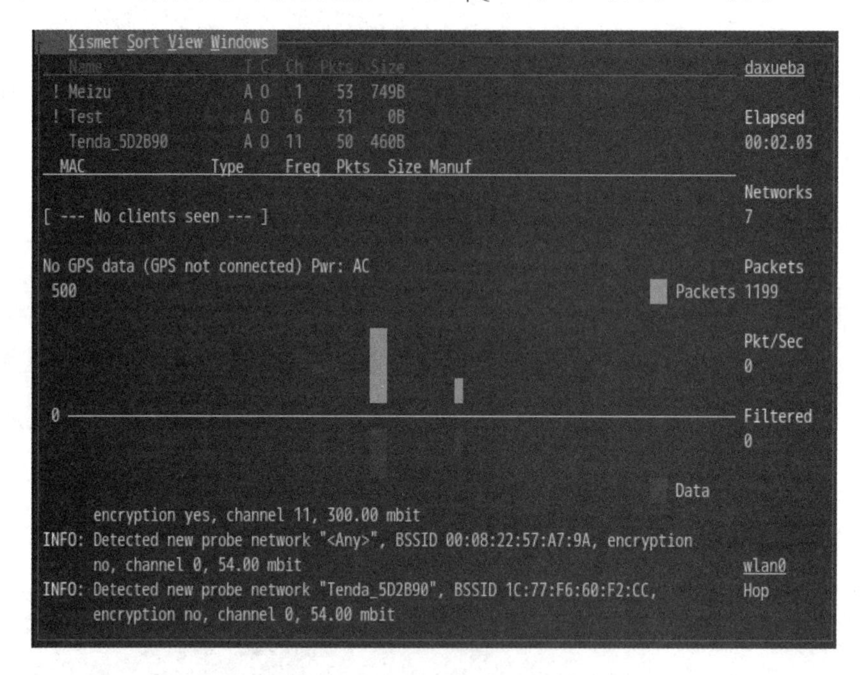

图 4.12　扫描到的 Wi-Fi 信号

（10）此时将弹出如图 4.14 所示的对话框。

图 4.13　退出 Kismet

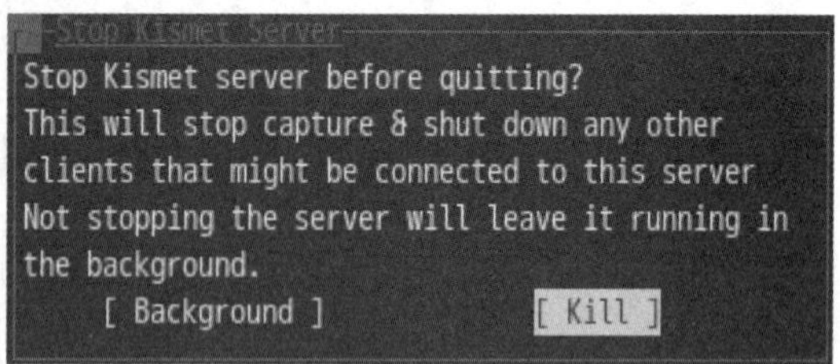

图 4.14　停止 Kismet 服务

（11）在图 4.14 中有两个按钮，分别是 Background（后台运行）按钮和 Kill（结束服务）按钮。这里单击 Kill 按钮，将停止 Kismet 服务并退出终端模式。此时，终端将会显示一些日志信息，具体如下：

```
*** KISMET CLIENT IS SHUTTING DOWN ***
[SERVER] INFO: Stopped source 'wlan0mon'
[SERVER]
[SERVER] *** KISMET IS SHUTTING DOWN ***
[SERVER] ERROR: TCP server client read() ended for 127.0.0.1
[SERVER] INFO: Closed pcapdump log file 'Kismet-20190103-17-15-33-1.
pcapdump', 7557
[SERVER]       logged.
[SERVER] INFO: Closed netxml log file 'Kismet-20190103-17-15-33-1.netxml', 11
[SERVER]       logged.
[SERVER] INFO: Closed nettxt log file 'Kismet-20190103-17-15-33-1.nettxt', 11
[SERVER]       logged.
[SERVER] INFO: Closed gpsxml log file 'Kismet-20190103-17-15-33-1.gpsxml',
0 logged.
[SERVER] INFO: Closed alert log file 'Kismet-20190103-17-15-33-1.alert',
1 logged.
[SERVER] INFO: Shutting down plugins...
[SERVER] Shutting down log files...
[SERVER] ERROR: Not creating a VIF for wlan0mon even though one was requested,
since the
[SERVER]       interface is already in monitor mode.  Perhaps an existing
monitor mode
[SERVER]       VIF was specified.  To override this and create a new monitor
mode VIF
[SERVER]       no matter what, use the forcevif=true source option
[SERVER] WARNING: Kismet changes the configuration of network devices.
[SERVER]         In most cases you will need to restart networking for
[SERVER]         your interface (varies per distribution/OS, but
[SERVER]         usually:  /etc/init.d/networking restart
[SERVER]
[SERVER] Kismet exiting.
Spawned Kismet server has exited
*** KISMET CLIENT SHUTTING DOWN.  ***
Kismet client exiting.
```

从以上信息的 KISMET IS SHUTTING DOWN 部分中可以看到关闭了几个日志文件。这些日志文件，默认保存在/root/目录下。在这些日志文件中，显示了生成日志的时间。当运行 Kismet 很多次或运行了几天时，可以根据这些日志的时间快速判断出哪个日志文件是最近生成的。

4.2.3 使用 Wash 工具

Wash 是一款 WPS（WiFi Protected Setup，Wi-Fi 保护设置）扫描工具。该工具主要用来扫描、启用 WPS 功能的无线网络。使用-a 选项，可以扫描出所有的无线网络，即使没有启用 WPS 功能。

使用 Wash 工具扫描无线网络的语法格式如下：

```
wash -a -i <interface>
```

以上语法中的选项及含义如下：

- -a：显示所有 AP。
- -i <interface>：指定监听接口。

【实例 4-3】使用 Wash 工具扫描无线网络。执行命令如下：

```
root@daxueba:~# wash -a -i wlan0mon
BSSID               Ch  dBm    WPS   Lck   Vendor     ESSID
--------------------------------------------------------------------------------
74:7D:24:C1:C4:48   1   -69                RalinkTe   @PHICOMM_46
70:85:40:53:E0:3B   3   -25    2.0   No    RalinkTe   CU_655w
C0:D0:FF:1B:F2:E0   5   -79                RalinkTe   CMCC-f5CV
14:E6:E4:84:23:7A   6   -51                AtherosC   Test
C8:3A:35:5D:2B:90   6   -55                Broadcom   Tenda_5D2B90
08:10:78:75:0F:DD   6   -55    2.0   No    RealtekS   Netcore
80:89:17:66:A1:B8   11  -71                AtherosC   TP-LINK_A1B8
```

从以上输出信息中可以看到扫描出的所有无线网络。在以上信息中共包括 6 列，分别是 BSSID（AP 的 MAC 地址）、Ch（AP 的工作信道）、dBm（接收的信号强度）、WPS（WPS 版本）、Lck（WPS 锁定）、Vendor（生产厂商）和 ESSID（AP 的 SSID）。从显示的信息可以看到，ESSID 显示了开放的所有无线网络。

4.2.4 使用 Wireshark 工具

Wireshark 是一款数据包嗅探工具。正常情况下，AP 每隔一段时间就会自动广播一个 Beacon（信标）信号包，来宣布该无线网络的存在。所以，通过将无线网卡设置为监听模式，然后使用 Wireshark 嗅探监听接口的数据包，即可发现附近开放的无线网络。下面将介绍使用 Wireshark 扫描无线网络的方法。

【实例 4-4】使用 Wireshark 扫描无线网络。具体操作步骤如下：

（1）设置无线网卡为监听模式。执行命令如下：

```
root@daxueba:~# airmon-ng start wlan0
PHY      Interface       Driver       Chipset
phy0     wlan0       rt2800usb        Ralink Technology, Corp. RT5370
       (mac80211 monitor mode vif enabled for [phy0]wlan0 on [phy0]wlan0mon)
       (mac80211 station mode vif disabled for [phy0]wlan0)
```

（2）启动 Wireshark 工具。执行命令如下：

```
root@daxueba:~# wireshark
```

执行以上命令后，将显示如图 4.15 所示的界面。

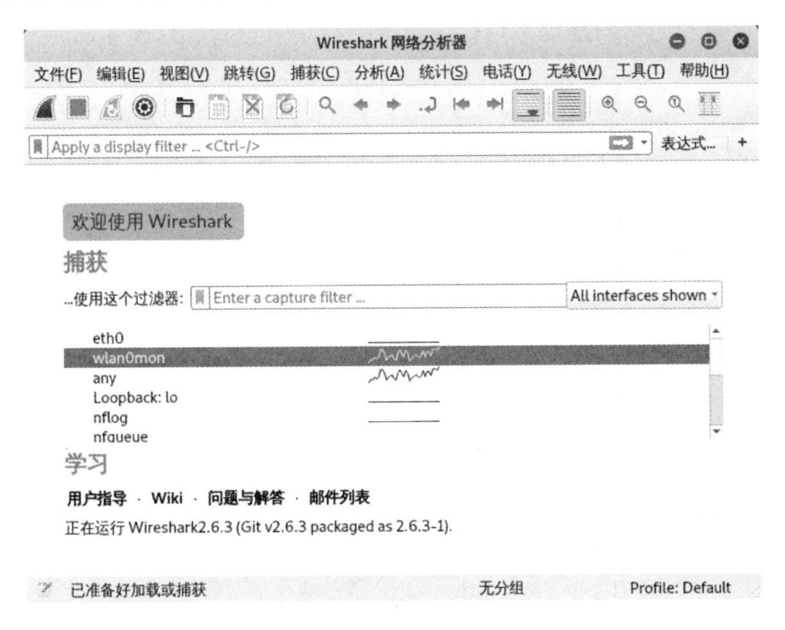

图 4.15　Wireshark 主界面

（3）在图 4.15 中选择监听接口 wlan0mon，单击按钮将开始监听无线网络的数据包，如图 4.16 所示。

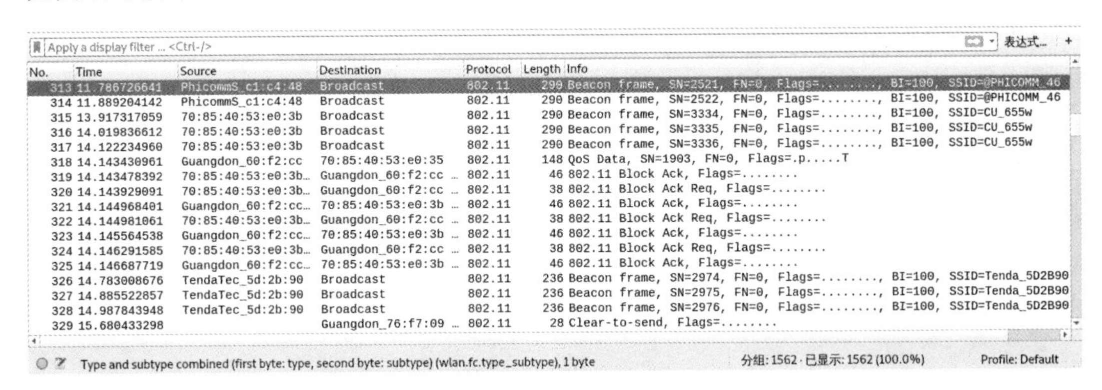

图 4.16　监听到的数据包

（4）从图 4.16 中可以看到，监听到的大量无线数据包。为了能够快速的找到开放的无线网络，用户可以使用显示过滤器 wlan.fc.type_subtype eq 0x08 进行过滤。经过对数据包过滤后，将显示如图 4.17 所示的界面。

（5）此时，显示的数据包就都是开放的无线网络。从显示的包中可以看到每个 AP 的 MAC 地址和 SSID 名称。例如，从显示的第一个包中可以看到，该 AP 的 MAC 地址为 PhicommS_c1:c4:48，SSID 名称为@PHICOMM_46。细心的读者可能会发现这里的 MAC 地址不是一个完整的 MAC 地址。其中，前半部分是设备的生产厂商，后半部分是 MAC 地址。如果想要查看完整的地址，可以在包详细信息中看到，如图 4.18 所示。

wlan.fc.type_subtype eq 0x08　　表达式… +

No.	Time	Source	Destination	Protocol	Length	Info
313	11.786726641	PhicommS_c1:c4:48	Broadcast	802.11	290	Beacon frame, SN=2521, FN=0, Flags=........, BI=100, SSID=@PHICOMM_46
314	11.889204142	PhicommS_c1:c4:48	Broadcast	802.11	290	Beacon frame, SN=2522, FN=0, Flags=........, BI=100, SSID=@PHICOMM_46
315	13.917317059	70:85:40:53:e0:3b	Broadcast	802.11	290	Beacon frame, SN=3334, FN=0, Flags=........, BI=100, SSID=CU_655w
316	14.019836612	70:85:40:53:e0:3b	Broadcast	802.11	290	Beacon frame, SN=3335, FN=0, Flags=........, BI=100, SSID=CU_655w
317	14.122234960	70:85:40:53:e0:3b	Broadcast	802.11	290	Beacon frame, SN=3336, FN=0, Flags=........, BI=100, SSID=CU_655w
326	14.783008676	TendaTec_5d:2b:90	Broadcast	802.11	236	Beacon frame, SN=2974, FN=0, Flags=........, BI=100, SSID=Tenda_5D2B90
327	14.885522857	TendaTec_5d:2b:90	Broadcast	802.11	236	Beacon frame, SN=2975, FN=0, Flags=........, BI=100, SSID=Tenda_5D2B90
328	14.987843948	TendaTec_5d:2b:90	Broadcast	802.11	236	Beacon frame, SN=2976, FN=0, Flags=........, BI=100, SSID=Tenda_5D2B90
377	16.602549735	MercuryC_2b:7a:40	Broadcast	802.11	230	Beacon frame, SN=926, FN=0, Flags=........, BI=100, SSID=MERCURY_7A40
381	16.630919054	Tp-LinkT_66:a1:b8	Broadcast	802.11	239	Beacon frame, SN=1566, FN=0, Flags=........, BI=100, SSID=TP-LINK_A1B8
406	16.733264012	Tp-LinkT_66:a1:b8	Broadcast	802.11	239	Beacon frame, SN=1567, FN=0, Flags=........, BI=100, SSID=TP-LINK_A1B8
418	17.018487552	08:10:78:75:0f:dd	Broadcast	802.11	309	Beacon frame, SN=1361, FN=0, Flags=........, BI=100, SSID=Netcore
419	17.083661747	Tp-LinkT_84:23:7a	Broadcast	802.11	239	Beacon frame, SN=2976, FN=0, Flags=........, BI=100, SSID=Test
420	17.223268780	08:10:78:75:0f:dd	Broadcast	802.11	309	Beacon frame, SN=1363, FN=0, Flags=........, BI=100, SSID=Netcore
421	17.930839868	PhicommS_c1:c4:48	Broadcast	802.11	290	Beacon frame, SN=2581, FN=0, Flags=........, BI=100, SSID=@PHICOMM_46
435	20.164147472	70:85:40:53:e0:3b	Broadcast	802.11	290	Beacon frame, SN=3419, FN=0, Flags=........, BI=100, SSID=CU_655w
436	20.983223759	70:85:40:53:e0:3b	Broadcast	802.11	290	Beacon frame, SN=3427, FN=0, Flags=........, BI=100, SSID=CU_655w
437	21.029764738	TendaTec_5d:2b:90	Broadcast	802.11	236	Beacon frame, SN=3043, FN=0, Flags=........, BI=100, SSID=Tenda_5D2B90
438	21.135408968	TendaTec_5d:2b:90	Broadcast	802.11	236	Beacon frame, SN=3044, FN=0, Flags=........, BI=100, SSID=Tenda_5D2B90
439	21.187927772	70:85:40:53:e0:3b	Broadcast	802.11	290	Beacon frame, SN=3429, FN=0, Flags=........, BI=100, SSID=CU_655w
479	22.746538976	MercuryC_2b:7a:40	Broadcast	802.11	230	Beacon frame, SN=993, FN=0, Flags=........, BI=100, SSID=MERCURY_7A40
483	22.772473991	Tp-LinkT_66:a1:b8	Broadcast	802.11	239	Beacon frame, SN=1639, FN=0, Flags=........, BI=100, SSID=TP-LINK_A1B8
516	22.848988884	MercuryC_2b:7a:40	Broadcast	802.11	230	Beacon frame, SN=994, FN=0, Flags=........, BI=100, SSID=MERCURY_7A40
518	22.874905697	Tp-LinkT_66:a1:b8	Broadcast	802.11	239	Beacon frame, SN=1640, FN=0, Flags=........, BI=100, SSID=TP-LINK_A1B8

wireshark_wlan0mon_20190103173315_X6lxgx.pcapng　　分组: 2218 · 已显示: 176 (7.9%)　　Profile: Default

图 4.17　过滤结果

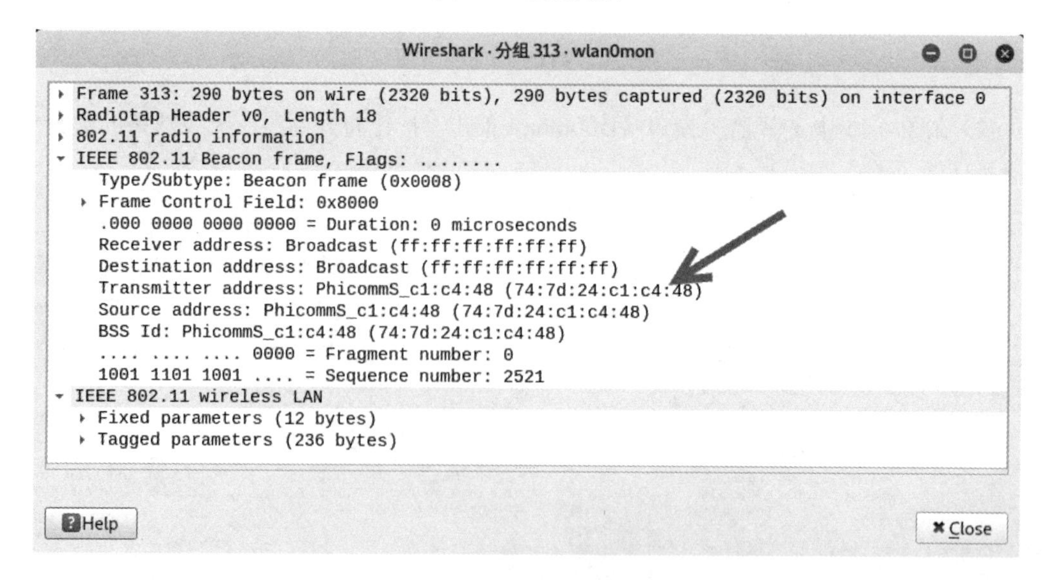

图 4.18　包详细信息

（6）从图 4.18 中可以看到目标 AP 的完整 MAC 地址，该地址为 74:7d:24:c1:c4:48。

4.2.5　使用无线设备

不仅使用前面介绍的工具可以发现网络，使用一些无线设备（无线网卡）也可以发现网络。例如，笔记本电脑或手机上都自带有无线网络连接功能，可以通过它们来发现网络。下面介绍通过手机发现无线网络的方法。

一般情况下，在手机上依次选择“设置”|WLAN 选项，即可扫描到附近的所有无线网络，如名称为 CU_655w、CU_655w_5G 和 Tenda_5D2B90 的无线网络等，如图 4.19 所示。

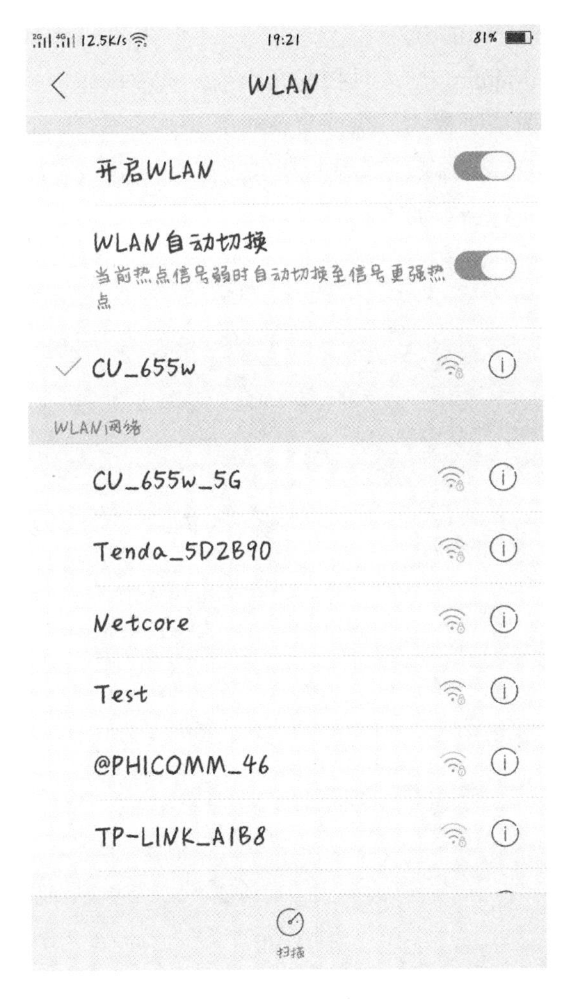

图 4.19　扫描到的网络

4.3 扫描客户端

在前面内容中介绍了发现无线网络的方法。接下来可以扫描连接在这些无线网络中的客户端。本节将介绍扫描客户端的方法。

4.3.1 使用 Airodump-ng 工具

使用 Airodump-ng 工具也可以扫描出连接目标 AP 的客户端。下面具体介绍使用 Airodump-ng 工具扫描客户端的方法。

【实例 4-5】使用 Airodump-ng 工具扫描客户端。具体操作步骤如下：

（1）设置无线网卡为监听模式。执行命令如下：

```
root@daxueba:~# airmon-ng start wlan0
```

（2）扫描客户端。执行命令如下：

```
root@daxueba:~# airodump-ng wlan0mon
CH  8 ][ Elapsed: 19 mins ][ 2019-01-03 17:52

BSSID          PWR Beacons #Data, #/s CH  MB   ENC  CIPHER AUTH ESSID

 70:85:40: -38 770      340     0   3   130  WPA2 CCMP   PSK  CU_655w
 53:E0:3B
 14:E6:E4: -47 338      0       0   6   270  WPA2 CCMP   PSK  Test
 84:23:7A
 08:10:78: -58 465      0       0   6   270  WPA2 CCMP   PSK  Netcore
 75:0F:DD
 C8:3A:35:  -56 449     47      0   6   270  WPA2 CCMP   PSK  Tenda_5D2B90
 5D:2B:90
 80:89:17:  -59 456     4424    0   11  405  WPA2 CCMP   PSK  TP-LINK_A1B8
 66:A1:B8
 74:7D:24:  -71 413     0       0   1   130  WPA2 CCMP   PSK  @PHICOMM_46
 C1:C4:48
 C0:D0:FF: -80 56       0       0   5   130  WPA2 CCMP   PSK  CMCC-f5CV
 1B:F2:E0
 1C:60:DE:  -81 314     0       0   11  270  WPA2 CCMP   PSK  MERCURY_7A40
 2B:7A:40

 BSSID             STATION            PWR Rate    Lost    Frames  Probe

 70:85:40:53:E0:3B  1C:77:F6:60:F2:CC  -54 2e- 6   0       272
 C8:3A:35:5D:2B:90  FC:BE:7B:38:D4:A3  -66 0e- 6e  0       42
 80:89:17:66:A1:B8  94:D0:29:76:F7:09  -1  0e- 0   0       4417
```

从以上输出信息中可以看到扫描到的无线网络相关信息。通过前面对每个字段的介绍，我们知道 STATION 列表示客户端的 MAC 地址。经过分析以上的信息，可以看到 MAC 地址为 1C:77:F6:60:F2:CC 的客户端，连接的目标 AP 的 MAC 地址为 70:85:40:53:E0:3B，SSID 名称为 CU_655w；MAC 地址为 FC:BE:7B:38:D4:A3 的客户端，连接的目标 AP 的 MAC 地址为 C8:3A:35:5D:2B:90，SSID 名称为 Tenda_5D2B90。

4.3.2　使用 Kismet 工具

使用 Kismet 工具不仅可以扫描无线网络，也可以扫描到连接其网络的客户端。下面介绍使用 Kismet 工具扫描客户端的方法。

使用前面介绍的 Kismet 工具实施网络扫描，在扫描界面即可看到扫描的客户端。其中，扫描 AP 的界面如图 4.20 所示。

从图 4.20 的第一部分中可以看到扫描到的所有 AP。此时，选择任何一个 AP，即可看到连接的所有客户端。但是，这里默认是无法选择 AP，因此需要设置排序方式。在菜单栏中依次选择 Sort|First Seen 命令，如图 4.21 所示。

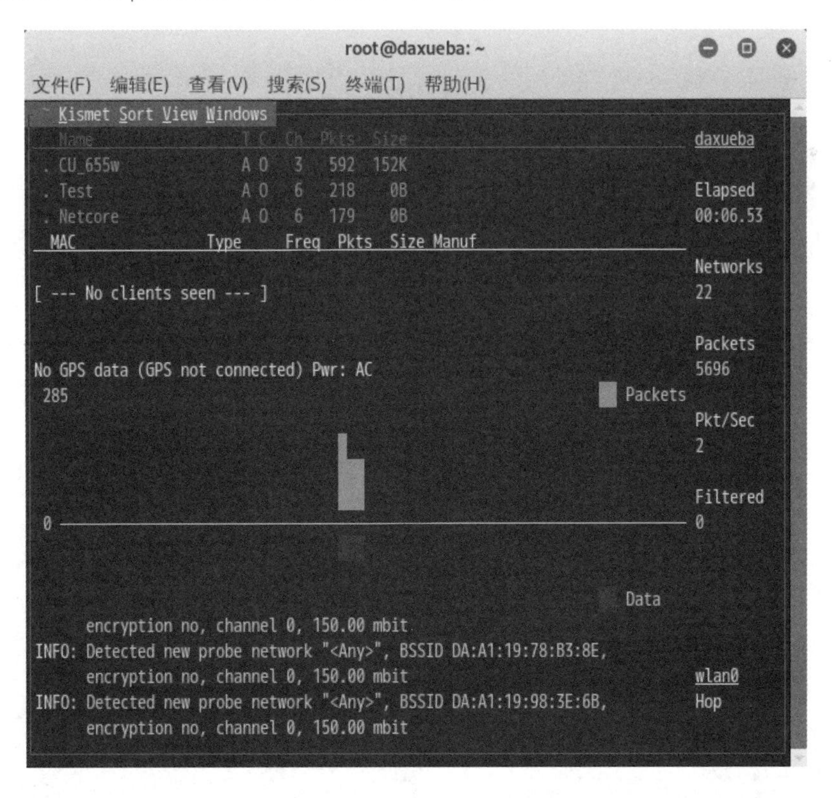

图 4.20　扫描到的无线网络

这里选择 First Seen 命令后，即可对 AP 进行选择了。例如，这里选择 SSID 名称为

CU_655w 的 AP，即可显示该 AP 下的所有客户端，如图 4.22 所示。

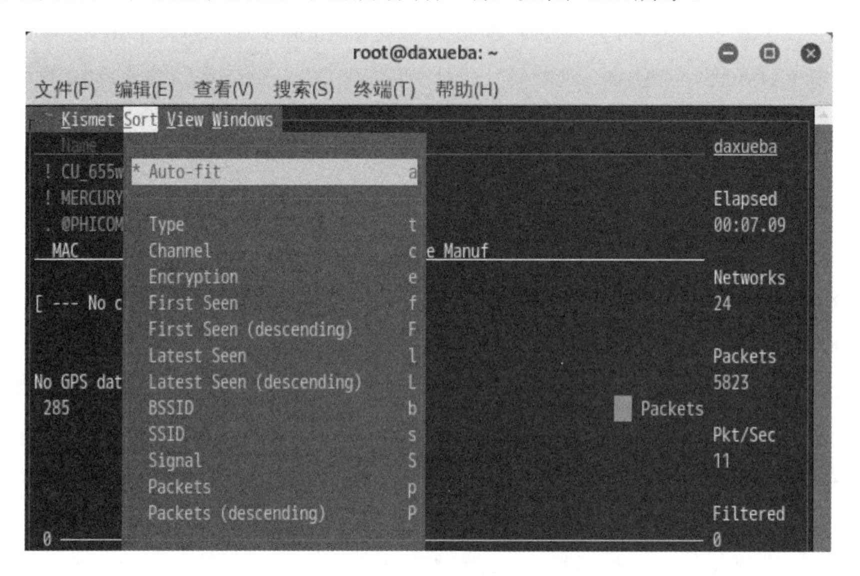

图 4.21　菜单栏

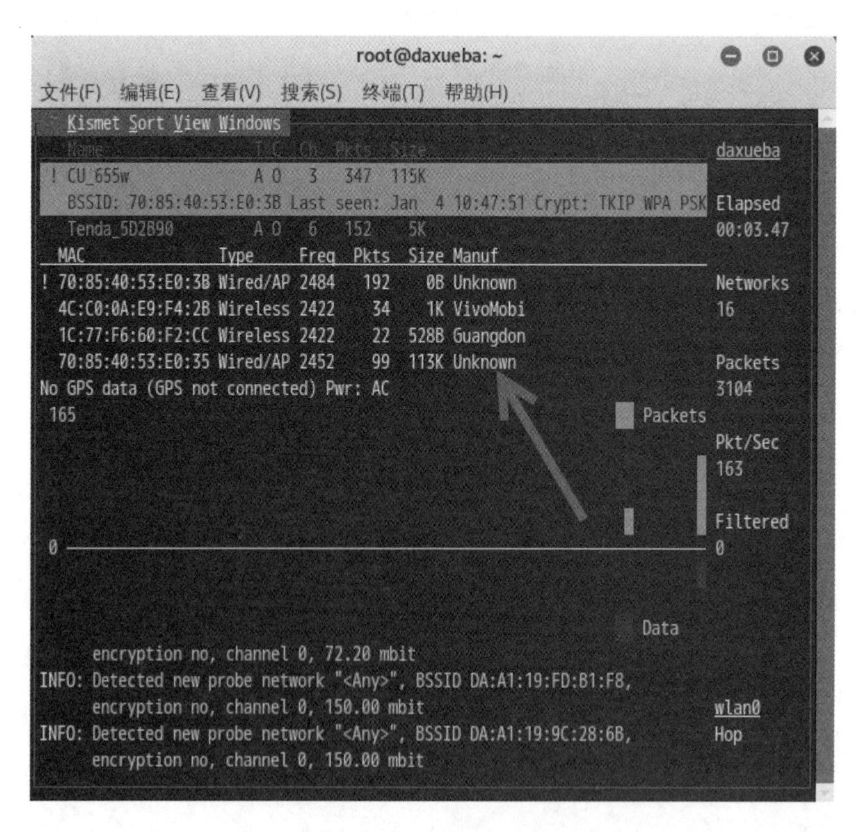

图 4.22　扫描到的客户端

从图 4.22 中可以看到扫描到的客户端信息。这里共显示了 6 列，分别表示 MAC（MAC 地址）、Type（设备类型）、Freq（频率）、Pkts（包数）、Size（包大小）和 Manuf（生产厂商）。从 Type（类型）列可以看到显示的值有 Wired/AP 和 Wireless。其中，值为 Wired/AP 表示是 AP 信息；值为 Wireless 表示是客户端信息。在该部分中的信息表示，MAC 地址为 4C:C0:0A:E9:F4:2B 和 1C:77:F6:60:F2:CC 的客户端，连接了 MAC 地址为 70:85:40:53:E0:3B 的 AP。

4.3.3　路由器管理界面

通过路由器的管理界面，也可以看到连接的无线网络客户端。前面介绍过，在 TP-LINK 路由器的管理界面可以查看连接的客户端。但是这种方式无法确定哪个主机连接的是无线局域网。此时，通过客户端名可以快速地判断出来，或者进行 MAC 地址查询。另外，在腾达路由器的管理界面，显示了客户端的连接方式，所以可以快速找到无线客户端。下面进行简单介绍。

1. TP-LINK路由器

下面是 TP-LINK 路由器的客户端连接界面，如图 4.23 所示。

ID	客户端名	MAC 地址	IP 地址	有效时间
1	vivo_Y51	F0-1B-6C-3A-77-DE	192.168.1.100	01:31:25
2	KDKDAHJD61Y369J	00-E0-1C-3C-18-79	192.168.1.101	01:55:55
3	android-e3b7eedc8665e600	00-08-22-57-A7-9A	192.168.1.102	01:59:21
4	android-dad8ecb5abc91ce7	1C-77-F6-60-F2-CC	192.168.1.103	01:59:52

图 4.23　客户端列表

一般情况下，连接无线网络的设备通常是手机、平板、笔记本电脑。正常情况下不会修改这些设备的名称，所以可以根据名称判断出哪个是无线客户端设备。例如，在图 4.23 中，客户端名为 vivo_Y51 的设备，一看就可知道这是一个 vivo 设备，因此肯定是一个手机。

2. 腾达路由器

下面来查看下腾达路由器的客户端连接列表。首先，通过浏览器访问该路由器的主页。登录成功后，如图 4.24 所示。

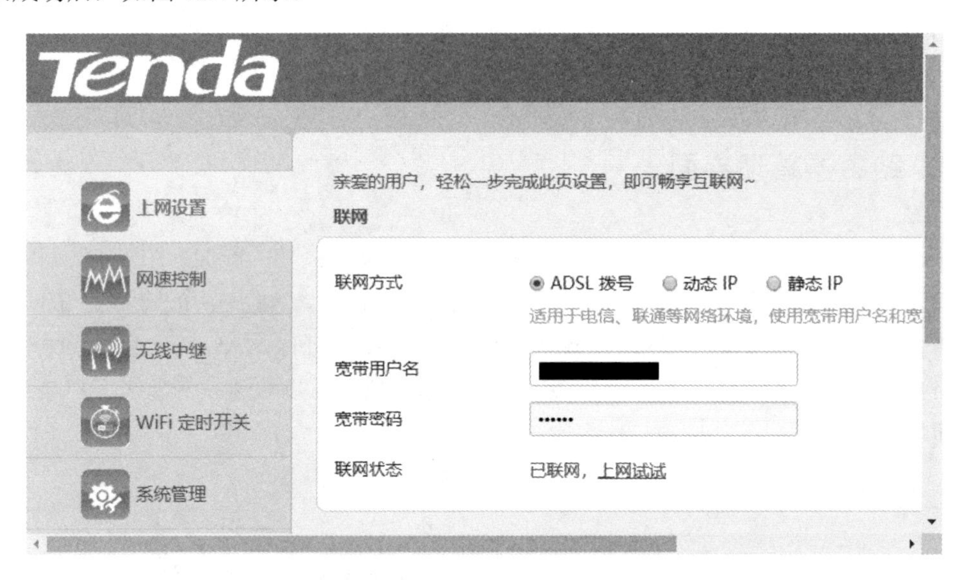

图 4.24　腾达路由器的管理界面

在左侧栏中选择“网速控制”选项，如图 4.25 所示。

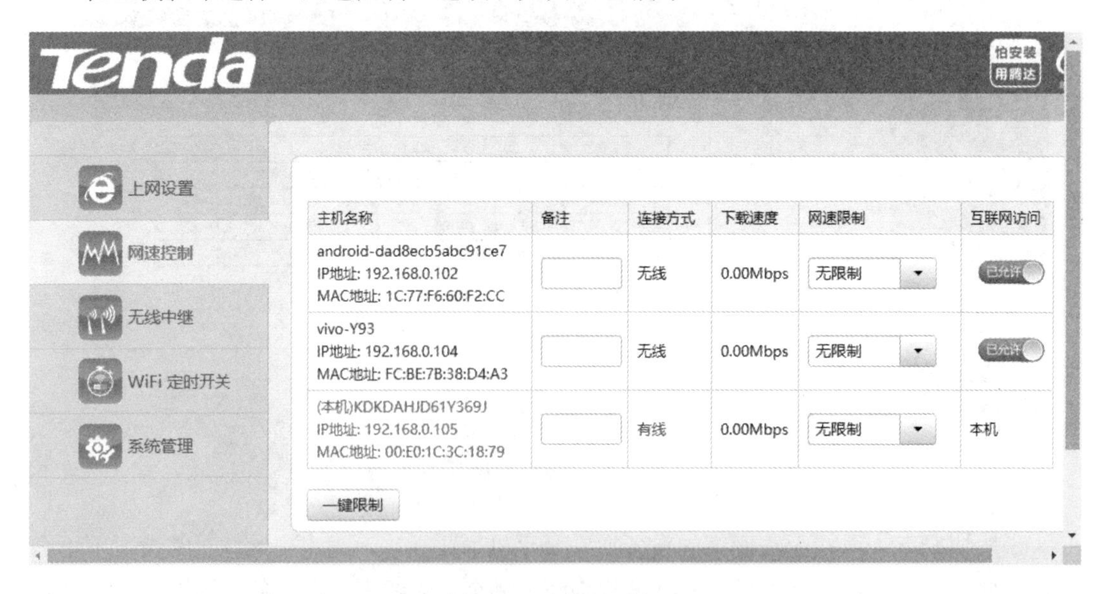

图 4.25　客户端列表

从图 4.25 中可以看到有一列为“连接方式”，可以看到设备的连接方式是“有线”还是“无线”。从显示结果可知，有两个无线设备，一个有线设备。从“主机名称”列，还可以看到客户端的 IP 地址和 MAC 地址。例如，第一个无线设备的 IP 地址为 192.168.0.102，MAC 地址为 1C:77:F6:60:F2:CC。

第 5 章　广域网扫描

广域网（Wide Area Network，WAN）又称外网或公网，是连接不同地区局域网或城域网计算机通信的远程网。通常跨接很大的物理范围，所覆盖的范围从几十公里到几千公里。它能连接多个地区、城市或国家，或横跨几个州并能提供远距离通信，形成国际性的远程网络。广域网并不等同于互联网。本章将介绍对广域网实施扫描的方法。

5.1　WHOIS 信息查询

WHOIS（读作 Who is，非缩写）是用来查询域名的 IP 及所有者等信息的传输协议。简单说，WHOIS 就是一个用来查询域名是否已经被注册，以及已经注册域名的详细信息的数据库（如域名所有人、域名注册商、域名注册日期和过期日期等）。通过域名 Whois 服务器查询，可以查询域名归属者联系方式，以及注册和到期时间。本节将介绍实施 WHOIS 信息查询的方法。

5.1.1　WHOIS 查询网址

通过访问网址 http://whois.chinaz.com/，可以快速地查询到某域名的相关信息。在浏览器的地址栏中输入网址 http://whois.chinaz.com/，访问成功后，显示界面如图 5.1 所示。

在如图 5.1 所示的文本框中输入要查询的域名，并单击“查询”按钮，即可获取到对应的信息。例如，查询域名 qq.com 的相关信息。查询完成后，显示如图 5.2 和图 5.3 所示。因为无法截取所有信息，所以这里只截取了两个图。

在图 5.2 中显示了域名 qq.com 的信息，包括该域名的注册商、联系邮箱、电话、创建时间、过期时间和域名服务器等。

在图 5.3 中显示了域名 qq.com 的 WHOIS 信息，包括注册域名 ID、注册 WHOIS 服务器、注册的 URL、更新时间和创建时间等。

图 5.1　Whois 查询站点

图 5.2　域名信息

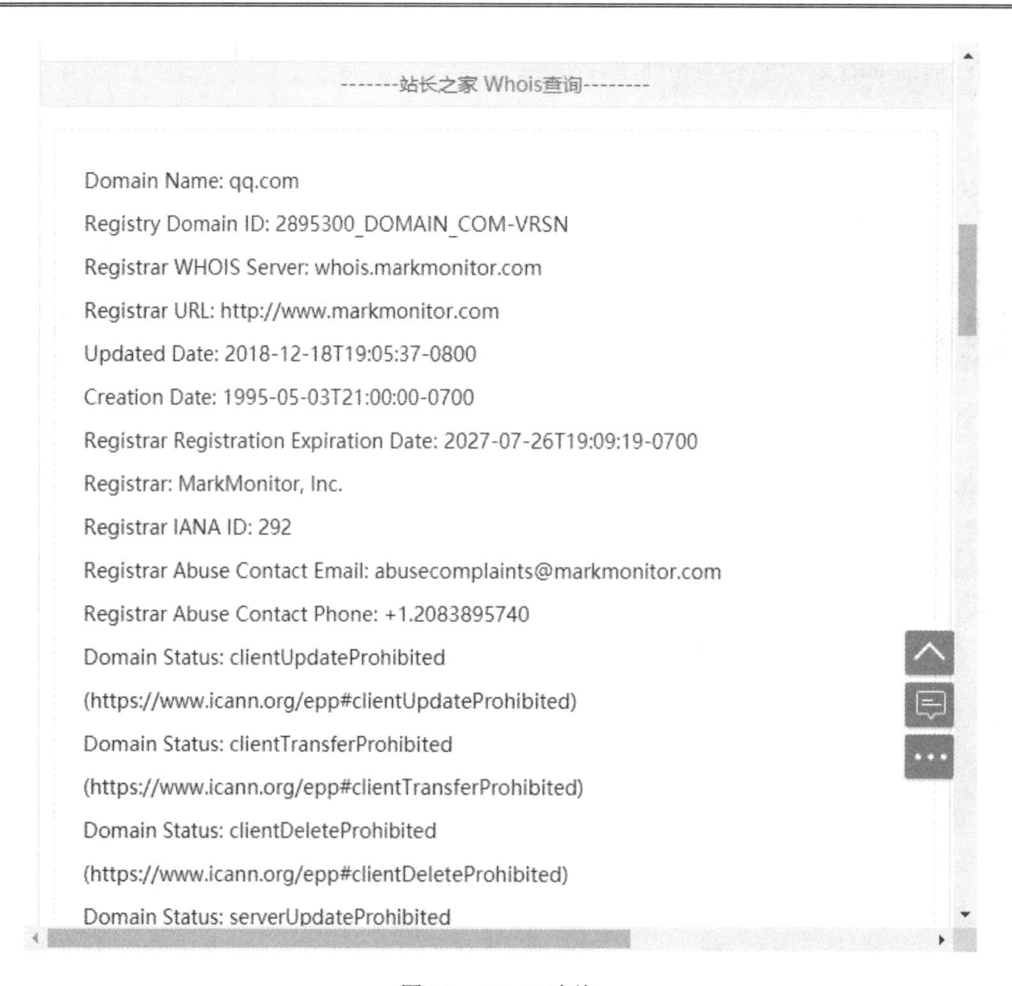

图 5.3　Whois 查询

5.1.2　使用 Whois 工具

Whois 工具是用来查找并显示指定账号（或域名）的用户相关信息。下面将介绍使用 Whois 工具来实现 WHOIS 信息查询的方法。使用 Whois 工具的语法格式如下：

```
whois [域名]
```

【实例 5-1】使用 Whois 工具查询域名 baidu.com 的相关信息。执行命令如下：

```
root@daxueba:~# whois baidu.com
   Domain Name: BAIDU.COM                                #域名
   Registry Domain ID: 11181110_DOMAIN_COM-VRSN          #注册域名 ID
   Registrar WHOIS Server: whois.markmonitor.com         #注册 WHOIS 服务器
   Registrar URL: http://www.markmonitor.com             #注册者 URL
```

```
   Updated Date: 2017-07-28T02:36:28Z            #更新时间
   Creation Date: 1999-10-11T11:05:17Z           #创建时间
   Registry Expiry Date: 2026-10-11T11:05:17Z    #过期时间
   Registrar: MarkMonitor Inc.                   #注册者
   Registrar IANA ID: 292                        #注册者 IANA ID
   Registrar Abuse Contact Email: abusecomplaints@markmonitor.com
                                                 #注册滥用电子邮箱联系人
   Registrar Abuse Contact Phone: +1.2083895740 #注册者滥用电话号码
   Domain Status: clientDeleteProhibited https://icann.org/epp#clientDelete
   Prohibited                                    #域名状态
   Domain Status: clientTransferProhibited https://icann.org/epp#client
   TransferProhibited
   Domain Status: clientUpdateProhibited https://icann.org/epp#client
   UpdateProhibited
   Domain Status: serverDeleteProhibited https://icann.org/epp#server
   DeleteProhibited
   Domain Status: serverTransferProhibited https://icann.org/epp#server
   TransferProhibited
   Domain Status: serverUpdateProhibited https://icann.org/epp#server
   UpdateProhibited
   Name Server: DNS.BAIDU.COM                    #域名服务器
   Name Server: NS2.BAIDU.COM
   Name Server: NS3.BAIDU.COM
   Name Server: NS4.BAIDU.COM
   Name Server: NS7.BAIDU.COM
   DNSSEC: unsigned
   URL of the ICANN Whois Inaccuracy Complaint Form: https://www.icann.
   org/wicf/
>>> Last update of whois database: 2019-01-04T09:26:13Z <<<
                                                 #最后更新 WHOIS 数据库时间
……省略部分内容
Web-based WHOIS:                                 #基于 Web 的 WHOIS 信息
  https://domains.markmonitor.com/whois
If you have a legitimate interest in viewing the non-public WHOIS details, send
your request and the reasons for your request to whoisrequest@markmonitor.com
and specify the domain name in the subject line. We will review that request and
may ask for supporting documentation and explanation.
The data in MarkMonitor's WHOIS database is provided for information
purposes,
and to assist persons in obtaining information about or related to a domain
name's registration record. While MarkMonitor believes the data to be
accurate,
the data is provided "as is" with no guarantee or warranties regarding its
accuracy.
By submitting a WHOIS query, you agree that you will use this data only for
```

```
lawful purposes and that, under no circumstances will you use this data to:
  (1) allow, enable, or otherwise support the transmission by email,
  telephone,
or facsimile of mass, unsolicited, commercial advertising, or spam; or
  (2) enable high volume, automated, or electronic processes that send
  queries,
data, or email to MarkMonitor (or its systems) or the domain name contacts (or
its systems).
MarkMonitor.com reserves the right to modify these terms at any time.
By submitting this query, you agree to abide by this policy.
MarkMonitor is the Global Leader in Online Brand Protection.
MarkMonitor Domain Management(TM)
MarkMonitor Brand Protection(TM)
MarkMonitor AntiCounterfeiting(TM)
MarkMonitor AntiPiracy(TM)
MarkMonitor AntiFraud(TM)
Professional and Managed Services
Visit MarkMonitor at https://www.markmonitor.com
Contact us at +1.8007459229
In Europe, at +44.02032062220
```

从以上输出信息可以看到获取到域名 baidu.com 的相关 WHOIS 信息。例如，注册商域名 ID 为 11181110_DOMAIN_COM-VRSN、注册的 WHOIS 服务器为 whois.markmonitor.com、创建时间为 1999-10-11T11:05:17Z 等。

5.1.3 使用 DMitry 工具

DMitry 工具是用来查询 IP 或域名 WHOIS 信息的。使用该工具查询 WHOIS 信息的语法格式如下：

```
dmitry -w [domain]
```

以上语法中的选项及含义如下：

- -w：对指定的域名实施 WHOIS 查询。
- domain：指定查询的域名。

【实例 5-2】使用 DMitry 工具查询域名 baidu.com 的 WHOIS 信息。执行命令如下：

```
root@daxueba:~# dmitry -w baidu.com
Deepmagic Information Gathering Tool
"There be some deep magic going on"
HostIP:123.125.115.110                              #主机 IP 地址
HostName:baidu.com                                  #主机名
Gathered Inic-whois information for baidu.com       #生成的 WHOIS 信息
---------------------------------
```

```
   Domain Name: BAIDU.COM                                    #域名
   Registry Domain ID: 11181110_DOMAIN_COM-VRSN              #注册域名 ID
   Registrar WHOIS Server: whois.markmonitor.com             #注册 WHOIS 服务器
   Registrar URL: http://www.markmonitor.com                 #注册者 URL
   Updated Date: 2017-07-28T02:36:28Z                        #更新时间
   Creation Date: 1999-10-11T11:05:17Z                       #创建时间
   Registry Expiry Date: 2026-10-11T11:05:17Z                #过期时间
   Registrar: MarkMonitor Inc.                               #注册者
   Registrar IANA ID: 292                                    #注册者 IANA ID
   Registrar Abuse Contact Email: abusecomplaints@markmonitor.com
                                                             #注册者滥用邮件联系人
   Registrar Abuse Contact Phone: +1.2083895740              #注册者滥用电话号码
   Domain Status: clientDeleteProhibited https://icann.org/epp#clientDelete
   Prohibited                                                #域名状态
   Domain Status: clientTransferProhibited https://icann.org/epp#client
   TransferProhibited
   Domain Status: clientUpdateProhibited https://icann.org/epp#client
   UpdateProhibited
   Domain Status: serverDeleteProhibited https://icann.org/epp#server
   DeleteProhibited
   Domain Status: serverTransferProhibited https://icann.org/epp#server
   TransferProhibited
   Domain Status: serverUpdateProhibited https://icann.org/epp#server
   UpdateProhibited
   Name Server: DNS.BAIDU.COM                                #域名服务器
   Name Server: NS2.BAIDU.COM
   Name Server: NS3.BAIDU.COM
   Name Server: NS4.BAIDU.COM
   Name Server: NS7.BAIDU.COM
   DNSSEC: unsigned
   URL of the ICANN Whois Inaccuracy Complaint Form: https://www.icann.
org/wicf/
>>> Last update of whois database: 2019-01-04T10:19:04Z <<<
                                                             #最后更新 WHOIS 数据库时间
For more information on Whois status codes, please visit https://icann.org/epp
NOTICE: The expiration date displayed in this record is the date the
registrar's sponsorship of the domain name registration in the registry is
currently set to expire. This date does not necessarily reflect the expiration
date of the domain name registrant's agreement with the sponsoring
registrar.  Users may consult the sponsoring registrar's Whois database to
view the registrar's reported date of expiration for this registration.
TERMS OF USE: You are not authorized to access or query our Whois
database through the use of electronic processes that are high-volume and
automated except as reasonably necessary to register domain names or
modify existing registrations; the Data in VeriSign Global Registry
```

```
Services' ("VeriSign") Whois database is provided by VeriSign for
information purposes only, and to assist persons in obtaining information
about or related to a domain name registration record. VeriSign does not
guarantee its accuracy. By submitting a Whois query, you agree to abide
by the following terms of use: You agree that you may use this Data only
for lawful purposes and that under no circumstances will you use this Data
to: (1) allow, enable, or otherwise support the transmission of mass
unsolicited, commercial advertising or solicitations via e-mail, telephone,
or facsimile; or (2) enable high volume, automated, electronic processes
that apply to VeriSign (or its computer systems). The compilation,
repackaging, dissemination or other use of this Data is expressly
prohibited without the prior written consent of VeriSign. You agree not to
use electronic processes that are automated and high-volume to access or
query the Whois database except as reasonably necessary to register
domain names or modify existing registrations. VeriSign reserves the right
to restrict your access to the Whois database in its sole discretion to ensure
operational stability.  VeriSign may restrict or terminate your access to the
Whois database for failure to abide by these terms of use. VeriSign
reserves the right to modify these terms at any time.
The Registry database contains ONLY .COM, .NET, .EDU domains and
Registrars.
All scans completed, exiting
```

从以上输出信息中可以看到，成功获取到了域名 baidu.com 相关的 WHOIS 信息。

5.2 第三方扫描

我们还可以通过第三方扫描方式来实施广域网扫描。在互联网中，有两款非常强大的搜索引擎，即 Shodan 和 ZoomEye，可以用来对一些设备或主机信息实施扫描。本节将介绍利用这两款搜索引擎对广域网中的主机实施扫描的方法。

5.2.1 Shodan 扫描

Shodan 是目前最强大的搜索引擎，其使用方法在前面已经介绍过。下面将介绍使用该搜索引擎实施广域网扫描的方法。

【实例 5-3】使用 Shodan 搜索引擎扫描 huawei 设备详细信息。具体操作步骤如下：

（1）在浏览器中访问 Shodan 搜索引擎 https://www.shodan.io/，访问成功后，显示如图 5.4 所示。

（2）在图 5.4 中输入关键词 huawei，即可获取到对应的扫描结果，如图 5.5 所示。

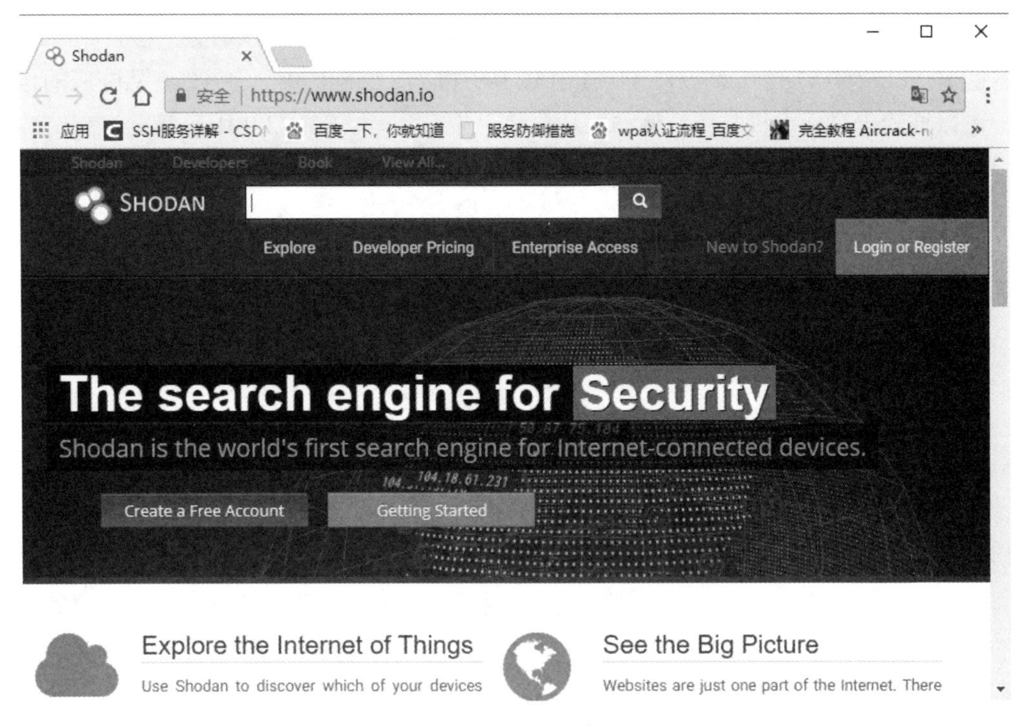

图 5.4　Shodan 搜索界面

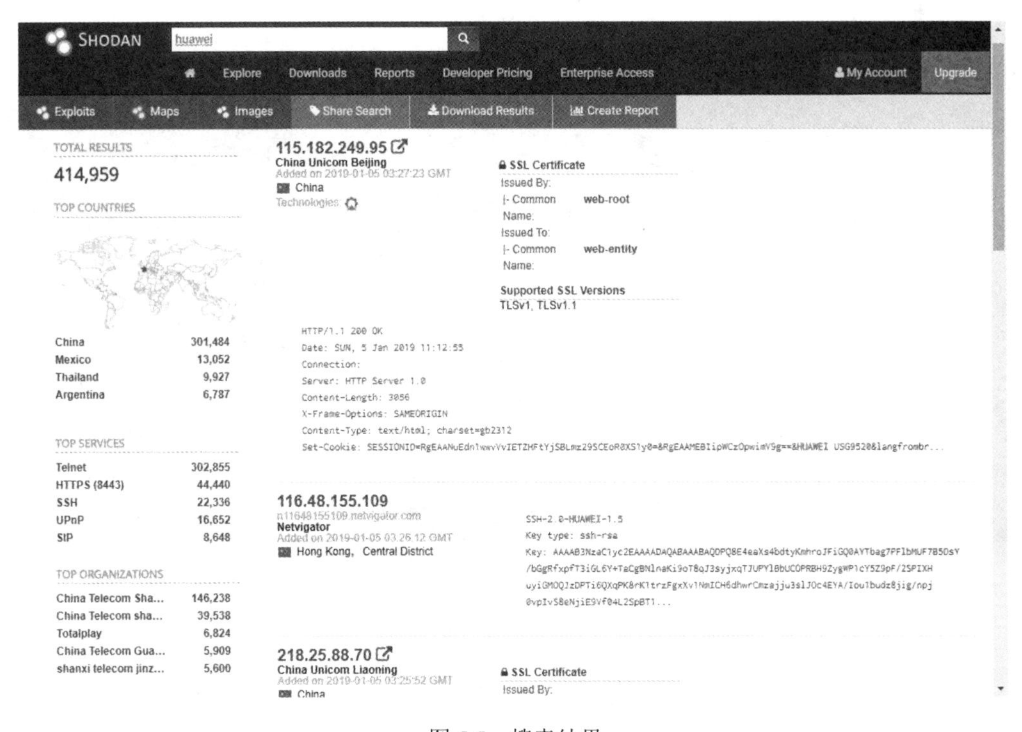

图 5.5　搜索结果

（3）在图 5.5 的左上角中可以看到，共搜索到 414959 个结果。例如，搜索到 huawei 设备的 IP 地址有 115.182.249.95、116.48.155.109 和 218.25.88.70 等。另外，从响应的包信息中可以推测出目标主机类型。例如，从包信息中看到有“SSH-2.0-HUAWEI-1.5”信息，可以推测出这是一个包括 SSH 服务的服务器。

5.2.2 ZoomEye 扫描

ZoomEye 是一款针对网络空间的搜索引擎。该搜索引擎的后端数据计划包括两部分，分别是网站组件指纹和主机设备指纹。具体说明如下：

- 网站组件指纹：包括操作系统、Web 服务、服务端语言、Web 开发框架、Web 应用、前端库及第三方组件等。
- 主机设备指纹：结合 NMAP 大规模扫描结果进行整合。

ZoomEye 搜索引擎并不会主动对网络设备和网站发起攻击，收录的数据也仅用于安全研究。ZoomEye 更像是互联网空间的一张航海图。ZoomEye 兼具信息收集与漏洞信息识别的功能，对于广大的渗透测试爱好者来说是一个非常不错的工具。下面将介绍使用 ZoomEye 实施广域网扫描的方法。

ZoomEye 搜索引擎的网址为 https://www.zoomeye.org/，访问成功后，将显示如图 5.6 所示的界面。

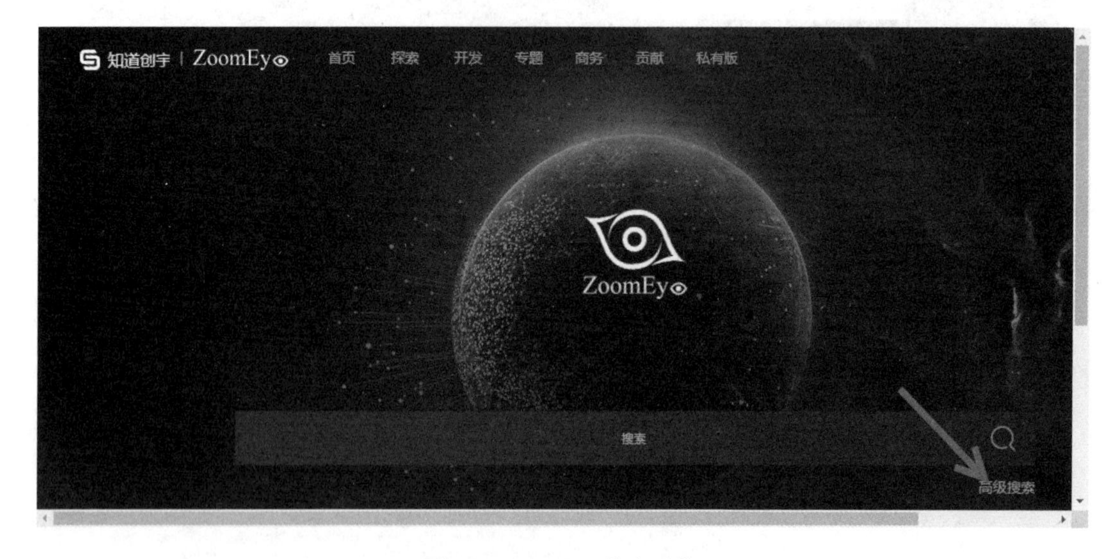

图 5.6　ZoomEye 搜索引擎

在图 5.6 所示的搜索文本框中输入要搜索的主机或设备，即可获取到对应的信息。此外，还可以使用高级搜索功能，指定详细的信息进行搜索。单击文本框下面的“高级搜索”

链接，将显示高级搜索文本框，如图 5.7 所示。

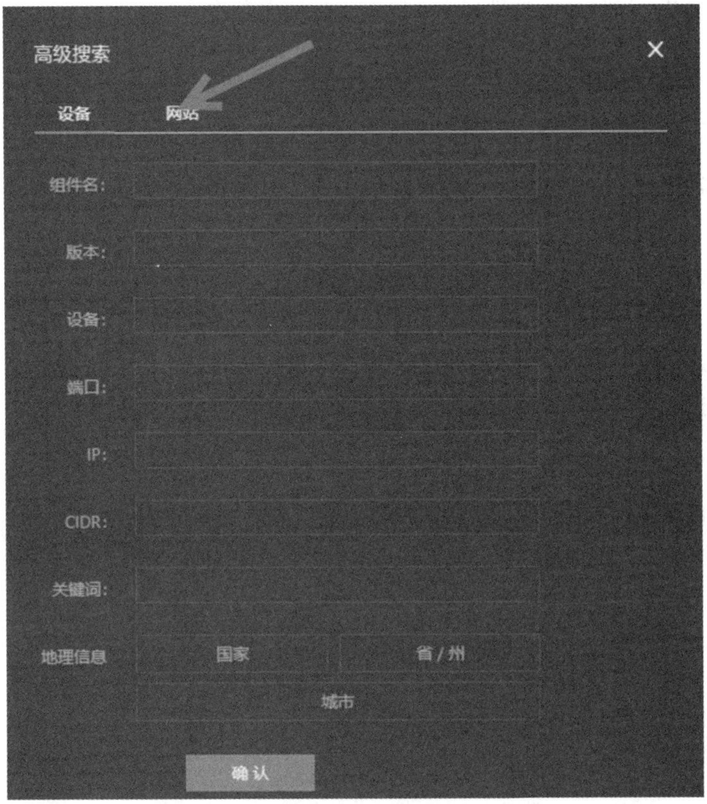

图 5.7　高级搜索

在图 5.7 中，可以进行设备或网站扫描。在设备扫描界面可以设置组件名、版本、设备、端口、IP 和 CIDR 等信息。单击“确认”按钮，即可获取对应的信息。这些高级搜索功能，可以在普通搜索的文本框中使用表达式进行过滤。下面将介绍下可用的过滤器表达式。

（1）指定搜索的组件及版本：

```
app:组件名称
ver:组件版本
```

例如，搜索 apache 组件，版本 2.4，则过滤器表达式如下：

```
app:apache ver:2.4
```

（2）指定搜索的端口：

```
port:端口号
```

例如，搜索开放了 SSH 端口的主机，则过滤器表达式如下：

```
port:22
```

一些服务器可能监听了非标准的端口。要按照更精确的协议进行检索，可以使用 service 进行过滤。

（3）指定搜索的操作系统：

```
OS:操作系统名称
```

例如，搜索 Linux 操作系统，则过滤器表达式如下：

```
OS:Linux
```

（4）指定搜索的服务：

```
service:服务名称
```

例如，搜索 SSH 服务，则过滤器表达式如下：

```
Service:SSH
```

（5）指定搜索的地理位置范围：

```
country:国家名
city:城市名
```

例如，搜索中国，Beijing 城市，过滤器表达式如下：

```
country:China
city:Beijing
```

（6）搜索指定的 CIDR 网段：

```
CIDR:网段区域
```

例如，搜索 192.168.1.0 网段，过滤器表达式如下：

```
CIDR:192.168.1.0/24
```

（7）搜索指定的网站域名：

```
Site:网站域名
```

例如，搜索域名 www.baidu.com，过滤器表达式如下：

```
site:www.baidu.com
```

（8）搜索指定的主机名：

```
Hostname:主机名
```

例如，搜索主机名 zwl.cuit.edu.cn，过滤器表达式如下：

```
hostname:zwl.cuit.edu.cn
```

（9）搜索具有特定首页关键词的主机：

```
Keyword:关键词
```

例如，搜索关键词为 technology 的主机，过滤器表达式如下：

```
Keywork:technology
```

当我们对 ZoomEye 搜索引擎的使用了解清楚后，就可以实施扫描了。例如，这里搜索下广域网中的 Apache 服务器。在搜索文本框中输入关键字 apache，显示界面如图 5.8 所示。

图 5.8　搜索结果

在图 5.8 中显示了 Apache 服务器的相关信息。共包括 3 部分信息，每部分的信息说明如下：

- 左侧部分：给出了搜索结果的 IP 地址、使用的协议、开放的端口服务、所处的国家、城市和搜索时间。
- 中间部分：给出了使用 HTTP 协议版本信息、使用的组件名称、版本、服务器的类型和主机的系统信息。
- 右侧部分：给出了本次搜索结果的搜索类型（网站、设备数量）、年份、所处国家、Web 应用、Web 容器、组件、服务、设备和端口信息。

除了以上 3 部分信息外，在上方可还以分别查看搜索结果、统计报告、全球视角和相关漏洞信息。每部分信息说明如下：

- 搜索结果：显示按照搜索条件查询之后所获得的结果信息。
- 统计报告：显示搜索结果的统计报告信息。
- 全球视角：显示各大组件、服务器系统的地理位置。
- 相关漏洞：给出各大组件、服务器系统等存在的历史性漏洞的描述文档。

例如，这里查看下“相关漏洞”信息，显示界面如图 5.9 所示。

图 5.9 相关漏洞信息

从图 5.9 中可以看到每个组件包括的相关漏洞信息。单击组件名称下方的漏洞描述链接，即可看到该漏洞的描述性文档，如图 5.10 所示。

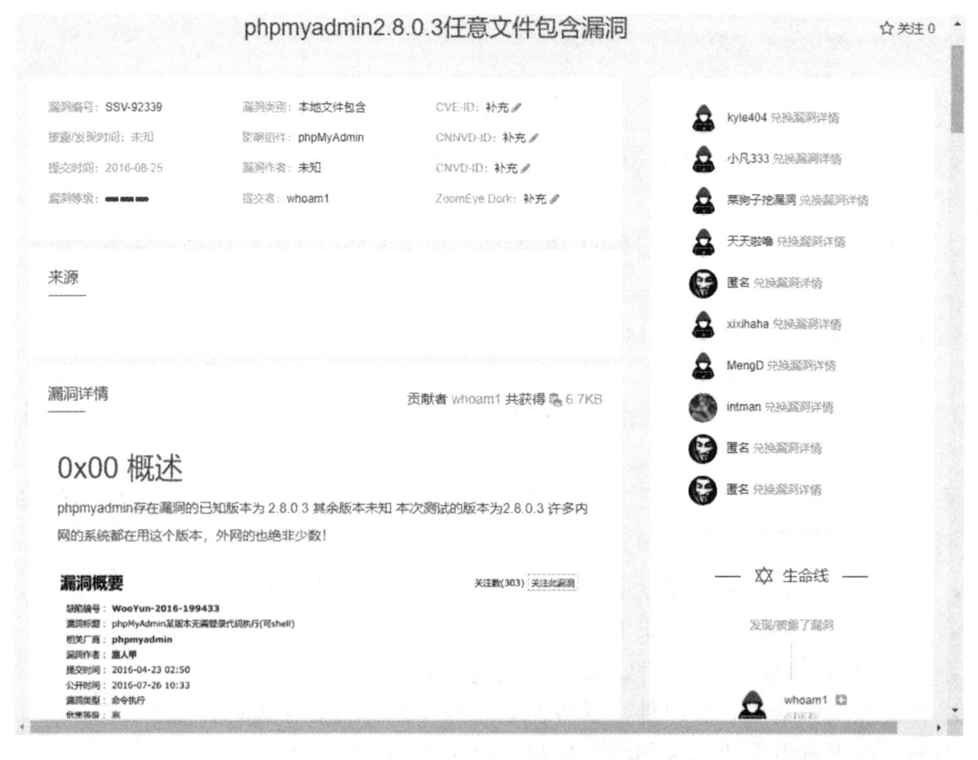

图 5.10 漏洞详细信息

从图 5.10 中可以看到 phpmyadmin2.8.0.3 任意文件所包含漏洞的详细信息。例如，漏洞编号、发布时间、漏洞详情和概要信息等。也可以直接单击相应组件右侧的“了解更多”链接（见图 5.9），查看漏洞信息的报告内容。例如，查看 wordpress 的漏洞报告内容，结果如图 5.11 所示。

漏洞组件 — WordPress

漏洞详情：WordPress是一种使用PHP语言开发的博客平台，用户可以在支持PHP和MySQL 数据库的服务器上架设自己的网志。也可以把 WordPress 当作一个内容管理系统（CMS）来使用。WordPress 是一个免费的开源项目，在GNU通用公共许可证下授权发布。 WordPress 被认为是Michel Valdrighi所开发的网志平台b2 cafelog的正式继承者。“WordPress”这个名字出自 Christine Selleck 的主意，他是主要开发者Matt Mullenweg的朋友。

相关漏洞

SSV ID	提交时间	漏洞等级	漏洞名称	漏洞状态	人气 | 评论
SSV-97751	2018-12-27		WordPress Privilege Escalation through Post Types		130 | 0
SSV-97750	2018-12-26		Stored XSS on WordPress.org		119 | 0
SSV-97500	2018-08-28		WordPress 插件Dreamsmiths v0.0.1 任意文件下载漏洞		698 | 0
SSV-97378	2018-06-27		WordPress File Delete to Code Execution		959 | 0
SSV-97249	2018-04-28		WordPress Plugin File Upload 4.3.3 - Stored Cross-Site Scripting (PoC)		958 | 0
SSV-97129	2018-02-07		WordPress Core - 'load-scripts php' Denial of Service(CVE-2018-6389)		2035 | 0
SSV-96851	2017-11-14		Wordpress SQLi—PoC		1287 | 0
SSV-96850	2017-11-14		Wordpress <= 4.8.2 SQL Injection POC		1086 | 0
SSV-96790	2017-11-01		Disclosure: WordPress WPDB SQL Injection - Technical		1276 | 1
SSV-96376	2017-08-28		Wordpress SQLi		1818 | 0

图 5.11　漏洞报告内容

从图 5.11 中可以看到 WordPress 漏洞组件的详细报告。通过分析漏洞报告，即可根据给出的漏洞信息寻找对应目标进行漏洞验证。

5.3 探测域名

域名（Domain Name）简称域名、网域，是由一串用点分隔的名字组成的 Internet 上某一台计算机或计算机组的名称，用于在数据传输时标识计算机的电子方位（有时也指地理位置）。如果通过 IP 地址访问广域网主机的话，不太容易记忆。所以，通常是通过域名方式来访问其主机的。本节将介绍探测域名的方法。

5.3.1 Ping 扫描

Ping 扫描就是通过向目标主机发送一个 ICMP Echo 请求包，通过响应信息用来判断目标主机是否在线。通过 Ping 扫描，可以探测域名对应的主机 IP 地址。下面将介绍具体的实现方法。

1．使用Ping命令

Ping 是 Windows、UNIX 和 Linux 系统下的一个命令。Ping 也属于一个通信协议，是 TCP/IP 协议的一部分。利用 Ping 命令可以检查网络是否连通，可以很好地帮助用户分析和判定网络故障。下面介绍使用 Ping 命令测试目标主机是否在线的方法。

【实例 5-4】使用 Ping 命令测试广域网中的主机 www.baidu.com 是否在线。执行命令如下：

```
root@daxueba:~# ping www.baidu.com
PING www.a.shifen.com (61.135.169.125) 56(84) bytes of data.
64 bytes from 61.135.169.125 (61.135.169.125): icmp_seq=1 ttl=55 time=21.3 ms
64 bytes from 61.135.169.125 (61.135.169.125): icmp_seq=2 ttl=55 time=21.4 ms
64 bytes from 61.135.169.125 (61.135.169.125): icmp_seq=3 ttl=55 time=21.4 ms
64 bytes from 61.135.169.125 (61.135.169.125): icmp_seq=4 ttl=55 time=21.7 ms
^C                                                  #使用 Ctrl+C 停止 Ping
--- www.a.shifen.com ping statistics ---
4 packets transmitted, 4 received, 0% packet loss, time 6ms
rtt min/avg/max/mdev = 21.339/21.440/21.664/0.195 ms
```

从输出的信息中可以看到，已经成功收到了目标主机的响应包。由此可以说明目标主机是活动的，而且还成功对其域名进行了解析。其中，域名 www.baidu.com 的 IP 地址为 61.135.169.125。如果目标主机不在线的话，将收不到响应信息或者返回响应目标主机不可达等信息。

提示： 当用户在 Linux 下执行 Ping 命令时，需要使用 Ctrl+C 组合键停止扫描，否则会一直 Ping 下去。在 Windows 下，默认发送 4 个 Ping 包后停止扫描。

2．使用Nmap工具

在 Nmap 中提供了一个-sP 选项，可以用来实施 Ping 扫描，列出目标主机是否存活，或者列出在这一个网段内都有哪些主机是存活状态。使用 Nmap 实施 Ping 扫描的语法格式如下：

```
nmap -sP [目标]
```

以上语法中的选项及含义如下：

- -sP：仅进行 Ping 扫描，用来发现主机，不进行端口扫描。
- 目标：指定扫描的目标主机。这里可以指定 IP 地址，也可以指定为域名。

【实例 5-5】使用 Nmap 对目标主机（www.baidu.com）实施 Ping 扫描。执行命令如下：

```
root@daxueba:~# nmap -sP www.baidu.com
Starting Nmap 7.70 ( https://nmap.org ) at 2019-01-05 13:47 CST
Nmap scan report for www.baidu.com (61.135.169.125)
Host is up (0.00051s latency).
Other addresses for www.baidu.com (not scanned): 61.135.169.121
Nmap done: 1 IP address (1 host up) scanned in 0.23 seconds
```

从输出的结果中可以看到目标主机（www.baidu.com）是活动的，而且还成功解析出了该域名的 IP 地址。其中，该域名对应的 IP 地址为 61.135.169.121。此外，也可以指定目标 IP 地址实施扫描。例如：

```
root@daxueba:~# nmap -sP 61.135.169.121
Starting Nmap 7.70 ( https://nmap.org ) at 2019-01-05 13:53 CST
Nmap scan report for 61.135.169.121
Host is up (0.00056s latency).
Nmap done: 1 IP address (1 host up) scanned in 0.35 seconds
```

从输出的信息中可以看到，目标主机是活动的（up）。

5.3.2　域名解析

域名解析是把域名指向网站空间 IP，让用户通过注册的域名可以方便地访问网站的一种服务。在因特网中，DNS 服务器就是用来进行域名解析的。DNS 是因特网的一项核心服务，它作为可以将域名和 IP 地址相互映射的一个分布式数据库，能够使人们更方便地访问互联网，而不用去记住能够被计算机直接读取的 IP 地址数串。所以，当我们只知道目标主机的域名时，如果想要知道其 IP 地址，则需要进行域名解析。下面介绍实施域名解析的方法。

域名解析包括正向解析和反向解析。这两种方式的区别如下：

- 正向解析：将域名解析为 IP 地址。
- 反向解析：将 IP 地址解析为域名。

这里主要介绍实施正向解析的方法。

1. 使用Nmap工具

在 Nmap 工具中提供了一个-sL 选项，可以用来实施域名解析。实施域名解析的语法格式如下：

```
nmap -sL [Target]
```

以上语法中的选项及含义如下：

- -sL：对指定的主机进行反向域名解析，以获取它们的名字。
- Target：指定解析的目标主机地址。其中，指定的目标可以是单个地址、地址范围、地址列表或域名等。

【实例 5-6】使用 Nmap 工具对域名 www.baidu.com 实施反向解析。执行命令如下：

```
root@daxueba:~# nmap -sL www.baidu.com
Starting Nmap 7.70 ( https://nmap.org ) at 2019-01-04 17:29 CST
Nmap scan report for www.baidu.com (61.135.169.125)
Other addresses for www.baidu.com (not scanned): 61.135.169.121
Nmap done: 1 IP address (0 hosts up) scanned in 0.02 seconds
```

从输出的信息中可以看到成功解析了域名 www.baidu.com。其中，解析出的 IP 地址为 61.135.169.125 和 61.135.169.121。

【实例 5-7】使用 Nmap 工具解析 192.168.1.0/24 网段的主机。执行命令如下：

```
root@daxueba:~# nmap -sL 192.168.1.0/24
Starting Nmap 7.70 ( https://nmap.org ) at 2019-01-05 13:58 CST
Nmap scan report for 192.168.1.0 (192.168.1.0)
Nmap scan report for 192.168.1.1 (192.168.1.1)
Nmap scan report for 192.168.1.2 (192.168.1.2)
Nmap scan report for kdkdahjd61y369j (192.168.1.3)                  #解析成功
Nmap scan report for 192.168.1.4 (192.168.1.4)
Nmap scan report for 192.168.1.5 (192.168.1.5)
Nmap scan report for 192.168.1.6 (192.168.1.6)
Nmap scan report for 192.168.1.7 (192.168.1.7)
Nmap scan report for 192.168.1.8 (192.168.1.8)
Nmap scan report for 192.168.1.9 (192.168.1.9)
Nmap scan report for android-dad8ecb5abc91ce7 (192.168.1.10)    #解析成功
Nmap scan report for 192.168.1.11 (192.168.1.11)
……省略部分内容
Nmap scan report for 192.168.1.247 (192.168.1.247)
Nmap scan report for 192.168.1.248 (192.168.1.248)
Nmap scan report for 192.168.1.249 (192.168.1.249)
Nmap scan report for 192.168.1.250 (192.168.1.250)
Nmap scan report for 192.168.1.251 (192.168.1.251)
Nmap scan report for 192.168.1.252 (192.168.1.252)
Nmap scan report for 192.168.1.253 (192.168.1.253)
Nmap scan report for 192.168.1.254 (192.168.1.254)
Nmap scan report for 192.168.1.255 (192.168.1.255)
Nmap done: 256 IP addresses (0 hosts up) scanned in 0.07 seconds
```

从以上输出信息中可以看到，通过 Nmap 工具对 192.168.1.0/24 网段内的所有主机都进行了扫描。其中，解析成功的主机有 192.168.1.3 和 192.168.1.10。由于输出的信息较多，所以中间部分内容省略了。

2．使用Nslookup工具

Nslookup 是由微软发布的用于对 DNS 服务器进行检测和排错的命令行工具。该工具可以指定查询的类型，可以查到 DNS 记录的生存时间，还可以指定使用哪个 DNS 服务器进行解释。使用 Nslookup 工具实施域名解析的语法格式如下：

```
nslookup [domain]
```

【实例 5-8】使用 Nslookup 工具对域名 www.baidu.com 进行解析。执行命令如下：

```
root@daxueba:~# nslookup www.baidu.com
Server:      192.168.1.1
Address:192.168.1.1#53
Non-authoritative answer:
Name:    www.baidu.com
Address: 61.135.169.125
Name:    www.baidu.com
Address: 61.135.169.121
www.baidu.com   canonical name = www.a.shifen.com.
```

从输出的信息中可以看到，成功解析了 www.baidu.com。其中，解析出的 IP 地址为 61.135.169.125 和 61.135.169.121。而且还可以看到域名 www.baidu.com 的别名为 www.a.shifen.com。

5.3.3　反向 DNS 查询

反向 DNS 查询就是将 IP 地址解析为域名。这样可以探测目标 IP 是否绑定了某个域名。下面介绍实施反向 DNS 查询的方法。

1．使用Nmap工具

在 Nmap 工具中提供了一个-R 选项，可以用来实施反向 DNS 查询。使用反向 DNS 查询的语法格式如下：

```
nmap -R [ip]
```

其中，-R 表示总是实施 DNS 解析。

【实例 5-9】对目标 192.168.1.4 实施反向 DNS 查询。执行命令如下：

```
root@daxueba:~# nmap -R 192.168.1.4
Starting Nmap 7.70 ( https://nmap.org ) at 2019-01-04 20:35 CST
Nmap scan report for daxueba (192.168.1.4)
Host is up (0.0000060s latency).
All 1000 scanned ports on daxueba (192.168.1.4) are closed
Nmap done: 1 IP address (1 host up) scanned in 0.12 seconds
```

从输出的信息中可以看到，目标主机 192.168.1.4 的域名为 daxueba。

2．使用Nslookup工具

Nslookup 工具不仅可以进行正向解析，也可以实施反向解析。实施反向 DNS 查询的语法格式如下：

```
nslookup [IP]
```

【实例 5-10】使用 Nslookup 工具对目标 192.168.1.4 实施反向 DNS 查询。执行命令如下：

```
root@daxueba:~# nslookup 192.168.1.4
4.1.168.192.in-addr.arpa    name = daxueba.
```

5.3.4 子域名枚举

子域名是在域名系统等级中，属于更高一层域的域。例如，www.baidu.com 和 image.baidu.com 是 baidu.com 的两个子域。一个域名通常会有多个子域名，用来标识整个主机。通过枚举子域名，即可获取到更多的主机信息。下面介绍使用 fierce 工具枚举子域名的方法。

fierce 是一款 IP、域名互查的 DNS 工具，可进行域传送漏洞检测、字典枚举子域名、反查 IP 段，以及反查指定域名上下一段 IP，属于一款半轻量级的多线程信息收集用具。该工具的语法格式如下：

```
fierce -dns target-domain
```

其中，-dns 选项表示指定查询的域名。

【实例 5-11】使用 fierce 工具枚举域名 baidu.com 的子域名。执行命令如下：

```
root@daxueba:~# fierce -dns baidu.com
DNS Servers for baidu.com:                              #获取 DNS 服务器
    dns.baidu.com
    ns7.baidu.com
    ns4.baidu.com
    ns3.baidu.com
    ns2.baidu.com
Trying zone transfer first...                           #检查 DNS 区域传输漏洞
    Testing dns.baidu.com
        Request timed out or transfer not allowed.
    Testing ns7.baidu.com
        Request timed out or transfer not allowed.
    Testing ns4.baidu.com
        Request timed out or transfer not allowed.
    Testing ns3.baidu.com
        Request timed out or transfer not allowed.
```

```
    Testing ns2.baidu.com
        Request timed out or transfer not allowed.
Unsuccessful in zone transfer (it was worth a shot)
Okay, trying the good old fashioned way... brute force
Checking for wildcard DNS...                                #检查泛域名解析
    ** Found 94264636794.baidu.com at 221.204.244.41.
    ** High probability of wildcard DNS.
Now performing 2280 test(s)...                              #枚举子域名
10.94.49.39 access.baidu.com
10.11.252.74accounts.baidu.com
182.61.62.50ad.baidu.com
10.26.109.19admin.baidu.com
10.42.4.225 ads.baidu.com
10.99.87.18 asm.baidu.com
10.42.122.102   at.baidu.com
10.91.161.102   athena.baidu.com
10.143.145.28   backup.baidu.com
172.18.100.200  bd.baidu.com
10.36.155.42bh.baidu.com
10.36.160.22bh.baidu.com
10.38.19.40 bh.baidu.com
10.42.4.177 bugs.baidu.com
10.23.250.58build.baidu.com
10.36.253.83cc.baidu.com
10.26.7.113 cc.baidu.com
119.75.222.178  cert.baidu.com
111.206.37.138  cf.baidu.com
220.181.57.72   cf.baidu.com
……省略部分内容
Subnets found (may want to probe here using nmap or unicornscan):
                                                            #找到的子网
    10.100.46.0-255 : 1 hostnames found.
    10.100.84.0-255 : 1 hostnames found.
    10.105.97.0-255 : 1 hostnames found.
    10.11.0.0-255 :  1 hostnames found.
    10.11.250.0-255 : 1 hostnames found.
    10.11.252.0-255 : 1 hostnames found.
    10.114.40.0-255 : 1 hostnames found.
    10.126.81.0-255 : 1 hostnames found.
    10.143.145.0-255 : 1 hostnames found.
……省略部分内容
    220.181.38.0-255 : 1 hostnames found.
    220.181.50.0-255 : 1 hostnames found.
    220.181.57.0-255 : 5 hostnames found.
    36.152.44.0-255 : 1 hostnames found.
```

```
    61.135.163.0-255 : 1 hostnames found.
    61.135.185.0-255 : 2 hostnames found.
Done with Fierce scan: http://ha.ckers.org/fierce/
Found 242 entries.
Have a nice day.
```

从输出的信息中可以看到，fierce 工具依次获取了指定域的 DNS 服务器，检查 DNS 区域传送漏洞，检查是否有泛域名解析，枚举子域名及查找子网中的主机。从倒数第 2 行可以看到总共找到了 242 个条目。执行以上命令后，输出的内容较多。由于篇幅原因，部分内容使用省略号（……）替代。在以上过程中，枚举到的子域名有 access.baidu.com、accounts.baidu.com、ad.baidu.com 和 admin.baidu.com 等。此外，也可以使用-wordlist 选项指定自己的字典文件来枚举子域名。执行命令如下：

```
root@daxueba:~# fierce -dns baidu.com -wordlist hosts.txt
```

第6章　目 标 识 别

通过前面介绍的方法对目标主机实施扫描，即可找出活动的主机。如果确定主机是活动的，就可以对该主机进行信息识别，如确认开放的服务和操作系统类型等。本章将讲解如何对目标主机进行信息识别。

6.1　标 志 信 息

标志信息是指一些主机或服务响应的欢迎信息或版本信息。例如，登录 FTP 服务后，可能返回的标志信息为 220（vsFTPd 3.0.3）或 220 Welcome to blah FTP service.。这些信息可以帮测试人员确认服务类型。本节将介绍获取标志信息的方法。

6.1.1　Netcat 标志信息

Netcat 是一个多功能网络化工具，使用该工具可以实现各种信息收集和扫描。下面将介绍使用 Netcat 工具获取标志信息的方法。使用 Netcat 工具获取标志信息的语法格式如下：

```
nc -v [hostname] [port]
```

其中，-v 表示显示详细信息。

【实例 6-1】使用 Netcat 工具获取目标主机 192.168.33.152 上的 21 号端口标志信息。执行命令如下：

```
root@daxueba:~# nc -v 192.168.33.152 21
192.168.33.152 [192.168.33.152] 21 (ftp) open
220 Welcome to blah FTP service.
```

从输出的信息中可以看到，通过 Netcat 工具识别出了主机 192.168.33.152 上的 FTP 服务，其标志信息为 Welcome to blah FTP service.。由于 Netcat 工具维持一个开放的连接，因而运行 nc 命令后不会自动停止，需要使用 Ctrl+C 快捷键强制停止运行。

6.1.2 Python 标志信息

在使用 Python 解释器交互时，可以直接调用 Python 模块，也可以导入任何希望使用的特定模块。下面介绍通过导入套接字模块，来获取标志信息的方法。

【实例 6-2】使用 Python 套接字获取主机 192.168.33.152 上 21 端口的标志信息，具体实现方法如下：

（1）启动 Python 解释器，执行命令如下：

```
Python 2.7.15+ (default, Aug 31 2018, 11:56:52)
[GCC 8.2.0] on linux2
Type "help", "copyright", "credits" or "license" for more information.
>>>
```

如果看到“>>>”提示符，则表示成功进入了 Python 解释器的交互模式。

（2）导入套接字，执行命令如下：

```
>>> import socket
```

执行以上命令后，将不会输出任何信息。

（3）配置新建的套接字，执行命令如下：

```
>>> bangrab = socket.socket(socket.AF_INET,socket.SOCK_STREAM)
```

执行以上命令后，将不会输出任何信息。

（4）初始化连接，执行命令如下：

```
>>> bangrab.connect(("192.168.33.152",21))
```

执行以上命令后，将不会输出任何信息。如果尝试连接一个没有开放端口的连接时，Python 解释器将返回一个错误信息：

```
Traceback (most recent call last):
  File "<stdin>", line 1, in <module>
  File "/usr/lib/python2.7/socket.py", line 224, in meth
    return getattr(self._sock,name)(*args)
socket.error: [Errno 111] Connection refused
```

从输出的错误信息中可以看到，目标端口拒绝了该连接。由此可以说明目标端口没有运行，也就意味着将无法获取对应的标志信息。

（5）获取标志信息。执行命令如下：

```
>>> bangrab.recv(4096)
'220 Welcome to blah FTP service.\r\n'
```

从输出的信息中可以看到，已经成功获取到了目标主机上 21 端口号的标志信息。而获取到的标志信息为 220 Welcome to blah FTP service.。

（6）关闭与远程服务的连接，并退出 Python 程序。执行命令如下：

```
>>> bangrab.close()                                            #关闭与远程服务的连接
>>> exit()                                                     #退出 Python 程序
```

执行以上命令后，则成功退出了 Python 程序。

6.1.3 Dmitry 标志信息

Dmitry 是一个一体化的信息收集工具，使用该工具对目标主机实施扫描，也可以获取到一些标志信息。下面将介绍使用 Dmitry 工具获取标志信息的方法。

使用 Dmitry 工具获取标志信息的语法格式如下：

```
dmitry -pb [host]
```

以上语法中的选项及含义如下。

- -p：实施一个 TCP 端口扫描。
- -b：获取扫描端口返回的标志信息。

【实例 6-3】使用 Dmitry 工具获取目标主机 192.168.33.152 上运行服务的标志信息。执行命令如下：

```
root@daxueba:~# dmitry -pb 192.168.33.152
Deepmagic Information Gathering Tool
"There be some deep magic going on"
HostIP:192.168.33.152                                  #主机 IP 地址
HostName:192.168.33.152                                #主机名
Gathered TCP Port information for 192.168.33.152      #收集的 TCP 端口信息
---------------------------------
 Port         State                                    #端口及状态
21/tcp        open
>> 220 Welcome to blah FTP service.                    #标志信息
22/tcp        open
>> SSH-2.0-OpenSSH_7.8p1 Debian-1                      #标志信息
80/tcp        open
Portscan Finished: Scanned 150 ports, 146 ports were in state closed
All scans completed, exiting
```

从以上输出信息中可以看到，目标主机上开放的端口有 3 个，分别是 21、22 和 80。其中，获取到了 TCP 的 21 和 22 号端口对应的标志信息。

6.1.4 Nmap NSE 标志信息

在 Nmap 工具中有一个集成的 Nmap Scripting Engine（NSE）脚本，该脚本可以通过远程端口来读取正在运行的网络服务标志信息。Nmap NSE 脚本可以使用 Nmap 中的 --script 选项调用，并且使用-sT 选项指定的 TCP 全连接。当 TCP 全连接建立时，即可收集到服务的标志信息。下面介绍使用 Nmap NSE 获取标志信息的方法。

使用 Nmap NSE 获取标志信息的语法格式如下：

```
nmap -sT [host] -p [port] --script=banner
```

以上语法中的选项及含义如下。

- -sT：实施 TCP 全连接扫描。
- -p：指定扫描的端口号，这里可以指定单个端口、多个端口或端口范围。如果指定多个不连续端口时，则之间使用逗号（,）分隔；如果指定端口范围时，则之间使用连接符进行连接；如果指定扫描所有端口的话，则使用-p-。
- --script=banner：使用 banner 脚本实施扫描。

【实例 6-4】扫描目标主机上所有端口的标志信息。执行命令如下：

```
root@daxueba:~# nmap -sT 192.168.33.152 -p- --script=banner
Starting Nmap 7.70 ( https://nmap.org ) at 2019-01-05 16:54 CST
Nmap scan report for 192.168.33.152 (192.168.33.152)
Host is up (0.00022s latency).
Not shown: 65532 closed ports
PORT   STATE SERVICE                                         #端口信息
21/tcp    open  ftp
|_banner: 220 Welcome to blah FTP service.                   #标志信息
22/tcp    open  ssh
|_banner: SSH-2.0-OpenSSH_7.8p1 Debian-1                     #标志信息
80/tcp    open  http
MAC Address: 00:0C:29:FD:58:4B (VMware)
Nmap done: 1 IP address (1 host up) scanned in 17.72 seconds
```

从以上输出信息中可以看到获取到的标志信息。

6.1.5 Amap 标志信息

Amap 是一个应用程序映射工具，可以用来通过远程端口来读取正在运行的网络服务标志。下面将介绍使用 Amap 工具以获取标志信息的方法。

使用 Amap 获取标志信息的语法格式如下：

```
amap -B [host] [port]
```

其中，-B 表示获取标志信息。

【实例 6-5】使用 Amap 工具获取目标主机 192.168.33.152 上 22 号端口的标志信息。执行命令如下：

```
root@daxueba:~# amap -B 192.168.33.152 22
amap v5.4 (www.thc.org/thc-amap) started at 2019-01-05 17:00:44 - BANNER
mode
Banner on 192.168.33.152:22/tcp : SSH-2.0-OpenSSH_7.8p1 Debian-1\r\n
amap v5.4 finished at 2019-01-05 17:00:44
```

从以上输出信息中可以看到，通过 Amap 工具成功获取到了目标主机上 22 号端口对应的标志信息。其中，该标志信息为“SSH-2.0-OpenSSH_7.8p1 Debian-1”。

6.2 服务识别

这里的服务是指系统中用来提供服务的一些程序，如文件传输服务（FTP）、远程登录服务（SSH）等，在这些服务中包括一些指纹信息，如端口、服务名、提供商及版本等。本节将介绍对服务信息进行识别的方法。

6.2.1 Nmap 服务识别

在 Nmap 工具中提供了一些选项，可以用来进行服务识别。下面将分别介绍使用这些选项对服务进行识别的方法。

1．服务版本识别

每个服务都有对应的版本。通常情况下，在一些旧版本中可能存在漏洞，如果存在漏洞的话，入侵者可以对该主机实施渗透，进而获取重要信息。因此，为了提高系统的安全性，应及时修复漏洞，避免黑客入侵。使用 Nmap 识别服务版本的语法格式如下：

```
nmap -sV [host]
```

其中，-sV 表示实施服务版本探测。

【实例 6-6】识别目标主机 192.168.33.152 上的所有开放服务版本。执行命令如下：

```
root@daxueba:~# nmap -sV 192.168.33.152
Starting Nmap 7.70 ( https://nmap.org ) at 2019-01-05 15:11 CST
Nmap scan report for 192.168.33.152 (192.168.33.152)
Host is up (0.00016s latency).
Not shown: 997 closed ports
PORT   STATE SERVICE VERSION
```

```
21/tcp   open    ftp      vsftpd 3.0.3
22/tcp   open    ssh     OpenSSH 7.8p1 Debian 1 (protocol 2.0)
80/tcp   open    http     Apache httpd 2.4.34 ((Debian))
MAC Address: 00:0C:29:FD:58:4B (VMware)
Service Info: OSs: Unix, Linux; CPE: cpe:/o:linux:linux_kernel
Service detection performed. Please report any incorrect results at
https://nmap.org/submit/ .
Nmap done: 1 IP address (1 host up) scanned in 6.68 seconds
```

从以上输出信息中可以看到识别出的服务相关信息。在输出的信息中包括 4 列，分别是 PORT（端口）、STATE（状态）、SERVICE（服务）和 VERSION（版本）。通过分析每列信息，可以获取到对应服务的相关信息。例如，TCP 端口 21 对应的服务为 FTP，版本为 vsftpd 3.0.3。从倒数第 2 行中还可以看到目标主机的服务操作信息为 UNIX 或 Linux。

2．扫描所有端口

在 Nmap 中提供了一个选项，可以用来扫描所有端口。用于扫描所有端口的语法格式如下：

```
nmap --allports [host]
```

其中，--allports 表示扫描所有端口。默认情况下，Nmap 仅扫描 1000 个端口，而且会跳过 TCP 端口 9100。

【实例 6-7】扫描目标主机 192.168.33.147 上开放的所有端口。执行命令如下：

```
root@daxueba:~# nmap --allports 192.168.33.147
Starting Nmap 7.70 ( https://nmap.org ) at 2019-01-05 17:23 CST
Nmap scan report for 192.168.33.147 (192.168.33.147)
Host is up (0.0024s latency).
Not shown: 977 closed ports                                    #关闭端口
PORT     STATE SERVICE                                         #开放端口信息
21/tcp     open   ftp
22/tcp     open   ssh
23/tcp     open   telnet
25/tcp     open   smtp
53/tcp     open   domain
80/tcp     open   http
111/tcp    open   rpcbind
139/tcp    open   netbios-ssn
445/tcp    open   microsoft-ds
512/tcp    open   exec
513/tcp    open   login
514/tcp    open   shell
1099/tcp   open   rmiregistry
```

```
1524/tcp   open   ingreslock
2049/tcp   open   nfs
2121/tcp   open   ccproxy-ftp
3306/tcp   open   mysql
5432/tcp   open   postgresql
5900/tcp   open   vnc
6000/tcp   open   X11
6667/tcp   open   irc
8009/tcp   open   ajp13
8180/tcp   open   unknown
MAC Address: 00:0C:29:3E:84:91 (VMware)
Nmap done: 1 IP address (1 host up) scanned in 0.29 seconds
```

从以上输出信息中可以看到目标主机上开放的所有端口，而且还可以看到共有 977 个端口是关闭的。例如，目标主机中开放的端口有 21、22、23、25 和 53 等。

3. 指定服务版本扫描强度

当使用-sV 选项实施版本扫描时，Nmap 会发送一系列探测报文，每个报文都被赋予一个 1～9 之间的值。被赋予较低值的探测报文对大范围的常见服务有效，而被赋予较高值的报文一般没什么用。强度水平说明了应该使用哪些探测报文，数值越高，服务越有可能被正确识别。但是，高强度扫描更耗费时间，强度值必须在 0～9 之间，默认是 7。用于指定服务版本扫描强度的语法格式如下：

```
nmap --version-intensity <level>
```

其中，--version-intensity <level>表示设置服务版本的扫描强度。其扫描强度的级别范围为 0~9，0 表示轻量级，9 表示尝试每个探测。

【实例 6-8】指定服务版本扫描强度为 9，将对目标主机实施服务识别。执行命令如下：

```
root@daxueba:~# nmap --version-intensity 9 192.168.33.152
Starting Nmap 7.70 ( https://nmap.org ) at 2019-01-05 15:14 CST
Nmap scan report for 192.168.33.152 (192.168.33.152)
Host is up (0.000096s latency).
Not shown: 997 closed ports
PORT   STATE SERVICE
21/tcp   open  ftp
22/tcp   open  ssh
80/tcp   open  http
MAC Address: 00:0C:29:FD:58:4B (VMware)
Nmap done: 1 IP address (1 host up) scanned in 0.23 seconds
```

从输出信息中可以看到，识别出的目标主机上运行的服务，分别有 FTP、SSH 和 HTTP。

4. 轻量级扫描

我们还可以使用--version-light 选项实施轻量级模式扫描。使用这种模式扫描的速度非常快，但是它识别服务的可能性也略微小一点。实施轻量级扫描的语法格式如下：

```
nmap --version-light [host]
```

其中，--version-light 表示实施轻量级扫描，该选项相当于--version-intensity 2 的别名。

【实例 6-9】对目标主机实施轻量级扫描。执行命令如下：

```
root@daxueba:~# nmap --version-light 192.168.33.152
Starting Nmap 7.70 ( https://nmap.org ) at 2019-01-05 15:19 CST
Nmap scan report for 192.168.33.152 (192.168.33.152)
Host is up (0.000085s latency).
Not shown: 997 closed ports
PORT   STATE SERVICE
21/tcp open  ftp
22/tcp open  ssh
80/tcp open  http
MAC Address: 00:0C:29:FD:58:4B (VMware)
Nmap done: 1 IP address (1 host up) scanned in 0.22 seconds
```

5. 探测所有端口

使用--version-all 选项可以对每个端口尝试发送探测报文。其中，使用该选项探测所有端口的语法格式如下：

```
nmap --version-all [host]
```

其中，--version-all 选项表示保证对每个端口尝试发送探测报文，该选项相当于--version-intensity 9 的别名。

6. 跟踪版本扫描

在 Nmap 工具中提供了一个--version-trace 选项，可以用来跟踪版本扫描，以获取更详细的信息。用于跟踪版本扫描的语法格式如下：

```
nmap --version-trace [host]
```

其中，--version-trace 选项表示实施跟踪版本扫描。

【实例 6-10】对目标主机的服务实施跟踪版本扫描。执行命令如下：

```
root@daxueba:~# nmap --version-trace 192.168.33.152
Starting Nmap 7.70 ( https://nmap.org ) at 2019-01-05 18:03 CST
```

```
PORTS: Using top 1000 ports found open (TCP:1000, UDP:0, SCTP:0)
--------------- Timing report ---------------                #时间报告
  hostgroups: min 1, max 100000
  rtt-timeouts: init 1000, min 100, max 10000
  max-scan-delay: TCP 1000, UDP 1000, SCTP 1000
  parallelism: min 0, max 0
  max-retries: 10, host-timeout: 0
  min-rate: 0, max-rate: 0
---------------------------------------------
Packet capture filter (device eth0): arp and arp[18:4] = 0x000C2917 and
arp[22:2] = 0x5F2B
Overall sending rates: 30.57 packets / s, 1283.89 bytes / s.
mass_rdns: Using DNS server 192.168.33.2                      #DNS 服务器
mass_rdns: 0.00s 0/1 [#: 1, OK: 0, NX: 0, DR: 0, SF: 0, TR: 1]
DNS resolution of 1 IPs took 0.00s. Mode: Async [#: 1, OK: 1, NX: 0, DR:
0, SF: 0, TR: 1, CN: 0]
Packet capture filter (device eth0): dst host 192.168.33.154 and (icmp or
icmp6 or ((tcp or udp or sctp) and (src host 192.168.33.152)))
                                                              #包捕获过滤器
Overall sending rates: 12429.46 packets / s, 546896.36 bytes / s.
                                                              #综合发送速率
Nmap scan report for 192.168.33.152 (192.168.33.152)         #Nmap 扫描报告
Host is up (0.000088s latency).
Scanned at 2019-01-05 18:03:28 CST for 0s
Not shown: 997 closed ports
PORT   STATE SERVICE
21/tcp   open    ftp
22/tcp   open    ssh
80/tcp   open    http
MAC Address: 00:0C:29:FD:58:4B (VMware)
Final times for host: srtt: 88 rttvar: 11  to: 100000
Read from /usr/bin/../share/nmap: nmap-mac-prefixes nmap-payloads nmap-
services.
Nmap done: 1 IP address (1 host up) scanned in 0.22 seconds
```

从以上输出信息中可以看到获取到的详细信息。例如，时间报告、使用的 DNS 服务器、数据包过滤器和发送速率等。

7. 实施RPC扫描

RPC 扫描通常和 Nmap 的许多端口扫描方法结合使用。这种扫描方式通过向所有处于打开状态的 TCP/UDP 端口，发送 SunRPC 程序 NULL 命令，以确定它们是否是 RPC 端口。如果是，就判断是哪种程序及其版本。因此，我们也可以使用 RCP 扫描方式来识别服务的版本信息。RPC 扫描的语法格式如下：

```
nmap -sR [host]
```

其中，-sR 选项表示实施 RPC 扫描。

【实例 6-11】对目标主机 192.168.33.152 实施 RPC 扫描。执行命令如下：

```
root@daxueba:~# nmap -sR 192.168.33.152
WARNING: -sR is now an alias for -sV and activates version detection as well
as RPC scan.
Starting Nmap 7.70 ( https://nmap.org ) at 2019-01-05 15:20 CST
Nmap scan report for 192.168.33.152 (192.168.33.152)
Host is up (0.000094s latency).
Not shown: 997 closed ports
PORT   STATE SERVICE VERSION
21/tcp    open  ftp      vsftpd 3.0.3
22/tcp    open  ssh      OpenSSH 7.8p1 Debian 1 (protocol 2.0)
80/tcp    open  http     Apache httpd 2.4.34 ((Debian))
MAC Address: 00:0C:29:FD:58:4B (VMware)
Service Info: OSs: Unix, Linux; CPE: cpe:/o:linux:linux_kernel
Service detection performed. Please report any incorrect results at
https://nmap.org/submit/ .
Nmap done: 1 IP address (1 host up) scanned in 6.69 seconds
```

从以上输出信息中可以看到目标主机上开放的服务指纹信息。

6.2.2 Amap 服务识别

Amap 工具被设计的目的就是用来识别网络服务的。用于识别服务的语法格式如下：

```
amap [host] [port]
```

【实例 6-12】使用 Amap 工具对目标主机 192.168.33.152 上的 22 号端口服务实施扫描。执行命令如下：

```
root@daxueba:~# amap 192.168.33.152 22
amap v5.4 (www.thc.org/thc-amap) started at 2019-01-05 18:14:06 - APPLICATION
MAPPING mode
Protocol on 192.168.33.152:22/tcp matches ssh
Protocol on 192.168.33.152:22/tcp matches ssh-openssh
Unidentified ports: none.
amap v5.4 finished at 2019-01-05 18:14:12
```

从输出的信息中可以看到，22 号端口匹配的服务为 SSH。

6.3 系统识别

我们不仅可以通过相应工具识别目标主机上的服务指纹信息，还可以进行系统指纹信息识别。常见的系统指纹信息有操作系统类型、系统版本和内核版本等。本节将介绍系统识别的方法。

6.3.1 Nmap 系统识别

在 Nmap 工具中，提供了一些选项可以用来实施系统识别。下面将介绍具体的实现方法。

1. 识别操作系统

在 Nmap 工具中提供了一个-O 选项，可以用来识别操作系统。用于识别操作系统的语法格式如下：

```
nmap -O [host]
```

其中，-O 选项用于识别操作系统类型。注意，这里的选项-O 是大写字母 O，不是 0。

【实例 6-13】识别目标主机 192.168.33.152 的操作系统类型。执行命令如下：

```
root@daxueba:~# nmap -O 192.168.33.152
Starting Nmap 7.70 ( https://nmap.org ) at 2019-01-05 15:22 CST
Nmap scan report for 192.168.33.152 (192.168.33.152)
Host is up (0.00036s latency).
Not shown: 997 closed ports
PORT   STATE SERVICE
21/tcp    open  ftp
22/tcp    open  ssh
80/tcp    open  http
MAC Address: 00:0C:29:FD:58:4B (VMware)              #MAC 地址
Device type: general purpose                         #设备类型
Running: Linux 3.X|4.X                               #运行的系统
OS CPE: cpe:/o:linux:linux_kernel:3 cpe:/o:linux:linux_kernel:4
                                                     #操作系统中央处理单元
OS details: Linux 3.2 - 4.9                          #操作系统详细信息
Network Distance: 1 hop                  #网络距离，即从源到目标经过的网络节点
OS detection performed. Please report any incorrect results at https://nmap.
org/submit/ .
Nmap done: 1 IP address (1 host up) scanned in 1.86 seconds
```

从以上输出信息中可以看到，目标主机的操作系统类型为 Linux，内核版本为 3.2。如果 Nmap 不能够判断出目标操作系统的话，将会提供指纹信息给 Nmap 的系统数据库。例

如，识别目标主机 10.10.1.11 的操作系统。执行命令如下：

```
root@daxueba:~# nmap -O 10.10.1.11
Starting Nmap 7.70 ( https://nmap.org ) at 2019-01-06 15:29 CST
……
No exact OS matches for host (If you know what OS is running on it, see
http://nmap.org/submit/ ).
TCP/IP fingerprint:
OS:SCAN(V=5.00%D=12/16%OT=3001%CT=1%CU=32781%PV=Y%DS=1%G=Y%M=00204A%TM=4B29
OS:4048%P=i686-pc-windows-windows)SEQ(CI=I%II=I%TS=U)OPS(O1=M400%O2=%O3=%O4
OS:=%O5=%O6=)OPS(O1=M400%O2=M400%O3=%O4=%O5=%O6=)OPS(O1=%O2=M400%O3=M400%O4
OS:=%O5=%O6=)OPS(O1=%O2=%O3=M400%O4=%O5=%O6=)OPS(O1=M400%O2=%O3=M400%O4=%O5
OS:=%O6=)WIN(W1=7FF%W2=0%W3=0%W4=0%W5=0%W6=0)WIN(W1=7FF%W2=7FF%W3=0%W4=0%W5
OS:=0%W6=0)WIN(W1=0%W2=7FF%W3=7FF%W4=0%W5=0%W6=0)WIN(W1=0%W2=0%W3=7FF%W4=0%
OS:W5=0%W6=0)WIN(W1=7FF%W2=0%W3=7FF%W4=0%W5=0%W6=0)ECN(R=Y%DF=Y%T=40%W=0%O=
OS:%CC=N%Q=)T1(R=Y%DF=Y%T=40%S=O%A=S+%F=AS%RD=0%Q=)T1(R=Y%DF=Y%T=40%S=O%A=O
OS:%F=AS%RD=0%Q=)T1(R=Y%DF=Y%T=40%S=Z%A=S+%F=AR%RD=0%Q=)T2(R=Y%DF=Y%T=40%W=
OS:0%S=Z%A=S+%F=AR%O=%RD=0%Q=)T3(R=Y%DF=Y%T=40%W=0%S=Z%A=S+%F=AR%O=%RD=0%Q=
OS:)T4(R=Y%DF=Y%T=40%W=0%S=A%A=Z%F=R%O=%RD=0%Q=)T5(R=Y%DF=Y%T=40%W=0%S=Z%A=
OS:S+%F=AR%O=%RD=0%Q=)T6(R=Y%DF=Y%T=40%W=0%S=A%A=Z%F=R%O=%RD=0%Q=)T7(R=Y%DF
OS:=Y%T=40%W=0%S=Z%A=S+%F=AR%O=%RD=0%Q=)U1(R=Y%DF=Y%T=40%IPL=38%UN=0%RIPL=G
OS:%RID=G%RIPCK=G%RUCK=G%RUD=G)IE(R=Y%DFI=S%T=40%CD=S)
```

以上输出信息就是 Nmap 向数据库提交的指纹信息，这些指纹信息是自动生成的，并且标识了目标系统的操作系统。

2. 指定识别的操作系统

当扫描多个主机时，可以使用--osscan-limit 选项来指定识别特定主机的操作系统类型。这样，使用该选项进行操作系统识别可以节约大量的时间。指定识别主机的操作系统类型语法格式如下：

```
nmap -O --osscan-limit [host]
```

其中，--osscan-limit 选项表示针对指定的目标进行操作系统检测。如果发现一个打开和关闭的 TCP 端口时，操作系统检测会更有效。使用该选项，Nmap 只对满足这个条件的主机进行操作系统检测。这样可以节约时间，特别是在使用-P0 扫描多个主机时。该选项仅在使用-O 或-A 进行操作系统检测时起作用。

【实例 6-14】使用 Nmap 针对指定的目标进行操作系统检测。执行命令如下：

```
root@daxueba:~# nmap -P0 192.168.1.0/24 -O --osscan-limit
Starting Nmap 7.70 ( https://nmap.org ) at 2019-01-06 16:02 CST
Nmap scan report for 192.168.1.1 (192.168.1.1)
Host is up (0.00073s latency).
Not shown: 994 closed ports
PORT     STATE SERVICE
21/tcp   open  ftp
```

```
80/tcp    open  http
445/tcp   open  microsoft-ds
5678/tcp  open  rrac
8080/tcp  open  http-proxy
52869/tcp open  unknown
MAC Address: 70:85:40:53:E0:35 (Unknown)
Device type: general purpose
Running: Linux 3.X|4.X
OS CPE: cpe:/o:linux:linux_kernel:3 cpe:/o:linux:linux_kernel:4
OS details: Linux 3.2 - 4.9                                      #操作系统详细信息
Network Distance: 1 hop
Nmap scan report for kdkdahjd61y369j (192.168.1.3)
Host is up (0.000085s latency).
All 1000 scanned ports on kdkdahjd61y369j (192.168.1.3) are filtered
MAC Address: 1C:6F:65:C8:4C:89 (Giga-byte Technology)
Nmap scan report for test-pc (192.168.1.5)
Host is up (0.00047s latency).
Not shown: 982 closed ports
PORT      STATE SERVICE
21/tcp    open  ftp
22/tcp    open  ssh
80/tcp    open  http
135/tcp   open  msrpc
139/tcp   open  netbios-ssn
443/tcp   open  https
445/tcp   open  microsoft-ds
902/tcp   open  iss-realsecure
912/tcp   open  apex-mesh
1433/tcp  open  ms-sql-s
2383/tcp  open  ms-olap4
5357/tcp  open  wsdapi
49152/tcp open  unknown
49153/tcp open  unknown
49154/tcp open  unknown
49155/tcp open  unknown
49157/tcp open  unknown
49158/tcp open  unknown
MAC Address: 00:0C:29:21:8C:96 (VMware)
Device type: general purpose
Running: Microsoft Windows 7|2008|8.1
OS CPE: cpe:/o:microsoft:windows_7::- cpe:/o:microsoft:windows_7::sp1
cpe:/o:microsoft:windows_server_2008::sp1 cpe:/o:microsoft:windows_server_
2008:r2 cpe:/o:microsoft:windows_8 cpe:/o:microsoft:windows_8.1
OS details: Microsoft Windows 7 SP0 - SP1, Windows Server 2008 SP1, Windows
Server 2008 R2, Windows 8, or Windows 8.1 Update 1      #操作系统详细信息
```

```
Network Distance: 1 hop
Nmap scan report for 192.168.1.6 (192.168.1.6)
Host is up (0.00057s latency).
Not shown: 977 closed ports
PORT     STATE SERVICE
21/tcp   open  ftp
22/tcp   open  ssh
23/tcp   open  telnet
25/tcp   open  smtp
53/tcp   open  domain
80/tcp   open  http
111/tcp  open  rpcbind
139/tcp  open  netbios-ssn
445/tcp  open  microsoft-ds
512/tcp  open  exec
513/tcp  open  login
514/tcp  open  shell
1099/tcp open  rmiregistry
1524/tcp open  ingreslock
2049/tcp open  nfs
2121/tcp open  ccproxy-ftp
3306/tcp open  mysql
5432/tcp open  postgresql
5900/tcp open  vnc
6000/tcp open  X11
6667/tcp open  irc
8009/tcp open  ajp13
8180/tcp open  unknown
MAC Address: 00:0C:29:3E:84:91 (VMware)
Device type: general purpose
Running: Linux 2.6.X
OS CPE: cpe:/o:linux:linux_kernel:2.6
OS details: Linux 2.6.9 - 2.6.33                        #操作系统详细信息
Network Distance: 1 hop
Nmap scan report for kali (192.168.1.9)
Host is up (0.00093s latency).
All 1000 scanned ports on kali (192.168.1.9) are closed
MAC Address: 00:0C:29:6C:C4:92 (VMware)
Nmap scan report for daxueba (192.168.1.4)
Host is up (0.000010s latency).
All 1000 scanned ports on daxueba (192.168.1.4) are closed
OS detection performed. Please report any incorrect results at
https://nmap.org/submit/ .
Nmap done: 256 IP addresses (6 hosts up) scanned in 7.64 seconds
```

从以上输出信息可以看到，如果探测到目标主机上存在开放的端口，则推测出了其操作系统类型；如果目标主机上不存在开放的端口，则无法推测其操作系统类型。

3．推测操作系统

当 Nmap 无法确定所探测的操作系统时，会尽可能地提供最相近的匹配。为了对目标系统推测得更准确，可以使用--osscan-guess 或--fuzzy 选项来实现。语法格式如下：

```
nmap -O --osscan-guess;--fuzzy [host]
```

其中，--osscan-guess;--fuzzy 选项用于推测操作系统检测结果，将以百分比的方式给出对操作系统信息的猜测。当 Nmap 无法确定所检测的操作系统时，会尽可能地提供最相近的匹配。Nmap 默认进行这种匹配，使用任意一个选项将使得 Nmap 的推测更加有效。

【实例 6-15】推测目标主机 www.163.com 的操作系统类型。执行命令如下：

```
root@daxueba:~# nmap -O --osscan-guess www.163.com
Starting Nmap 7.70 ( https://nmap.org ) at 2019-01-06 16:08 CST
Nmap scan report for www.163.com (124.163.204.105)
Host is up (0.015s latency).
Other addresses for www.163.com (not scanned): 2408:8726:5100::4f
rDNS record for 124.163.204.105: 105.204.163.124.in-addr.arpa
Not shown: 955 closed ports
PORT     STATE  SERVICE
80/tcp    open     http
81/tcp    open     hosts2-ns
82/tcp    open     xfer
84/tcp    open     ctf
88/tcp    open     kerberos-sec
135/tcp   filtered msrpc
139/tcp   filtered netbios-ssn
443/tcp   open     https
445/tcp   filtered microsoft-ds
……省略部分内容
Device type: general purpose|firewall|media device|phone|broadband router|
security-misc
Running (JUST GUESSING): Linux 3.X|2.6.X|4.X (92%), IPCop 2.X (91%), Tiandy
embedded (91%), Google Android 5.X (90%), D-Link embedded (90%), Draytek
embedded (89%)
OS CPE: cpe:/o:linux:linux_kernel:3.2 cpe:/o:linux:linux_kernel:2.6.32
cpe:/o:ipcop:ipcop:2.0 cpe:/o:linux:linux_kernel:4.9 cpe:/o:google:
android:5.0.1 cpe:/h:dlink:dsl-2890al cpe:/o:linux:linux_kernel:2.6.25.20
cpe:/h:draytek:vigor_2960
Aggressive OS guesses: Linux 3.2 (92%), IPCop 2.0 (Linux 2.6.32) (91%), Linux
2.6.32 (91%), Linux 4.9 (91%), Tiandy NVR (91%), Android 5.0.1 (90%), Linux
3.18 (90%), D-Link DSL-2890AL ADSL router (90%), OpenWrt Kamikaze 8.09 (Linux
```

```
2.6.25.20) (90%), Linux 2.6.18 - 2.6.22 (89%)
No exact OS matches for host (test conditions non-ideal).
Network Distance: 9 hops
OS detection performed. Please report any incorrect results at https://nmap.
org/submit/ .
Nmap done: 1 IP address (1 host up) scanned in 5.65 seconds
```

以上输出信息显示了目标主机可能使用的操作系统列表。这里列举可能的系统类型，并以百分比形式显示每种类型的概率。从输出结果显示的比例中可以看到，目标主机的操作系统类型可能是 Linux 3.2。

6.3.2 Ping 系统识别

Ping 是 Windows、UNIX 和 Linux 系统下的一个命令，使用该命令可以检查网络是否连通。如果目标主机正确响应的话，在响应包中将包括有对应的 TTL 值。TTL 是 Time To Live（生成时间）的缩写，该字段指定 IP 包被路由器丢弃之前允许通过的最大网段数量。其中，不同操作系统类型响应的 TTL 值不同。所以我们可以使用 Ping 命令进行系统识别。下面介绍使用 Ping 命令实施系统识别的方法。

为了能够快速地确定一个目标系统的类型，下面给出了一个操作系统初始 TTL 值列表，如表 6.1 所示。

表 6.1 各个操作系统的初始TTL值

操作系统	TTL值
UNIX及类UNIX操作系统	255
Compaq Tru64 5.0	64
Windows XP-32bit	128
Linux Kernel 2.2.x & 2.4.x	64
FreeBSD 4.1, 4.0, 3.4、Sun Solaris 2.5.1、2.6, 2.7, 2.8、OpenBSD 2.6, 2.7/ NetBSD、HP UX 10.20	255
Windows 95/98/98SE、Windows ME	32
Windows NT4 WRKS、Windows NT4 Server、Windows 2000、Windows XP/7/8/10	128

【实例 6-16】使用 Ping 测试目标主机（192.168.33.152）的操作系统类型（该目标主机的操作系统类型为 Linux）。执行命令如下：

```
root@daxueba:~# ping 192.168.33.152
PING 192.168.33.152 (192.168.33.152) 56(84) bytes of data.
64 bytes from 192.168.33.152: icmp_seq=1 ttl=64 time=0.242 ms
64 bytes from 192.168.33.152: icmp_seq=2 ttl=64 time=0.431 ms
64 bytes from 192.168.33.152: icmp_seq=3 ttl=64 time=0.431 ms
64 bytes from 192.168.33.152: icmp_seq=4 ttl=64 time=0.440 ms
```

从输出的信息可以看到，响应包中的 TTL 值为 64。根据前面列出的表格 6.1，可以看到这是 Linux 操作系统。

【实例 6-17】使用 Ping 测试目标主机（192.168.33.229）的操作系统类型（该目标主机的操作系统类型为 Windows 7）。执行命令如下：

```
root@daxueba:~# ping 192.168.33.229
PING 192.168.33.229 (192.168.33.229) 56(84) bytes of data.
64 bytes from 192.168.33.229: icmp_seq=1 ttl=128 time=1.57 ms
64 bytes from 192.168.33.229: icmp_seq=2 ttl=128 time=1.01 ms
64 bytes from 192.168.33.229: icmp_seq=3 ttl=128 time=0.276 ms
64 bytes from 192.168.33.229: icmp_seq=4 ttl=128 time=1.52 ms
```

从输出的信息可以看到，该响应包中的 TTL 值为 128。由此可以说明，这是一个 Windows 操作系统。

6.3.3　xProbe2 系统识别

xProbe2 是一款远程主机操作系统探查工具，该工具通过 ICMP 协议来获得指纹。xProbe2 通过模糊矩阵统计分析主动探测数据报文对应的 ICMP 数据报特征，进而探测得到远端操作系统的类型。下面介绍使用 xProbe2 工具实施操作系统指纹识别的方法。使用 xProbe2 工具实施系统识别的语法格式如下：

```
xProbe2 [host]
```

【实例 6-18】使用 xProbe2 工具对目标主机 www.163.com 实施系统识别。执行命令如下：

```
root@Kali:~# xprobe2 www.163.com
Xprobe2 v.0.3 Copyright (c) 2002-2005 fyodor@o0o.nu, ofir@sys-security.com,
meder@o0o.nu
[+] Target is www.163.com                                    #目标地址
[+] Loading modules.                                         #正在加载模块
[+] Following modules are loaded:                            #被加载的模块
[x] [1] ping:icmp_ping  -  ICMP echo discovery module
[x] [2] ping:tcp_ping  -  TCP-based ping discovery module
[x] [3] ping:udp_ping  -  UDP-based ping discovery module
[x] [4] infogather:ttl_calc  -  TCP and UDP based TTL distance calculation
[x] [5] infogather:portscan  -  TCP and UDP PortScanner
[x] [6] fingerprint:icmp_echo  -  ICMP Echo request fingerprinting module
[x] [7] fingerprint:icmp_tstamp  -  ICMP Timestamp request fingerprinting
module
[x] [8] fingerprint:icmp_amask  -  ICMP Address mask request fingerprinting
module
[x] [9] fingerprint:icmp_port_unreach  -  ICMP port unreachable fingerprinting
module
```

```
[x] [10] fingerprint:tcp_hshake  -  TCP Handshake fingerprinting module
[x] [11] fingerprint:tcp_rst  -  TCP RST fingerprinting module
[x] [12] fingerprint:smb  -  SMB fingerprinting module
[x] [13] fingerprint:snmp  -  SNMPv2c fingerprinting module
[+] 13 modules registered
[+] Initializing scan engine                                  #初始化扫描引擎
[+] Running scan engine                                       #正在实施扫描
[-] ping:tcp_ping module: no closed/open TCP ports known on 124.163.204.105.
Module test failed
[-] ping:udp_ping module: no closed/open UDP ports known on 124.163.204.105.
Module test failed
[-] No distance calculation. 124.163.204.105 appears to be dead or no ports
known
[+] Host: 124.163.204.105 is up (Guess probability: 50%)#主机是活动的
[+] Target: 124.163.204.105 is alive. Round-Trip Time: 0.01503 sec
[+] Selected safe Round-Trip Time value is: 0.03007 sec
[-] fingerprint:tcp_hshake Module execution aborted (no open TCP ports known)
[-] fingerprint:smb need either TCP port 139 or 445 to run
[-] fingerprint:snmp: need UDP port 161 open
[+] Primary guess:                                            #主要猜测
[+] Host 124.163.204.105 Running OS: "Linux Kernel 2.4.19" (Guess
probability: 100%)
[+] Other guesses:                                            #其他猜测
[+] Host 124.163.204.105 Running OS: "Linux Kernel 2.4.20" (Guess
probability: 100%)
[+] Host 124.163.204.105 Running OS: "Linux Kernel 2.4.21" (Guess
probability: 100%)
[+] Host 124.163.204.105 Running OS: "Linux Kernel 2.4.22" (Guess
probability: 100%)
[+] Host 124.163.204.105 Running OS: "Linux Kernel 2.4.23" (Guess
probability: 100%)
[+] Host 124.163.204.105 Running OS: "Linux Kernel 2.4.24" (Guess
probability: 100%)
[+] Host 124.163.204.105 Running OS: "Linux Kernel 2.4.25" (Guess
probability: 100%)
[+] Host 124.163.204.105 Running OS: "Linux Kernel 2.4.26" (Guess
probability: 100%)
[+] Host 124.163.204.105 Running OS: "Linux Kernel 2.4.27" (Guess
probability: 100%)
[+] Host 124.163.204.105 Running OS: "Linux Kernel 2.4.28" (Guess
probability: 100%)
[+] Cleaning up scan engine
[+] Modules deinitialized
[+] Execution completed.
```

从输出的信息中可以看到，通过 xProbe2 工具成功解析出了目标主机的 IP 地址，并且识别出了其操作系统类型。其中，目标主机的 IP 地址为 124.163.204.105，操作系统类型为 Linux，内核版本在 2.4.19～2.4.28 之间。

xProbe2 工具在 NAT 模式下存在 Bug，扫描后会出现 HP 的位置或者直接报错，具体如下：

```
root@Kali:~# xprobe2 www.163.com
Xprobe2 v.0.3 Copyright (c) 2002-2005 fyodor@o0o.nu, ofir@sys-security.com,
meder@o0o.nu
[+] Target is www.163.com
[+] Loading modules.
[+] Following modules are loaded:
[x] [1] ping:icmp_ping  -  ICMP echo discovery module
[x] [2] ping:tcp_ping  -  TCP-based ping discovery module
[x] [3] ping:udp_ping  -  UDP-based ping discovery module
[x] [4] infogather:ttl_calc  -  TCP and UDP based TTL distance calculation
[x] [5] infogather:portscan  -  TCP and UDP PortScanner
[x] [6] fingerprint:icmp_echo  -  ICMP Echo request fingerprinting module
[x] [7] fingerprint:icmp_tstamp  -  ICMP Timestamp request fingerprinting
module
[x] [8] fingerprint:icmp_amask  -  ICMP Address mask request fingerprinting
module
[x] [9] fingerprint:icmp_port_unreach  -  ICMP port unreachable
fingerprinting module
[x] [10] fingerprint:tcp_hshake  -  TCP Handshake fingerprinting module
[x] [11] fingerprint:tcp_rst  -  TCP RST fingerprinting module
[x] [12] fingerprint:smb  -  SMB fingerprinting module
[x] [13] fingerprint:snmp  -  SNMPv2c fingerprinting module
[+] 13 modules registered
[+] Initializing scan engine
[+] Running scan engine
[-] ping:tcp_ping module: no closed/open TCP ports known on 124.163.204.105.
Module test failed
[-] ping:udp_ping module: no closed/open UDP ports known on 124.163.204.105.
Module test failed
[-] No distance calculation. 124.163.204.105 appears to be dead or no ports
known
[+] Host: 124.163.204.105 is up (Guess probability: 50%)
[+] Target: 124.163.204.105 is alive. Round-Trip Time: 0.01528 sec
[+] Selected safe Round-Trip Time value is: 0.03056 sec
[-] fingerprint:tcp_hshake Module execution aborted (no open TCP ports known)
[-] fingerprint:smb need either TCP port 139 or 445 to run
[-] fingerprint:snmp: need UDP port 161 open
[+] Primary guess:
[+] Host 124.163.204.105 Running OS: "HP JetDirect ROM G.07.02 EEPROM
G.07.17" (Guess probability: 83%)
[+] Other guesses:
[+] Host 124.163.204.105 Running OS: "HP JetDirect ROM G.07.02 EEPROM
G.07.20" (Guess probability: 83%)
[+] Host 124.163.204.105 Running OS: "HP JetDirect ROM G.07.02 EEPROM
G.08.04" (Guess probability: 83%)
[+] Host 124.163.204.105 Running OS: "HP JetDirect ROM G.07.19 EEPROM
```

```
G.07.20" (Guess probability: 83%)
[+] Host 124.163.204.105 Running OS: "HP JetDirect ROM G.07.19 EEPROM
G.08.03" (Guess probability: 83%)
[+] Host 124.163.204.105 Running OS: "HP JetDirect ROM G.07.19 EEPROM
G.08.04" (Guess probability: 83%)
[+] Host 124.163.204.105 Running OS: "HP JetDirect ROM G.08.08 EEPROM
G.08.04" (Guess probability: 83%)
[+] Host 124.163.204.105 Running OS: "HP JetDirect ROM G.08.21 EEPROM
G.08.21" (Guess probability: 83%)
[+] Host 124.163.204.105 Running OS: "HP JetDirect ROM H.07.15 EEPROM
H.08.20" (Guess probability: 83%)
[+] Host 124.163.204.105 Running OS: "HP JetDirect ROM G.06.00 EEPROM
G.06.00" (Guess probability: 83%)
[+] Cleaning up scan engine
[+] Modules deinitialized
[+] Execution completed.
```

从以上输出的信息中可以看到，执行结果出错了（HP JetDirect ROM G.07.02 EEPROM G.07.17）。

提示： 在 Kali Linux 的新版本中，xProbe2 工具运行后，测试的结果中操作系统类型显示为乱码。具体如下：

```
[+] Primary guess:
[+] Host 192.168.1.8 Running OS: ����U (Guess probability: 100%)
[+] Other guesses:
[+] Host 192.168.1.8 Running OS: �����U (Guess probability: 100%)
[+] Host 192.168.1.8 Running OS: �����U (Guess probability: 100%)
[+] Host 192.168.1.8 Running OS: �����U (Guess probability: 100%)
[+] Host 192.168.1.8 Running OS: ����U (Guess probability: 100%)
[+] Host 192.168.1.8 Running OS: �����U (Guess probability: 100%)
[+] Host 192.168.1.8 Running OS: ����U (Guess probability: 100%)
[+] Host 192.168.1.8 Running OS: �����U (Guess probability: 100%)
[+] Host 192.168.1.8 Running OS: �����U (Guess probability: 100%)
[+] Host 192.168.1.8 Running OS: �����U (Guess probability: 100%)
[+] Cleaning up scan engine
[+] Modules deinitialized
[+] Execution completed.
```

6.3.4 p0f 系统识别

p0f 是一款用于识别远程操作系统的工具，该工具与前面介绍的其他工具不同，它是一个完全被动地识别操作系统指纹信息的工具，不会直接作用于目标系统。当启动该工具后，即可监听网络中的所有数据包。通过分析监听到的数据包，即可找出与系统相关的信息。下面将介绍使用 p0f 工具来实施操作系统指纹识别的方法。

【实例 6-19】使用 p0f 工具对目标主机实施系统识别。执行命令如下：

（1）启动 p0f 工具。执行命令如下：

```
root@daxueba:~# p0f
--- p0f 3.09b by Michal Zalewski <lcamtuf@coredump.cx> ---
[+] Closed 1 file descriptor.
[+] Loaded 322 signatures from '/etc/p0f/p0f.fp'.
[+] Intercepting traffic on default interface 'eth0'.
[+] Default packet filtering configured [+VLAN].
[+] Entered main event loop.
```

从以上输出信息中可以看到，p0f 工具仅显示了几行信息，无法捕获到其他信息。但是，p0f 会一直处于监听状态。

（2）此时，当有其他主机在网络中产生数据流量的话，将会被 p0f 工具监听到。例如，在另一台主机上通过浏览器访问一个站点，然后返回到 p0f 所在的终端，将看到如下信息：

```
.-[ 192.168.1.4/38934 -> 65.200.22.161/80 (http request) ]-    #HTTP 请求
|
| client   = 192.168.1.4/38934                                  #客户端
| app      = Safari 5.1-6                                       #应用
| lang     = English                                            #语言
| params   = dishonest                                          #程序
| raw_sig  = 1:Host,User-Agent,Accept=[*/*],Accept-Language=[en-US,en;
q=0.5],Accept-Encoding=[gzip, deflate],?Cache-Control,Pragma=[no-cache],
Connection=[keep-alive]:Accept-Charset,Keep-Alive:Mozilla/5.0 (X11; Linux
x86_64; rv:60.0) Gecko/20100101 Firefox/60.0                    #数据内容
|
`----
.-[ 192.168.1.4/38934 -> 65.200.22.161/80 (uptime) ]-
|
| server   = 65.200.22.161/80                                   #服务器
| uptime   = 30 days 0 hrs 22 min (modulo 45 days)              #时间
| raw_freq = 1048.46 Hz                                         #频率
|
`----
.-[ 192.168.1.4/38934 -> 65.200.22.161/80 (http response) ]-
|
| server   = 65.200.22.161/80
| app      = ???
| lang     = none
| params   = none
| raw_sig  = 1:Content-Type,?Content-Length,?Last-Modified,?ETag,Accept-
Ranges=[bytes],Server,X-Amz-Cf-Id=[X7nIiIIBBeQOTeLSHRH3U4SM6xDHfgwK1EaK
f8bdyemtuUoR8JK9Xg==],?Cache-Control,Date,Connection=[keep-alive]:Keep-
Alive:AmazonS3
```

```
|
`----
.-[ 192.168.1.4/32854 -> 52.27.184.151/443 (syn) ]-
|
| client   = 192.168.1.4/32854
| os       = Linux 3.11 and newer
| dist     = 0
| params   = none
| raw_sig  = 4:64+0:0:1460:mss*20,7:mss,sok,ts,nop,ws:df,id+:0
|
`----
.-[ 192.168.1.4/32854 -> 52.27.184.151/443 (host change) ]-
|
| client   = 192.168.1.4/32854
| reason   = tstamp port
| raw_hits = 0,1,1,1
|
`----
.-[ 192.168.1.4/32854 -> 52.27.184.151/443 (mtu) ]-
|
| client   = 192.168.1.4/32854
| link     = Ethernet or modem
| raw_mtu  = 1500
|
`----
.-[ 192.168.1.4/32856 -> 52.27.184.151/443 (syn) ]-
|
| client   = 192.168.1.4/32856
| os       = Linux 3.11 and newer
| dist     = 0
| params   = none
| raw_sig  = 4:64+0:0:1460:mss*20,7:mss,sok,ts,nop,ws:df,id+:0
|
`----
```

以上输出的信息，就是执行监听到客户端访问的数据信息。从以上输出的信息可以看到，探测到客户端的操作系统类型为 Linux 3.11 或更新的内核版本。

6.4 利用 SNMP 服务

SNMP（Simple Network Management Protocol，简单网络管理协议）是由一组网络管理的标准组成，包含一个应用层协议和一组资源对象。该协议能够支持网络管理系统，用以监测连接到网络上的设备是否有任何引起管理上关注的情况。本节将介绍利用 SNMP 服务获取主机信息的方法。

6.4.1　SNMP 服务概述

SNMP 是一种简单的网络管理协议，它使用 UDP 协议通过以太网来执行网络管理。下面将介绍 SNMP 服务的一些基础知识。

1．SNMP服务的构成

SNMP 协议主要由两大部分构成，分别是 SNMP 管理站和 SNMP 代理。其中，SNMP 管理站是一个中心节点，负责收集维护各个 SNMP 元素的信息，并对这些信息进行处理，最后反馈给网络管理员；而 SNMP 代理是运行在各个被管理的网络节点之上，负责统计该节点的各项信息，并且负责与 SNMP 管理站交互，接收并执行管理站的命令，上传各种本地的网络信息。

SNMP 管理站和 SNMP 代理之间是松散耦合的关系。它们之间的通信是通过 UDP 协议完成的。一般情况下，SNMP 管理站通过 UDP 协议向 SNMP 代理发送各种命令。当 SNMP 代理收到命令后，返回 SNMP 管理站需要的参数。当 SNMP 代理检测到网络元素异常的时候，也可以主动向 SNMP 管理站发送消息，通知当前异常状况。

2．SNMP工作方式

SNMP 服务采用 UDP 协议在管理端和代理端之间传输信息。SNMP 采用 UDP 端口 161 接收和发送请求，162 端口接收 Trap 信息，执行 SNMP 的设备默认都必须使用这些端口。

3．SNMP版本

SNMP 目前共有 v1、v2 和 v3 3 个版本，这 3 个版本的区别如下。

- SNMP v1：是 SNMP 协议的最初版本，不过依然是众多厂家实现 SNMP 的基本方式。
- SNMP v2：通常指基于 Community 的 SNMP V2，Community 实质上就是密码。
- SNMP v3：是最新版本的 SNMP。其最大改进在于安全性，增加了对认证和密文传输的支持。

6.4.2　暴力破解 SNMP 服务

如果要访问 SNMP 服务，则需要知道其密码。所以，如果要利用 SNMP 服务来获取主机信息的话，则需要先知道其加密的密码串。下面将介绍暴力破解 SNMP 服务的方法。

1．使用Onesixtyoue工具

Onesixtyoue 是一个专门针对于 SNMP 协议的扫描器。如果指定其密码，即可获取到目标主机的相关信息；如果不知道密码，也可以用来实施密码破解。使用 Onesixtyoue 工具破解 SNMP 服务密码的语法格式如下：

```
onesixtyoue [host] -c [communityfile]
```

其中，-c [communityfile]选项用于指定尝试的密码文件。

【实例 6-20】使用 Onesixtyoue 工具破解 SNMP 服务密码。执行命令如下：

```
root@daxueba:~# onesixtyone 192.168.1.5 -c /root/password.lst
Scanning 1 hosts, 15 communities
192.168.1.5 [public] Hardware: Intel64 Family 6 Model 42 Stepping 7 AT/AT
COMPATIBLE - Software: Windows Version 6.1 (Build 7601 Multiprocessor Free)
```

从输出的信息可以看到，使用 Onesixtyoue 工具成功破解出了 SNMP 服务的密码，并且获取到了目标主机信息。其中，破解出的密码为 public；目标主机的硬件为 Intel64、操作系统为 Windows Version 6.1。

2．使用Hydra工具

Hydra 是著名的黑客组织 THC 的一款开源暴力破解工具。目前，该工具支持破解的服务有 FTP、MySQL、SNMP、SSH 等。用于暴力破解 SNMP 服务的语法格式如下：

```
hydra -P [passwordfile] [host] snmp
```

其中，-P 选项指定用于破解的密码文件。

【实例 6-21】使用 Hydra 工具实施 SNMP 服务暴力破解。执行命令如下：

```
root@daxueba:~# hydra -P /root/password.lst 192.168.1.5 snmp
Hydra v8.6 (c) 2017 by van Hauser/THC - Please do not use in military or
secret service organizations, or for illegal purposes.
Hydra (http://www.thc.org/thc-hydra) starting at 2019-01-06 14:33:50
[DATA] max 15 tasks per 1 server, overall 15 tasks, 15 login tries (l:1/p:15),
~1 try per task
[DATA] attacking snmp://192.168.1.5:161/
[161][snmp] host: 192.168.1.5   password: public
1 of 1 target successfully completed, 1 valid password found
Hydra (http://www.thc.org/thc-hydra) finished at 2019-01-06 14:33:58
```

从以上输出的信息可以看到，使用 Hydra 工具成功破解出了目标主机上 SNMP 服务的

密码，该密码为 public。

3．使用Nmap工具

在 Nmap 工具中提供了一个脚本 snmp-brute，可以用来实施 SNMP 服务暴力破解。其中，使用该脚本实施暴力破解的语法格式如下：

```
nmap -sU -p [port] --script=snmp-brute [host] --script-args=snmp-brute.
communitiesdb=[password]
```

以上语法中的选项及含义如下：

- -sU：实施 UDP 扫描。
- -p [port]：指定目标服务的端口。
- --script：实施 SNMP 服务暴力破解脚本。
- --script-args：指定实施暴力破解的参数。

【实例 6-22】对目标 SNMP 服务实施暴力破解。执行命令如下：

```
root@daxueba:~# nmap -sU -p 161 --script=snmp-brute 192.168.1.5 --script-
args=snmp-brute.communitiesdb=/root/password.lst
Starting Nmap 7.70 ( https://nmap.org ) at 2019-01-06 14:35 CST
Nmap scan report for test-pc (192.168.1.5)
Host is up (0.00025s latency).
PORT     STATE          SERVICE
161/udp  open|filtered     snmp
| snmp-brute:
|_  public - Valid credentials                                #有效认证
MAC Address: 00:0C:29:21:8C:96 (VMware)
Nmap done: 1 IP address (1 host up) scanned in 2.11 seconds
```

从输出的信息可以看到，使用 Nmap 工具成功破解出了目标服务的密码，该密码为 public。

6.4.3　获取主机信息

当确定目标主机上开启了 SNMP 服务时，可以利用 SNMP 服务来获取主机信息。下面介绍获取主机信息的方法。

1．使用Onesixtyoue工具

Onesixtyoue 是一个简单的 SNMP 分析工具，使用该工具，仅请求指定地址的系统描述值。在使用 Onesixtyoue 工具分析 SNMP 时，需要指定目标 IP 地址和社区字符串。该工具默认的社区字符串是 public。使用 Onesixtyoue 工具获取主机信息的语法格式如下：

```
onesixtyone [host] [community]
```

例如，使用 Onesixtyoue 工具，获取主机信息。执行命令如下：

```
root@daxueba:~# onesixtyone 192.168.6.109 public
Scanning 1 hosts, 1 communities
192.168.6.109 [public] Hardware: Intel64 Family 6 Model 42 Stepping 7 AT/AT
COMPATIBLE - Software: Windows Version 6.1 (Build 7601 Multiprocessor Free)
```

从以上输出信息中，可以看到显示出了主机 192.168.6.109 的操作系统类型、版本和系统硬件等信息。

2．使用SNMPwalk工具

SNMPwalk 是一个比较复杂的 SNMP 扫描工具，它可以收集使用 SNMP 社区字符串设备的大量信息。使用 SNMPwalk 工具获取主机信息的语法格式如下：

```
snmpwalk [host] -c [community] -v [version]
```

以上语法中的选项及含义如下。

- -c：指定 SNMP 服务的密码串。
- -v：指定使用的 SNMPwalk 版本。目前有 1c、2c 和 3c 这 3 个版本。

【实例 6-23】使用 SNMPwalk 工具利用主机 192.168.1.5 上的 SNMP 服务来获取主机信息。在该主机中 SNMP 服务默认的社区字符串为 public，版本为 2c。执行命令如下：

```
root@daxueba:~# snmpwalk 192.168.1.5 -c public -v 2c
iso.3.6.1.2.1.1.1.0 = STRING: "Hardware: Intel64 Family 6 Model 42 Stepping
7 AT/AT COMPATIBLE - Software: Windows Version 6.1 (Build 7601 Multiprocessor
Free)"
iso.3.6.1.2.1.1.2.0 = OID: iso.3.6.1.4.1.311.1.1.3.1.1
iso.3.6.1.2.1.1.3.0 = Timeticks: (649146) 1:48:11.46
iso.3.6.1.2.1.1.4.0 = ""
iso.3.6.1.2.1.1.5.0 = STRING: "Test-PC"
iso.3.6.1.2.1.1.6.0 = ""
iso.3.6.1.2.1.1.7.0 = INTEGER: 76
iso.3.6.1.2.1.2.1.0 = INTEGER: 24
iso.3.6.1.2.1.2.2.1.1.1 = INTEGER: 1
iso.3.6.1.2.1.2.2.1.1.2 = INTEGER: 2
iso.3.6.1.2.1.2.2.1.1.3 = INTEGER: 3
iso.3.6.1.2.1.2.2.1.1.4 = INTEGER: 4
iso.3.6.1.2.1.2.2.1.1.5 = INTEGER: 5
iso.3.6.1.2.1.2.2.1.1.6 = INTEGER: 6
iso.3.6.1.2.1.2.2.1.1.7 = INTEGER: 7
iso.3.6.1.2.1.2.2.1.1.8 = INTEGER: 8
iso.3.6.1.2.1.2.2.1.1.9 = INTEGER: 9
iso.3.6.1.2.1.2.2.1.1.10 = INTEGER: 10
iso.3.6.1.2.1.2.2.1.1.11 = INTEGER: 11
```

```
iso.3.6.1.2.1.2.2.1.1.12 = INTEGER: 12
iso.3.6.1.2.1.2.2.1.1.13 = INTEGER: 13
iso.3.6.1.2.1.2.2.1.1.14 = INTEGER: 14
iso.3.6.1.2.1.2.2.1.1.15 = INTEGER: 15
iso.3.6.1.2.1.2.2.1.1.16 = INTEGER: 16
iso.3.6.1.2.1.2.2.1.1.17 = INTEGER: 17
iso.3.6.1.2.1.2.2.1.1.18 = INTEGER: 18
iso.3.6.1.2.1.2.2.1.1.19 = INTEGER: 19
iso.3.6.1.2.1.2.2.1.1.20 = INTEGER: 20
iso.3.6.1.2.1.2.2.1.1.21 = INTEGER: 21
iso.3.6.1.2.1.2.2.1.1.22 = INTEGER: 22
iso.3.6.1.2.1.2.2.1.1.23 = INTEGER: 23
iso.3.6.1.2.1.2.2.1.1.24 = INTEGER: 24
iso.3.6.1.2.1.2.2.1.2.1 = Hex-STRING: 53 6F 66 74 77 61 72 65 20 4C 6F 6F
70 62 61 63
6B 20 49 6E 74 65 72 66 61 63 65 20 31 00
iso.3.6.1.2.1.2.2.1.2.2 = Hex-STRING: 57 41 4E 20 4D 69 6E 69 70 6F 72 74
20 28 53 53
54 50 29 00
iso.3.6.1.2.1.2.2.1.2.3 = Hex-STRING: 57 41 4E 20 4D 69 6E 69 70 6F 72 74
20 28 4C 32
54 50 29 00
```

从以上输出信息中可以看到显示出了主机 192.168.1.5 上大量设备的唯一标识符（OID）信息。

3．使用snmp-check工具

snmp-check 是一款枚举 SNMP 信息工具，该工具会显示具体信息名称，而不像 SNMPwalk 工具一样只显示 iso 序列号。snmp-check 工具支持的枚举包括设备、域、硬件，以及存储信息、主机名和监听端口等。使用 snmp-check 工具枚举 SNMP 信息的语法格式如下：

```
snmp-check [option] [target IP address]
```

这里常用的选项 option 及含义如下。

- -p：指定 SNMP 服务的端口，默认是 161。
- -c：指定 SNMP 服务的密码串，默认是 public。
- -v：指定 SNMP 版本，可指定的版本有 1 和 2c，其中，默认版本是 1。
- -t：指定超时值，默认是 5 秒。

【实例 6-24】使用 snmp-check 工具获取目标主机信息，执行命令如下：

```
root@daxueba:~# snmp-check 192.168.1.5
```

执行以上命令后，将会输出大量与主机相关的信息。下面依次讲解每个部分，并对其

输出结果进行描述。

（1）获取到的系统信息，如主机名、IP 地址、操作系统类型及架构等。具体如下：

```
snmp-check v1.9 - SNMP enumerator
Copyright (c) 2005-2015 by Matteo Cantoni (www.nothink.org)
[+] Try to connect to 192.168.1.5:161 using SNMPv1 and community 'public'
[*] System information:
  Host IP address             : 192.168.1.5                #目标主机 IP 地址
  Hostname                    : Test-PC                    #主机名
  Description                      : Hardware: Intel64 Family 6 Model 42
  Stepping 7 AT/AT COMPATIBLE - Software: Windows Version 6.1 (Build 7601
  Multiprocessor Free)                                     #描述信息
  Contact                          : -                     #联系人
  Location                         : -                     #描述
  Uptime snmp                      : 04:59:17.32           #SNMP 服务运行的时间
  Uptime system               : 02:03:16.26                #目标系统运行的时间
  System date                      : 2019-1-6 16:15:50.0   #当前目标系统的时间
  Domain                      : WORKGROUP
```

从输出的信息中可以看到，该系统的主机名为 Test-PC，硬件架构为 Intel64，操作系统为 Windows 等。

（2）获取用户账号信息：

```
[*] User accounts:
  bob
  ftp
  Test
  Guest
  Administrator
  HomeGroupUser$
```

输出的信息显示了该系统中的所有用户。其中，目标主机中的用户有 bob、ftp、Test 等。

（3）获取网络信息：

```
[*] Network information:
  IP forwarding enabled          : no            #是否启用 IP 转发
  Default TTL                    : 128           #默认 TTL 值
  TCP segments received          : 19004         #收到 TCP 段
  TCP segments sent              : 16820         #发送 TCP 段
  TCP segments retrans           : 179           #重发 TCP 端
  Input datagrams                : 28944         #输入数据报
  Delivered datagrams            : 35035         #传输的数据报
  Output datagrams               : 43038         #输出数据报
```

以上信息显示了该目标系统中网络的相关信息，如默认 TTL 值、收到 TCP 段、发送 TCP 段、重发 TCP 段等。

（4）获取网络接口信息：

```
[*] Network interfaces:
 Interface                    : [ up ] Software Loopback Interface 1
                                                   #接口描述信息
 Id                           : 1                  #接口 ID
 Mac Address                  : :::::              #MAC 地址
 Type                         : softwareLoopback   #接口类型
 Speed                        : 1073 Mbps          #接口速度
 MTU                          : 1500               #最大传输单元
 In octets                    : 0                  #八位字节输入
 Out octets                   : 0                  #八位字节输出
 Interface                    : [ up ] WAN Miniport (SSTP)
 Id                           : 2
 Mac Address                  : :::::
 Type                         : unknown
 Speed                        : 1073 Mbps
 MTU                          : 4091
 In octets                    : 0
 Out octets                   : 0
……省略部分内容
 Interface                    : [ up ] WAN Miniport (Network Monitor)-QoS
Packet Scheduler-0000
 Id                           : 24
 Mac Address                  : a8:ac:20:52:41:53
 Type                         : ethernet-csmacd
 Speed                        : 1073 Mbps
 MTU                          : 1500
 In octets                    : 0
 Out octets                   : 0
```

以上输出信息显示了当前系统中的所有接口信息。其中，分别显示了每个接口的 ID、MAC 地址、类型、速度和最大传输单元等。

（5）获取网络 IP 信息：

```
[*] Network IP:
 Id              IP Address          Netmask             Broadcast
 1                127.0.0.1          255.0.0.0               1
 11               192.168.1.5        255.255.255.0           1
 18               192.168.67.1       255.255.255.0           1
 17               192.168.254.1      255.255.255.0           1
```

以上显示的信息，表示当前目标主机中所有的网络接口地址信息。从以上输出信息中可以看到共有 4 个接口。其中，IP 地址分别是 127.0.0.1、192.168.1.5、192.168.67.1 和 192.168.254.1。

（6）获取路由信息：

```
[*] Routing information:
  Destination          Next hop           Mask              Metric
  0.0.0.0              192.168.1.1        0.0.0.0           10
  127.0.0.0            127.0.0.1          255.0.0.0         306
  127.0.0.1            127.0.0.1          255.255.255.255   306
  127.255.255.255      127.0.0.1          255.255.255.255   306
  192.168.1.0          192.168.1.5        255.255.255.0     266
  192.168.1.5          192.168.1.5        255.255.255.255   266
  192.168.1.255        192.168.1.5        255.255.255.255   266
  192.168.67.0         192.168.67.1       255.255.255.0     276
  192.168.67.1         192.168.67.1       255.255.255.255   276
  192.168.67.255       192.168.67.1       255.255.255.255   276
  192.168.254.0        192.168.254.1      255.255.255.0     276
  192.168.254.1        192.168.254.1      255.255.255.255   276
  192.168.254.255      192.168.254.1      255.255.255.255   276
  224.0.0.0            127.0.0.1          240.0.0.0         306
  255.255.255.255      127.0.0.1          255.255.255.255   306
```

以上信息表示目标系统的一个路由表信息，该路由表包括目的地址、下一跳地址、子网掩码及距离。

（7）获取监听的 TCP 端口：

```
[*] TCP connections and listening ports:
  Local address    Local port   Remote address    Remote port   State
  0.0.0.0          21           0.0.0.0           0             listen
  0.0.0.0          22           0.0.0.0           0             listen
  0.0.0.0          135          0.0.0.0           0             listen
  0.0.0.0          443          0.0.0.0           0             listen
  0.0.0.0          902          0.0.0.0           0             listen
  0.0.0.0          912          0.0.0.0           0             listen
  127.0.0.1        1434         0.0.0.0           0             listen
  127.0.0.1        5357         127.0.0.1         49733         timeWait
  127.0.0.1        8307         0.0.0.0           0             listen
  127.0.0.1        14147        0.0.0.0           0             listen
  192.168.1.5      139          0.0.0.0           0             listen
  192.168.1.5      49161        42.236.37.114     80            established
  192.168.1.5      49730        223.167.166.52    80            established
  192.168.67.1     139            0.0.0.0         0             listen
  192.168.254.1    139            0.0.0.0         0             listen
```

以上信息表示两台主机建立 TCP 连接后的信息，包括本地地址（Local address）、本地端口（Local port）、远端主机地址（Remote address）、远端主机端口（Remote port）和状态（State）。

（8）获取监听的 UDP 端口信息：

```
[*] Listening UDP ports:
 Local address          Local port
 0.0.0.0               161
 0.0.0.0               500
 0.0.0.0               3544
 0.0.0.0               3600
 0.0.0.0               3702
 0.0.0.0               4500
 0.0.0.0               5355
 0.0.0.0               45769
 0.0.0.0               50529
 0.0.0.0               60289
 0.0.0.0               60399
 0.0.0.0               62219
 127.0.0.1              1900
 127.0.0.1              56372
 192.168.1.5             137
 192.168.1.5             138
 192.168.1.5             1900
 192.168.1.5             56371
 192.168.1.5             65005
 192.168.67.1            137
 192.168.67.1            138
 192.168.67.1            1900
 192.168.254.1           137
 192.168.254.1           138
 192.168.254.1           1900
```

以上信息表示目标主机中已开启的 UDP 端口号。其中，开放的端口有 137、138 和 1900 等。

（9）获取网络服务信息：

```
[*] Network services:
 Index                   Name
 0                      Power
 1                      Server
 2                      Themes
 3                      IP Helper
 4                      DNS Client
 5                      Superfetch
 6                      DHCP Client
 7                      Workstation
 8                      SNMP Service
 9                      VMware Tools
 10                     主动防御
 11                     Offline Files
…省略部分内容
```

```
  61                 SQL Server Integration Services
  62                 VMware 物理磁盘助手服务
  63                 Function Discovery Provider Host
  64                 Peer Networking Identity Manager
  65                 System Event Notification Service
  66                 World Wide Web Publishing Service
  67                 Extensible Authentication Protocol
  68                 Windows Management Instrumentation
  69                 Windows Process Activation Service
  70                 Distributed Transaction Coordinator
  71                 IKE and AuthIP IPsec Keying Modules
  72                 Desktop Window Manager Session Manager
  73                 Background Intelligent Transfer Service
  74                 Function Discovery Resource Publication
  75                 VMware Alias Manager and Ticket Service
  76                 WinHTTP Web Proxy Auto-Discovery Service
  77                 SQL Server Analysis Services (MSSQLSERVER)
```

以上信息显示了目标主机中安装的所有服务。在以上信息中，第 1 列表示服务索引，第 2 列表示服务名称。由于篇幅所限，这里只列出了一少部分服务。

（10）获取进程信息：

```
 [*] Processes:
   Id          Status          Name            Path
 Parameters
   1           running      System Idle Process
   4           running      System
   300         running      smss.exe      \SystemRoot\System32\
   396         running      csrss.exe     %SystemRoot%\system32\  Object
   Directory=\Windows SharedSection=1024,20480,768 Windows=On SubSystem
   Type=Windows ServerDll=basesrv,1 ServerDll=winsrv:User
   436        running       wininit.exe
   448        running       csrss.exe     %SystemRoot%\system32\  Object
   Directory=\Windows SharedSection=1024,20480,768 Windows=On SubSystemType=
 Windows ServerDll=basesrv,1 ServerDll=winsrv:User
   484         running        winlogon.exe
   540         running        services.exe        C:\Windows\system32\
   556         running        lsass.exe           C:\Windows\system32\
   564         running        lsm.exe             C:\Windows\system32\
   652         running        svchost.exe
   696        running      vmtoolsd.exe       C:\Program Files\VMware\VMware
   Tools\  -n vmusr
```

从以上显示的信息中可以看到共有 5 列，分别是 ID 号（Id）、状态（Status）、进程名（Name）、路径（Path）和参数（Parameters）。限于篇幅，这里仅简单列举了几个进程的相关信息。

（11）获取存储信息：

```
[*] Storage information:
 Description                 : ["C:\\ Label:  Serial Number d0ce180b"]
                                                          #描述信息
 Device id            : [#<SNMP::Integer:0x000055e9d4da4df0 @value=1>]
                                                          #设备 ID
 Filesystem type        : ["unknown"]                     #文件系统类型
 Device unit          : [#<SNMP::Integer:0x000055e9d4d89910 @value=4096>]
                                                          #设备单元
 Memory size            : 299.90 GB                       #内存总大小
 Memory used            : 49.66 GB                        #已用内存大小
 Description            : ["D:\\"]
 Device id              : [#<SNMP::Integer:0x000055e9d4d5ad90 @value=2>]
 Filesystem type        : ["unknown"]
 Device unit            : [#<SNMP::Integer:0x000055e9d4d535b8 @value=0>]
 Memory size            : 0 bytes
 Memory used            : 0 bytes
 Description            : ["E:\\ Label:\xD0\xC2\xBC\xD3\xBE\xED
 Serial Number c6d01134"]
 Device id              : [#<SNMP::Integer:0x000055e9d48c2940 @value=3>]
 Filesystem type       : ["unknown"]
 Device unit          : [#<SNMP::Integer:0x000055e9d48bbd98 @value=4096>]
 Memory size           : 300.00 GB
 Memory used           : 24.54 GB
 Description           : ["Virtual Memory"]
 Device id             : [#<SNMP::Integer:0x000055e9d4d06588 @value=4>]
 Filesystem type       : ["unknown"]
 Device unit         : [#<SNMP::Integer:0x000055e9d4cfda50 @value=65536>]
 Memory size           : 4.00 GB
 Memory used           : 1.66 GB
 Description           : ["Physical Memory"]
 Device id              : [#<SNMP::Integer:0x000055e9d4ce4d20 @value=5>]
 Filesystem type        : ["unknown"]
 Device unit        : [#<SNMP::Integer:0x000055e9d4ce2700 @value=65536>]
 Memory size           : 2.00 GB
 Memory used           : 1.05 GB
```

该部分显示了系统中的所有磁盘信息，包括盘符名、设备 ID、文件系统类型、总空间大小及已用空间大小。

（12）获取文件系统信息：

```
[*] File system information:
 Index                       : 1                          #索引
```

```
  Mount point                    :                          #挂载点
  Remote mount point             : -                        #远程挂载点
  Access                    : 1                             #是否允许访问
  Bootable                       : 0                        #是否可以引导
```

以上显示了当前目标主机的文件系统信息。从以上信息中可以看到文件系统的索引、挂载点及访问权限等信息。

（13）获取设备信息：

```
[*] Device information:
  Id         Type          Status          Descr
  1          unknown       running         Snagit 11 Printer
  2          unknown       running         Microsoft XPS Document Writer
  3          unknown       running         Microsoft Shared Fax Driver
  4          unknown       running         Unknown Processor Type
  5          unknown       unknown         Software Loopback Interface 1
  6          unknown       unknown         WAN Miniport (SSTP)
  7          unknown       unknown         WAN Miniport (L2TP)
  8          unknown       unknown         WAN Miniport (PPTP)
  9          unknown       unknown         WAN Miniport (PPPOE)
……省略部分内容
  29         unknown       unknown         D:\
  30         unknown       running         Fixed Disk
  31         unknown       running         Fixed Disk
  32        unknown       running       IBM enhanced (101- or 102-key) keyboard,
  Subtype=(0)
  33         unknown       unknown         COM1:
```

以上信息显示了该系统中所有设备的相关信息，如打印设备、网络设备和处理器等。

（14）获取软件组件信息：

```
[*] Software components:
  Index                 Name
  1                     DAEMON Tools Lite
  2                     Microsoft SQL Server 2005 (64 λ)
  3                     USBPcap 1.2.0.4
  4                     WinRAR 5.50 (64-λ)
  5                     Microsoft .NET Framework 4.7.2
  6                     Microsoft SQL Server ��ıı�����♀���|�(Й��)
  7                     Microsoft Visual C++ 2017 x64 Additional Runtime -
                        14.12.25810
  8                     Microsoft .NET Framework 4.7.2 (CHS)
  9                     VMware Tools
  10                    Microsoft SQL Server 2005 ������
  11                    Microsoft Visual C++ 2008 Redistributable - x64
```

```
            9.0.30729.6161
  12        Microsoft SQL Server 2005 Analysis Services (64 λ)
  13        Microsoft Visual C++ 2013 x64 Additional Runtime -
            12.0.21005
  14        Microsoft .NET Framework 4.7.2
  15        Microsoft .NET Framework 4.7.2 (��������)
  16        Microsoft SQL Server 2005 Integration Services (64 λ)
  17        SQLXML4
  18        VMware Workstation
  19        Microsoft Visual C++ 2013 x64 Minimum Runtime -
            12.0.21005
  20        Microsoft SQL Server VSS ��д��
  21        Microsoft Visual C++ 2017 x64 Minimum Runtime -
            14.12.25810
  22        Microsoft SQL Server Native Client
  23        Microsoft SQL Server 2005 Notification Services (64 λ)
  24        Microsoft SQL Server 2005 Tools (64 λ)
  25        Microsoft SQL Server 2005 (64 λ)
```

以上信息显示了目标主机中安装的所有软件组件。例如，安装的软件组件有 DAEMON Tools Lite、Microsoft SQL Server 2005 (64 λ)、USBPcap 1.2.0.4 和 WinRAR 5.50 (64-λ)等。

（15）IIS 服务信息：

```
[*] IIS server information:
  TotalBytesSentLowWord          : 0          #发送的最低总字节数
  TotalBytesReceivedLowWord      : 0          #接收的最低总字节数
  TotalFilesSent                 : 0          #总共发送的文件
  CurrentAnonymousUsers          : 0          #当前匿名用户
  CurrentNonAnonymousUsers       : 0          #当前非匿名用户
  TotalAnonymousUsers            : 0          #匿名用户总数
  TotalNonAnonymousUsers         : 0          #非匿名用户总数
  MaxAnonymousUsers              : 0          #最大匿名用户总数
  MaxNonAnonymousUsers           : 0          #最大非匿名用户总数
  CurrentConnections             : 0          #当前连接数
  MaxConnections                 : 0          #最大连接数
  ConnectionAttempts             : 0          #尝试连接数
  LogonAttempts                  : 0          #尝试登录数
  Gets                           : 0          #Get 请求数
  Posts                          : 0          #Post 请求数
  Heads                          : 0          #Head 请求数
  Others                         : 0          #其他请求数
  CGIRequests                    : 0          #CGI 请求数
  BGIRequests                    : 0          #BGI 请求数
  NotFoundErrors                 : 0          #没有找到的错误数
```

以上输出信息显示了目标主机中 IIS 服务的相关信息，包括服务器允许发送/接收的字节数、匿名用户和最大连接数等信息。

（16）共享信息：

```
[*] Share:
  Name                              : Users
   Path                             : C:\Users
   Comment                           :
  Name                              : share
   Path                             : E:\share
   Comment                           :
```

在以上信息中显示了目标主机中的共享用户和文件名。从显示的结果可以看到，共享的用户为 Users、共享的文件夹为 E:\share。

6.5 利用 SMB 服务

服务器信息块（Server Message Block，SMB）是一种 IBM 协议，用于在计算机间共享文件、打印机和串口等。SMB 协议可以用在 TCP/IP 协议之上，也可以用在其他网络协议（如 NetBEUI）之上。本节将介绍利用 SMB 服务提供的共享文件夹信息，来判断目标主机的操作系统类型和磁盘信息等。

6.5.1 SMB 服务概述

SMB 是一种客户机/服务器、请求/响应协议。通过 SMB 协议，客户端应用程序可以在各种网络环境下读、写服务器上的文件，以及对服务器程序提出服务请求。此外，通过 SMB 协议，应用程序可以访问远程服务端的文件，以及打印机、邮件槽和命名管道等资源。

6.5.2 暴力破解 SMB 服务

如果要利用 SMB 服务来获取信息的话，则需要知道该服务的登录用户名和密码。如果使用 Samba 构建 SMB 服务的话，默认安装后，将创建一个名为 root 的 Samba 用户，密码为空；如果使用 Windows 自带的 SMB 服务的话，则需要提供对应的用户名和密码。下面将介绍使用 Hydra 工具暴力破解 SMB 服务的方法。

Hydra 是一款非常强大的开源密码攻击工具，支持多种协议的破解，如 FTP、HTTP、

SMB 等。其中，用于暴力破解 SMB 服务的语法格式如下：

```
Hydra -L <user file> -P <pass file> [server IP] smb
```

【实例 6-25】使用 Hydra 工具暴力破解 Windows 自带的 SMB 服务。执行命令如下：

```
root@daxueba:~# hydra -L user.txt -P pass.txt 192.168.19.131 smb
Hydra v8.6 (c) 2017 by van Hauser/THC - Please do not use in military or
secret service organizations, or for illegal purposes.
Hydra (http://www.thc.org/thc-hydra) starting at 2019-03-15 10:12:41
[INFO] Reduced number of tasks to 1 (smb does not like parallel connections)
[DATA] max 1 task per 1 server, overall 1 task, 156 login tries (l:13/p:12),
~156 tries per task
[DATA] attacking smb://192.168.19.131:445/
[445][smb] host: 192.168.19.131   login: test
[445][smb] host: 192.168.19.131   login: Administrator   password: daxueba
1 of 1 target successfully completed, 2 valid passwords found
Hydra (http://www.thc.org/thc-hydra) finished at 2019-03-15 10:12:43
```

从输出的信息中可以看到，通过使用 Hydra 工具找到了一个有效的用户名和密码，用户名为 Administrator，密码为 daxueba。一般情况下，Windows 系统都会允许 Administrator 用户访问所有资源。所以可以使用-l（小写）选项直接指定暴力破解该用户的密码。

```
root@daxueba:~# hydra -l Administrator -P pass.txt 192.168.19.131 smb
```

6.5.3　判断操作系统类型

在 Linux 系统中，提供了一款名为 smbclient 的客户端工具，可以用来访问 SMB 服务中的共享文件。当成功访问到 SMB 共享文件后，即可看到共享文件名、磁盘类型及描述信息。通过对这些信息进行分析，则可以判断出目标主机的操作系统类型及磁盘类型。smbclient 工具的语法格式如下：

```
smbclient -L <server IP> -U [username]
```

【实例 6-26】访问 Linux 系统中的 SMB 服务。执行命令如下：

```
root@daxueba:~# smbclient -L 192.168.19.130 -U root
Enter WORKGROUP\root's password:
```

输入 SMB 服务用户登录的密码将显示如下信息：

```
        Sharename       Type      Comment
      ---------          ----       -------
        print$          Disk      Printer Drivers
        share           Disk      Share folder
        IPC$            IPC       IPC Service (Samba 4.9.2-Debian)
```

```
Reconnecting with SMB1 for workgroup listing.
     Server               Comment
     ---------                 -------
     Workgroup            Master
     ---------                 -------
```

从以上输出信息中可以看到目标 SMB 中共享的文件。其中，Sharename 表示共享文件名、Type 表示硬盘类型、Comment 是共享文件的描述。从以上的 Comment 列可以看到共享的 IPC 服务版本为 Samba 4.9.2-Debian。由此可以说明，该目标主机的操作系统类型为 Linux。如果目标主机的操作系统是 Windows 的话，则文件名列将显示共享文件夹的盘符。具体如下：

```
root@daxueba:~# smbclient -L 192.168.19.131 -U Test
Enter WORKGROUP\Test's password:
     Sharename       Type      Comment
     ---------            ----      -------
     ADMIN$           Disk      远程管理
     C$               Disk      默认共享
     E$               Disk      默认共享
     IPC$             IPC       远程 IPC
     share            Disk
     Users            Disk
Reconnecting with SMB1 for workgroup listing.
     Server               Comment
     ---------                 -------
     Workgroup            Master
     ---------                 -------
```

从以上输出结果的文件名中可以看到，默认共享的磁盘有 C 和 E 盘。只有在 Windows 系统中，文件夹才是以盘符形式来划分磁盘的。由此可以判断出，该目标主机的操作系统类型为 Windows。

6.5.4 判断磁盘类型

下面同样通过分析目标 SMB 服务的共享文件夹信息，来判断共享的磁盘类型。具体如下：

```
root@daxueba:~# smbclient -L 192.168.19.130  -U root
Enter WORKGROUP\root's password:
     Sharename       Type      Comment
     ---------            ----      -------
     print$          Disk      Printer Drivers
```

```
    share           Disk      Share folder
   IPC$             IPC       IPC Service (Samba 4.9.2-Debian)
Reconnecting with SMB1 for workgroup listing.
    Server               Comment
    ---------            -------
    Workgroup            Master
    ---------            -------
```

从以上输出的信息中可以看到，Type 列有两种值，分别是 Disk 和 IPC。其中，Disk 表示硬盘；IPC 表示命名管道。由此可以说明，share 共享文件是硬盘中的一个文件。

第 7 章　常见服务扫描策略

前面章节讲解了通用扫描方式。如果已经获取了目标部分信息，则可以根据已有信息进行相应猜测，比如可能存在的服务等。这时，就需要有针对性地进行验证，从而确认服务是否存在，以及服务的相关信息。本章将讲解一些常见服务的扫描策略。

7.1　网络基础服务

网络基础服务是指连接到网络需要的基本服务，如 DHCP、NTP 和 NetBIOS 等。本节将介绍对这些网络基础服务实施扫描的方法。

7.1.1　DHCP 服务

DHCP 是基于 UDP 协议工作的服务，该服务工作于 UDP 的 67 和 68 号端口。其中，UDP 67 号端口作为 DHCP 客户端广播请求，UDP 68 号端口作为 DHCP 服务器回应广播请求。我们可以借助 Nmap 的 broadcast-dhcp-discover.nse 和 dhcp-discover.nse 脚本来实施 DHCP 服务扫描。下面介绍使用这两个脚本实施 DHCP 服务扫描的方法。

1．使用broadcast-dhcp-discover.nse脚本

broadcast-dhcp-discover.nse 脚本通过向广播地址（255.255.255.255）发送一个 DHCP 请求，来寻找提供 DHCP 服务的主机。该脚本在执行操作时，使用静态 MAC 地址（de:ad:c0:de:ca:fe），以防止 IP 地址耗尽。使用该脚本实施 DHCP 扫描的语法格式如下：

```
nmap --script=broadcast-dhcp-discover.nse
```

提示：在 Nmap 的脚本中，使用--script 选项来指定其脚本或某类脚本，--script 和脚本之间的等于号（=）可以省略。另外，如果使用的扫描脚本提供有参数的话，则使用--script-args 选项指定，格式为--script-args=<n1=v1>,[n2=v2,…]。例如，如果指定新的目标主机，则格式为--script-args=newtargets=IP。

【实例 7-1】使用 broadcast-dhcp-discover.nse 脚本实施 DHCP 服务扫描。执行命令如下：

```
root@daxueba:~# nmap --script broadcast-dhcp-discover
Starting Nmap 7.70 ( https://nmap.org ) at 2018-12-30 18:30 CST
Pre-scan script results:
| broadcast-dhcp-discover:
|   Response 1 of 1:
|     IP Offered: 192.168.33.156                            #提供的 IP 地址
|     DHCP Message Type: DHCPOFFER                          #DHCP 消息类型
|     Server Identifier: 192.168.33.254                     #服务器标识符
|     IP Address Lease Time: 30m00s                         #IP 地址释放时间
|     Subnet Mask: 255.255.255.0                            #子网掩码
|     Router: 192.168.33.2                                  #路由地址
|     Domain Name Server: 192.168.33.2                      #域名服务
|     Domain Name: localdomain                              #域名
|     Broadcast Address: 192.168.33.255                     #广播地址
|     NetBIOS Name Server: 192.168.33.2                     #NetBIOS 名称服务
|     Renewal Time Value: 15m00s                            #更新时间值
|_    Rebinding Time Value: 26m15s                          #第二次选择时间值
WARNING: No targets were specified, so 0 hosts scanned.
Nmap done: 0 IP addresses (0 hosts up) scanned in 1.32 seconds
```

从以上输出信息中可以看到，本地网络的 DHCP 服务器 IP 地址为 192.168.33.156。

2．使用dhcp-discover.nse脚本

dhcp-discover.nse 脚本用来向目标主机发送一个 DHCP INFORM 请求到主机的 UDP 67 号端口，来获取所有本地配置参数。其中，DHCPINFORM 是一种从 DHCP 服务器返回有用信息而不分配 IP 地址的 DHCP 请求。使用该脚本实施 DHCP 扫描的语法格式如下：

```
nmap -sU -p [port] --script=dhcp-discover [target]
```

以上语法中的选项及含义如下。

- -sU：实施 UDP 端口扫描。Nmap 工具默认将扫描 TCP 端口。所以，如果要扫描 UDP 端口，则必须指定该选项。
- -p：指定扫描的端口，默认是 67。

【实例 7-2】使用 dhcp-discover.nse 脚本实施 DHCP 扫描。执行命令如下：

```
root@daxueba:~# nmap -sU -p 67 --script=dhcp-discover 192.168.1.1
Starting Nmap 7.70 ( https://nmap.org ) at 2019-01-07 11:03 CST
Nmap scan report for 192.168.1.1 (192.168.1.1)
Host is up (0.00092s latency).
PORT   STATE SERVICE
67/udp  open  dhcps
| dhcp-discover:
|   DHCP Message Type: DHCPACK                               #DHCP 消息类型
```

```
|   Subnet Mask: 255.255.255.0                              #子网掩码
|   Router: 192.168.1.1                                     #路由
|   Domain Name Server: 192.168.1.1                         #域名服务器（DNS）
|_  Server Identifier: 192.168.1.1                          #服务器标识
MAC Address: 70:85:40:53:E0:35 (Unknown)                    #MAC 地址
Nmap done: 1 IP address (1 host up) scanned in 0.61 seconds
```

从输出的信息中可以看到，目标主机开放了 UDP 的 67 号端口。而且，还可以看到本地的配置参数。例如，子网掩码为 255.255.255.0，路由地址为 192.168.1.1，DNS 服务器的地址为 192.168.1.1 等。

7.1.2 Daytime 服务

Daytime 服务是基于 TCP 的应用。该服务在 TCP 端口 13 侦听，一旦有连接建立就返回 ASCII 形式的日期和时间，在传送完后关闭连接，而服务接收到的数据则被忽略。Daytime 服务也可以使用 UDP 协议，端口也是 13，不过 UDP 是用数据报传送当前时间的，接收到的数据同样会被忽略。我们可以借助 Nmap 的 daytime 脚本对 Daytime 服务进行扫描，语法格式如下：

```
nmap -sV-p 13 --script=daytime <target>
```

【实例 7-3】使用 daytime 脚本实施 Daytime 服务扫描。执行命令如下：

```
root@daxueba:~# nmap -p 13 --script=daytime 195.223.72.174
Starting Nmap 7.70 ( https://nmap.org ) at 2019-01-07 12:10 CST
Nmap scan report for 195.223.72.174
Host is up (0.37s latency).
PORT   STATE   SERVICE
13/tcp  open    daytime
|_daytime: 07 JAN 2019 05:11:26 CET\x0D                      #获取的时间
Nmap done: 1 IP address (1 host up) scanned in 10.31 seconds
```

从以上输出信息中可以看到，从 Daytime 服务上获取的时间为 07 JAN 2019 05:11:26 CET\x0D。

7.1.3 NTP 服务

NTP 服务是基于 UDP 协议的服务，该服务默认监听的端口为 123。我们可以借助 Nmap 的 ntp-info.nse 脚本来实施 NTP 服务扫描。下面介绍具体的扫描方法。

ntp-info.nse 脚本用来获取时间和配置信息。该脚本用来实施扫描的语法格式如下：

```
nmap -sU -p 123 --script=ntp-info <target>
```

【实例 7-4】使用 ntp-info.nse 脚本对 NTP 服务实施扫描。执行命令如下：

```
root@daxueba:~# nmap -sU -p 123 --script=ntp-info 1.179.1.151
Starting Nmap 7.70 ( https://nmap.org ) at 2019-01-07 12:14 CST
Nmap scan report for 1.179.1.151
Host is up (0.30s latency).
PORT    STATE SERVICE
123/udp   open  ntp
| ntp-info:
|_  receive time stamp: 2000-05-11T05:11:10
Nmap done: 1 IP address (1 host up) scanned in 12.24 seconds
```

从输出的信息中可以看到，通过 ntp-info.nse 脚本成功获取到了目标 NTP 服务的时间，该时间为 2000-05-11T05:11:10。

7.1.4　LLTD 服务

LLTD（Link Layer Topology Discovery，链路层拓扑结构发现）作为 Windows Rally 技术的关键部分，主要完成网络设备的发现和网络拓扑结构图的绘制。我们可以借助 Nmap 的 lltd-discovery 脚本来实施扫描。lltd-discovery 脚本通过使用 Microsoft LLTD 协议，来发现本地网络中活动的主机。使用该脚本实施扫描的语法格式如下：

```
nmap --script=lltd-discovery [--script-args=lltd-discovery.interface=
interface,newtargets=IP]
```

以上语法中的参数及含义如下：

- lltd-discovery.interface：指定用于 LLTD 发现的接口。
- newtargets：指定一个新的扫描目标。

【实例 7-5】使用 LLTD 协议来探测网络中活动的主机，并指定一个新的目标实施扫描。执行命令如下：

```
root@daxueba:~# nmap --script lltd-discovery --script-args=lltd-discovery.
interface=eth0,newtargets=192.168.1.5
Starting Nmap 7.70 ( https://nmap.org ) at 2019-01-08 18:31 CST
Pre-scan script results:
| lltd-discovery:
|   192.168.1.5                                          #IP 地址
|     Hostname: Test-PC                                  #主机名
|     Mac: 00:0c:29:21:8c:96 (VMware)                    #MAC 地址
|_    IPv6: fe80::54b4:f48a:4804:2df0                    #IPv6 地址
Nmap scan report for test-pc (192.168.1.5)
Host is up (0.0011s latency).
Not shown: 981 closed ports
PORT   STATE SERVICE
```

```
21/tcp    open  ftp
22/tcp    open  ssh
80/tcp    open  http
135/tcp   open  msrpc
139/tcp   open  netbios-ssn
443/tcp   open  https
445/tcp   open  microsoft-ds
902/tcp   open  iss-realsecure
912/tcp   open  apex-mesh
1433/tcp  open  ms-sql-s
2383/tcp  open  ms-olap4
3389/tcp  open  ms-wbt-server
5357/tcp  open  wsdapi
49152/tcp open  unknown
49153/tcp open  unknown
49154/tcp open  unknown
49155/tcp open  unknown
49157/tcp open  unknown
49158/tcp open  unknown
MAC Address: 00:0C:29:21:8C:96 (VMware)
Nmap done: 1 IP address (1 host up) scanned in 9.97 seconds
```

从输出的信息中可以看到，使用 LLTD 协议扫描到活动的主机地址为 192.168.1.5，并且显示了该主机中开放的所有端口。

7.1.5 NetBIOS 服务

NetBIOS 协议是由 IBM 公司开发，主要用于数十台计算机的小型局域网。NetBIOS 协议监听 137（netbios-ns）、138（netbios-dgm）和 139（netbios-ssn）3 个端口。其中，UDP 端口 137 用来提供 NetBIOS 名称解析服务，负责将短名字解析为 IP 地址；UDP 端口 138 用于用户数据报服务，主要作用就是提供 NetBIOS 环境下的计算机名浏览功能；TCP 的 139 端口则提供会话服务，在有打印和文件共享数据传输的时候发挥作用，即传输控制协议。我们可以借助 Nmap 的 nbstat 脚本来实施 NetBIOS 服务扫描。

nbstat 脚本用来接收目标主机的 NetBIOS 名称和 MAC 地址。使用该脚本实施 NetBIOS 扫描的语法格式如下：

```
nmap -sU --script=nbstat.nse -p137 <host>
```

或者：

```
nmap --script=nbstat.nse -p139 <host>
```

【实例 7-6】实施 NetBIOS 服务扫描。执行命令如下：

```
root@daxueba:~# nmap -sU -p 137 --script=nbstat.nse 192.168.1.5
Starting Nmap 7.70 ( https://nmap.org ) at 2019-01-07 14:43 CST
Nmap scan report for test-pc (192.168.1.5)
Host is up (0.00046s latency).
PORT    STATE SERVICE
137/udp  open  netbios-ns
MAC Address: 00:0C:29:21:8C:96 (VMware)
Host script results:
|_nbstat: NetBIOS name: TEST-PC, NetBIOS user: <unknown>, NetBIOS MAC:
00:0c:29:21:8c:96 (VMware)
Nmap done: 1 IP address (1 host up) scanned in 0.96 seconds
```

从输出信息中可以看到，目标主机上开放了 NetBIOS 服务。而且，从扫描结果中可以看到目标主机的 NetBIOS 名称、用户和 MAC 地址信息。

7.2　文件共享服务

文件共享是指主动在网络上共享自己的计算机文件，最常见的文件共享服务有 AFP 和 NFS 等。本节将介绍对文件共享服务实施扫描的方法。

7.2.1　苹果 AFP 服务

AFP 服务是基于 TCP 协议工作的，其工作在 TCP 的 548 端口。我们可以借助 Nmap 的 afp-serverinfo 脚本来获取对应的服务信息。获取的信息包括服务器的主机名、IPv4 和 IPv6 地址及硬件类型。使用该脚本的语法格式如下：

```
nmap -sV --script=afp-serverinfo.nse <target> [--script-args=afp.password=
password,afp.username=username]
```

该脚本可使用的参数及含义如下。

- afp.password：指定 AFP 服务认证的密码。
- afp.username：指定 AFP 服务认证的用户名。

【实例 7-7】实施 AFP 服务扫描。执行命令如下：

```
root@daxueba:~# nmap -sV -p548 --script=afp-serverinfo.nse 208.83.1.237
Starting Nmap 7.70 ( https://nmap.org ) at 2019-01-07 14:57 CST
Nmap scan report for 208.83.1.237
Host is up (0.32s latency).
PORT    STATE   SERVICE    VERSION
548/tcp open    afp    Apple AFP (name: training-mac; protocol 3.4; VMware 7.1)
| afp-serverinfo:
```

```
|   Server Flags:                                          #服务标志
|     Flags hex: 0x9ff3                                    #十六进制值
|     Super Client: true                                   #超级客户端
|     UUIDs: true                                          #UUID
|     UTF8 Server Name: true                               #UTF-8 服务名
|     Open Directory: true                                 #打开的目录
|     Reconnect: true                                      #重新连接
|     Server Notifications: true                           #服务通知
|     TCP/IP: true                                         #TCP/IP
|     Server Signature: true                               #服务签名
|     Server Messages: false                               #服务消息
|     Password Saving Prohibited: false                    #禁止保存密码
|     Password Changing: true                              #修改密码
|     Copy File: true                                      #复制文件
|   Server Name: training-mac                              #服务名
|   Machine Type: VMware7,1                                #主机类型
|   AFP Versions: AFP3.4, AFP3.3, AFP3.2, AFP3.1, AFPX03   #AFP 版本
|   UAMs: DHCAST128, DHX2, Recon1, Client Krb v2, GSS      #安全策略
|   Server Signature: 564d26a7799b0b7776d7ac94e7314059     #服务签名
|   Directory Names:                                       #目录名称
|     afpserver/training-mac.local@LOCAL
|_  UTF8 Server Name: training-mac                         #UTF-8 服务名
Service Info: OS: Mac OS X; CPE: cpe:/o:apple:mac_os_x
Service detection performed. Please report any incorrect results at
https://nmap.org/submit/ .
Nmap done: 1 IP address (1 host up) scanned in 29.38 seconds
```

从输出信息中可以看到获取到 AFP 服务的相关信息。例如，服务名为 training-mac、主机类型为 VMware7,1、AFP 版本为 AFP 3.4、AFP 3.3、AFP 3.2、AFP 3.1 和 AFP X03 等。

7.2.2 苹果 DAAP 服务

DAAP 服务是基于 TCP 协议工作的服务，其工作在 TCP 的 3689 端口。我们可以借助 daap-get-library.nse 脚本来实施扫描，该脚本通过从 DAAP 服务中获取音乐列表，该列表包括艺人名字、专辑和歌曲标题。使用该脚本实施 DAAP 服务扫描的语法格式如下：

```
nmap -p 3689 --script=daap-get-library <target> [--script-args=daap_item_
limit=number]
```

其中，daap_item_limit 用于设置输出的歌曲数，默认是 100。

【实例 7-8】实施苹果 DAAP 服务扫描。执行命令如下：

```
root@daxueba:~# nmap -p 3689 --script=daap-get-library.nse 182.245.41.110
Starting Nmap 7.70 ( https://nmap.org ) at 2019-01-07 15:06 CST
```

```
Nmap scan report for 182.245.41.110
Host is up (0.090s latency).
PORT      STATE    SERVICE
3689/tcp  open     rendezvous
| daap-get-library:
|   Abby-cloud-ex2
|     unknown
|       unknown
|         \xE7\x90\xB4\xE9\x9F\xB5\xE8\x8C\xB6\xE5\xBF\x83\xE8\x83\x8C\
xE6\x99\xAF\xE9\x9F\xB3\xE4\xB9\x901.mp3                          #歌曲名
|         \xE7\x90\xB4\xE9\x9F\xB5\xE8\x8C\xB6\xE5\xBF\x83\xE8\x83\x8C\xE6\
x99\xAF\xE9\x9F\xB3\xE4\xB9\x9011\xE5\x88\x86.mp3         #歌曲名
|     \xE7\x8E\x8B\xE8\x8F\xB2
|       \xE5\xB9\xBD\xE5\x85\xB0\xE6\x93\x8D
|         \xE5\xB9\xBD\xE5\x85\xB0\xE6\x93\x8D
|
|
|_Output limited to 100 items
Nmap done: 1 IP address (1 host up) scanned in 8.23 seconds
```

从输出信息中可以看到目标主机上开启的 DAAP 服务，并且成功获取到了其音乐列表。

7.2.3　NFS 服务

NFS 服务是基于 TCP 协议工作的服务，其工作在 TCP 的 111 端口。可以借助 nfs-ls、nfs-showmount 和 nfs-statfs 这 3 个脚本实施扫描，以获取该服务的相关信息。下面介绍使用这 3 个脚本扫描 NFS 服务的方法。

1．使用nfs-ls.nse脚本

nfs-ls.nse 脚本用于获取 NFS 服务中共享的文件列表。语法格式如下：

```
nmap -p 111 --script=nfs-ls.nse <target>
```

【实例 7-9】使用 nfs-ls.nse 脚本实施扫描。执行命令如下：

```
root@daxueba:~# nmap -p 111 --script=nfs-ls.nse 192.168.1.6
Starting Nmap 7.70 ( https://nmap.org ) at 2019-01-07 15:13 CST
Nmap scan report for 192.168.1.6 (192.168.1.6)
Host is up (0.00040s latency).
PORT    STATE SERVICE
111/tcp    open   rpcbind
| nfs-ls: Volume /
|   access: Read Lookup Modify Extend Delete NoExecute
| PERMISSION   UID  GID    SIZE   TIME                  FILENAME
| drwxr-xr-x         0    0    4096   2012-05-14T03:35:33  bin
```

```
| drwxr-xr-x        0   0   4096   2010-04-16T06:16:02  home
| drwxr-xr-x        0   0   4096   2010-03-16T22:57:40  initrd
| lrwxrwxrwx        0   0   32    2010-04-28T20:26:18  initrd.img
| drwxr-xr-x        0   0   4096   2012-05-14T03:35:22  lib
| drwx------        0   0   16384  2010-03-16T22:55:15  lost+found
| drwxr-xr-x        0   0   4096   2010-03-16T22:55:52  media
| drwxr-xr-x        0   0   4096   2010-04-28T20:16:56  mnt
| drwxr-xr-x        0   0   4096   2012-05-14T01:54:53  sbin
| drwxr-xr-x        0   0   4096   2010-04-28T04:06:37  usr
|_
MAC Address: 00:0C:29:3E:84:91 (VMware)
Nmap done: 1 IP address (1 host up) scanned in 0.48 seconds
```

从输出信息中可以看到，目标主机开放了 NFS 服务，并且显示出了共享的文件。在输出的结果中，显示出了共享文件的权限（PERMISSION）、UID（用户 ID）、GID（组 ID）、SIZE（文件大小）、TIME（时间）和文件名（FILENAME）6 列信息。

2．使用nfs-showmount.nse脚本

nfs-showmount.nse 脚本用来显示 NFS 共享目录。语法格式如下：

```
nmap -p 111 --script=nfs-showmount [host]
```

【实例 7-10】使用 nfs-showmount.nse 脚本扫描 NFS 共享目录。执行命令如下：

```
root@daxueba:~# nmap -p 111 --script=nfs-showmount.nse 192.168.1.6
Starting Nmap 7.70 ( https://nmap.org ) at 2019-01-07 15:16 CST
Nmap scan report for 192.168.1.6 (192.168.1.6)
Host is up (0.00026s latency).
PORT    STATE SERVICE
111/tcp open  rpcbind
| nfs-showmount:
|_  / *
MAC Address: 00:0C:29:3E:84:91 (VMware)
Nmap done: 1 IP address (1 host up) scanned in 0.38 seconds
```

从输出信息中可以看到，目标主机上 NFS 服务共享的目录为根目录（/）。

7.3 Web 服务

Web 服务一般指网站服务器，是指驻留于因特网上某种类型计算机的程序，可以向浏览器等 Web 客户端提供文件，也可以放置网站文件和数据文件，让用户浏览和下载。其中，最常见的 Web 服务有 AJP 和 ASP.NET 等。本节将介绍对这些 Web 服务进行扫描的方法。

7.3.1　AJP 服务

AJP 服务是基于 TCP 协议工作的服务，其工作在 TCP 的 8009 端口。我们可以借助 Nmap 的一些脚本来实施 AJP 服务扫描。下面介绍使用这些脚本实施 AJP 服务扫描的方法。

1．使用ajp-auth.nse脚本

ajp-auth.nse 脚本用来获取 AJP 服务的认证摘要信息。语法格式如下：

```
nmap -p 8009 <ip> --script ajp-auth [--script-args=ajp-auth.path=/login]
```

其中，ajp-auth.path 参数用于定义请求的路径。

2．使用ajp-headers.nse脚本

ajp-headers.nse 脚本通过执行一个 HEAD 或 GET 请求，来获取服务器响应的头部。语法格式如下：

```
nmap -p 8009 <ip> --script=ajp-headers [--script-args=ajp-headers.path=path]
```

其中，ajp-headers.path 参数用于指定请求的路径，如/index.php。默认请求的路径为“/”。

【实例 7-11】使用 ajp-headers.nse 脚本获取服务器响应的头部信息。执行命令如下：

```
root@daxueba:~# nmap -p 8009 --script ajp-headers 192.168.1.6
Starting Nmap 7.70 ( https://nmap.org ) at 2019-01-07 16:57 CST
Nmap scan report for 192.168.1.6 (192.168.1.6)
Host is up (0.00034s latency).
PORT     STATE SERVICE
8009/tcp  open   ajp13
| ajp-headers:
|_  Content-Type: text/html;charset=ISO-8859-1
MAC Address: 00:0C:29:3E:84:91 (VMware)
Nmap done: 1 IP address (1 host up) scanned in 0.48 seconds
```

从输出信息中可以看到获取到目标服务响应的头部信息。

3．使用ajp-methods.nse脚本

ajp-methods.nse 脚本通过发送一个 OPTIONS 请求和存在风险方法的列表，来获取目标 AJP 服务支持的方法。语法格式如下：

```
nmap -p 8009 <ip> --script ajp-methods [--script-args=ajp-methods.path=path]
```

其中，ajp-methods.path 参数用于指定检测的路径或/。

【实例 7-12】获取目标 AJP 服务支持的方法。执行命令如下：

```
root@daxueba:~# nmap -p 8009 --script=ajp-methods 86.49.174.2
Starting Nmap 7.70 ( https://nmap.org ) at 2019-01-10 10:50 CST
Nmap scan report for 2.174.49.86.in-addr.arpa (86.49.174.2)
Host is up (0.25s latency).
PORT     STATE SERVICE
8009/tcp  open  ajp13
| ajp-methods:
|   Supported methods: GET HEAD POST PUT DELETE TRACE OPTIONS   #支持的方法
|   Potentially risky methods: PUT DELETE TRACE                #存在风险的方法
|_  See https://nmap.org/nsedoc/scripts/ajp-methods.html
Nmap done: 1 IP address (1 host up) scanned in 1.50 seconds
```

从输出信息中可以看到，目标主机上开放了 AJP 服务，并且显示了该服务支持的方法，如 GET、HEAD、POST、PUT 和 DELETE 等。

4．使用ajp-request.nse脚本

ajp-request.nse 脚本用来获取请求的 URI 详细信息。语法格式如下：

```
nmap -p 8009 <ip> --script ajp-request [--script-args=username=username,
path=path,filename=filename,password=password,method=method]
```

ajp-request.nse 脚本可使用的参数及含义如下。

- username：指定访问资源的用户名。
- path：指定请求的 URI 路径。
- filename：指定输出结果的文件名。
- password：指定访问资源的密码。
- method：指定请求 URI 的方法，默认是 GET。

【实例 7-13】获取请求的 URI 详细信息。执行命令如下：

```
root@daxueba:~# nmap -p 8009 --script ajp-request 192.168.1.6
Starting Nmap 7.70 ( https://nmap.org ) at 2019-01-07 16:58 CST
Nmap scan report for 192.168.1.6 (192.168.1.6)
Host is up (0.00023s latency).
PORT     STATE SERVICE
8009/tcp open  ajp13
| ajp-request:
| AJP/1.3 200 OK
| Content-Type: text/html;charset=ISO-8859-1
|
| iguring and using Tomcat</li>
|               <li><b><a href="mailto:dev@tomcat.apache.org">dev@tomcat.
apache.org</a></b> for developers working on Tomcat</li>
|           </ul>
|
```

```
|             <p>Thanks for using Tomcat!</p>
|
|             <p id="footer"><img src="tomcat-power.gif" width="77" height=
"80" alt="Powered by Tomcat"/><br/>
|          
|
|         Copyright &copy; 1999-2005 Apache Software Foundation<br/>
|             All Rights Reserved
|             </p>
|          </td>
|
|       </tr>
|  </table>
|
|  </body>
|_</html>
MAC Address: 00:0C:29:3E:84:91 (VMware)
Nmap done: 1 IP address (1 host up) scanned in 0.45 seconds
```

从以上输出信息中可以看到，通过使用 ajp-request.nse 脚本成功获取到了目标 AJP 服务请求的 UIR 详细信息。

7.3.2　ASP.NET 服务

ASP.NET 是一个开发框架，用于通过 HTML、CSS、JavaScript 及服务器脚本来构建网页和网站。我们可以借助 Nmap 的 http-aspnet-debug 脚本来实施扫描。http-aspnet-debug 脚本通过使用 HTTP DEBUG 请求，来判断 ASP.NET 应用程序是否启用了 Debug 功能。语法格式如下：

```
nmap --script http-aspnet-debug <target> [--script-args=http-aspnet-debug.
path=path]
```

其中，http-aspnet-debug.path 参数用于指定 URI 的路径，默认是“/”。

【实例 7-14】扫描目标主机，以确认是否启用了 Debug 功能。执行命令如下：

```
root@daxueba:~# nmap -p 80 --script=http-aspnet-debug 51.254.122.180
Starting Nmap 7.70 ( https://nmap.org ) at 2019-01-08 10:14 CST
Nmap scan report for 180.ip-51-254-122.eu (51.254.122.180)
Host is up (0.37s latency).
PORT   STATE SERVICE
80/tcp    open   http
| http-aspnet-debug:
|_  status: DEBUG is enabled                                  #状态
Nmap done: 1 IP address (1 host up) scanned in 2.27 seconds
```

从输出信息中可以看到，目标服务器上启用了 Debug 功能。

7.3.3 HTTP 认证服务

HTTP 服务是基于 TCP 协议工作的，其工作在 TCP 的 80 端口。我们可以借助 http-auth 脚本对 HTTP 服务实施扫描。http-auth 脚本可以用来获取 HTTP 服务认证信息。语法格式如下：

```
nmap --script http-auth [--script-args=http-auth.path=/login] -p80 <host>
```

其中，http-auth.path 参数用于指定请求的路径。

【实例 7-15】获取 HTTP 服务的认证信息。执行命令如下：

```
root@daxueba:~# nmap --script http-auth -p 80 80.88.126.226
Starting Nmap 7.70 ( https://nmap.org ) at 2019-01-10 11:06 CST
Nmap scan report for 80.88.126.226
Host is up (0.35s latency).
PORT   STATE SERVICE
80/tcp    open   http
| http-auth:
| HTTP/1.1 401 Unauthorized\x0D
|   Negotiate
|_  NTLM
```

从以上输出信息中可以看到，目标主机上开放了 HTTP 服务，启用的认证方式有 Negotiate 和 NTLM。

7.3.4 SSL 服务

SSL（Secure Sockets Layer，安全套接层）及其继任者传输层安全（Transport Layer Security，TLS）是为网络通信提供安全及数据完整性的一种安全协议。SSL 服务是基于 TCP 协议工作的，其工作在 TCP 的 443 端口。我们可以借助 Nmap 的一些脚本来实施 SSL 服务。下面介绍这些脚本的扫描方法。

1．使用ssl-cert脚本

ssl-cert 脚本用来获取 SSL 服务的认证信息。语法格式如下：

```
nmap --script=ssl-cert -p 443 <host>
```

【实例 7-16】使用 ssl-cert 脚本来获取 SSL 服务的认证信息。执行命令如下：

```
root@daxueba:~# nmap --script=ssl-cert -p 443 www.baidu.com
Starting Nmap 7.70 ( https://nmap.org ) at 2019-01-08 16:07 CST
```

```
Nmap scan report for www.baidu.com (61.135.169.125)
Host is up (0.023s latency).
Other addresses for www.baidu.com (not scanned): 61.135.169.121
PORT    STATE SERVICE
443/tcp   open    https
| ssl-cert: Subject: commonName=baidu.com/organizationName=Beijing Baidu
Netcom Science Technology Co., Ltd/stateOrProvinceName=beijing/countryName=CN
| Subject Alternative Name: DNS:baidu.com, DNS:baifubao.com, DNS:www.baidu.
cn, DNS:www.baidu.com.cn, DNS:mct.y.nuomi.com, DNS:baifae.com, DNS:apollo.
auto, DNS:*.baidu.com, DNS:*.baifubao.com, DNS:*.baidustatic.com, DNS:*.
bdstatic.com, DNS:*.bdimg.com, DNS:*.hao123.com, DNS:*.nuomi.com, DNS:*.
chuanke.com, DNS:*.trustgo.com, DNS:*.bce.baidu.com, DNS:*.eyun.baidu.
com, DNS:*.map.baidu.com, DNS:*.mbd.baidu.com, DNS:*.fanyi.baidu.com,
DNS:*.baidubce.com, DNS:*.mipcdn.com, DNS:*.news.baidu.com, DNS:*.baidupcs.
com, DNS:*.aipage.com, DNS:*.aipage.cn, DNS:*.bcehost.com, DNS:*.safe.baidu.
com, DNS:*.im.baidu.com, DNS:*.ssl2.duapps.com, DNS:*.baifae.com, DNS:*.
baiducontent.com, DNS:*.dlnel.com, DNS:*.dlnel.org, DNS:*.dueros.baidu.
com, DNS:*.su.baidu.com, DNS:*.91.com, DNS:*.hao123.baidu.com, DNS:*.
apollo.auto, DNS:*.xueshu.baidu.com, DNS:*.bj.baidubce.com, DNS:*.gz.
baidubce.com, DNS:click.hm.baidu.com, DNS:log.hm.baidu.com, DNS:cm.pos.
baidu.com, DNS:wn.pos.baidu.com, DNS:update.pan.baidu.com
| Issuer: commonName=GlobalSign Organization Validation CA - SHA256 -
G2/organizationName=GlobalSign nv-sa/countryName=BE
| Public Key type: rsa                                    #公钥类型
| Public Key bits: 2048                                   #公钥字节
| Signature Algorithm: sha256WithRSAEncryption            #签名算法
| Not valid before: 2018-04-03T03:26:03                   #有效时间之前
| Not valid after:  2019-05-26T05:31:02                   #有效时间之后
| MD5:  fd63 96dc 4e9f 1ea9 1651 d687 734d 3976           #MD5 值
|_SHA-1: d6aa f8cf a0e0 2365 47fc 2a89 4f89 5ec9 4724 a60d #SHA-1 值
Nmap done: 1 IP address (1 host up) scanned in 0.95 seconds
```

从输出信息中可以看到目标主机上 SSL 服务的认证信息。

2. 使用ssl-date脚本

ssl-date 脚本用来获取目标主机的日期和时间。语法格式如下：

```
nmap --script=ssl-date -p 443 <target>
```

【实例 7-17】使用 ssl-date 脚本来获取目标主机的信息。执行命令如下：

```
root@daxueba:~# nmap --script=ssl-date -p 443 www.baidu.com
Starting Nmap 7.70 ( https://nmap.org ) at 2019-01-08 16:07 CST
Nmap scan report for www.baidu.com (61.135.169.125)
Host is up (0.024s latency).
Other addresses for www.baidu.com (not scanned): 61.135.169.121
```

```
PORT    STATE SERVICE
443/tcp   open  https
|_ssl-date: 2019-01-08T08:07:40+00:00; 0s from scanner time.
Nmap done: 1 IP address (1 host up) scanned in 1.14 seconds
```

从以上输出信息中可以看到，使用 ssl-date 脚本成功获取到了目标主机的日期和时间。

3．使用ssl-dh-params脚本

ssl-dh-params 脚本用来获取暂时的 Diffie-Hellman 参数信息。语法格式如下：

```
nmap --script=ssl-dh-params -p 443 <target>
```

【实例 7-18】使用 ssl-dh-params 脚本对 SSL 服务实施扫描。执行命令如下：

```
root@daxueba:~# nmap --script=ssl-dh-params -p 443 194.4.240.95
Starting Nmap 7.70 ( https://nmap.org ) at 2019-01-09 15:55 CST
Nmap scan report for 194.4.240.95
Host is up (0.22s latency).
PORT    STATE SERVICE
443/tcp   open  https
| ssl-dh-params:
|   VULNERABLE:
|   Transport Layer Security (TLS) Protocol DHE_EXPORT Ciphers Downgrade MitM
(Logjam)
|     State: VULNERABLE
|     IDs:  CVE:CVE-2015-4000  OSVDB:122331
|       The Transport Layer Security (TLS) protocol contains a flaw that is
|       triggered when handling Diffie-Hellman key exchanges defined with
|       the DHE_EXPORT cipher. This may allow a man-in-the-middle attacker
|       to downgrade the security of a TLS session to 512-bit export-grade
|       cryptography, which is significantly weaker, allowing the attacker
|       to more easily break the encryption and monitor or tamper with
|       the encrypted stream.
|     Disclosure date: 2015-5-19
|     Check results:
|       EXPORT-GRADE DH GROUP 1
|             Cipher Suite: TLS_DHE_RSA_EXPORT_WITH_DES40_CBC_SHA
|             Modulus Type: Safe prime
|             Modulus Source: mod_ssl 2.2.x/512-bit MODP group with safe prime
modulus
|             Modulus Length: 512
|             Generator Length: 8
|             Public Key Length: 512
|     References:
|       http://osvdb.org/122331
|       https://weakdh.org
```

```
|       https://cve.mitre.org/cgi-bin/cvename.cgi?name=CVE-2015-4000
|   |   Diffie-Hellman Key Exchange Insufficient Group Strength
|     State: VULNERABLE
|       Transport Layer Security (TLS) services that use Diffie-Hellman
groups
|       of insufficient strength, especially those using one of a few commonly
|       shared groups, may be susceptible to passive eavesdropping attacks.
|     Check results:
|       WEAK DH GROUP 1
|             Cipher Suite: TLS_DHE_RSA_WITH_3DES_EDE_CBC_SHA
|             Modulus Type: Safe prime
|             Modulus Source: mod_ssl 2.2.x/1024-bit MODP group with safe
prime modulus
|             Modulus Length: 1024
|             Generator Length: 8
|             Public Key Length: 1024
|     References:
|_      https://weakdh.org
Nmap done: 1 IP address (1 host up) scanned in 8.44 seconds
```

从以上输出信息中可以看到，使用 ssl-dh-params 脚本成功获取到了目标服务的 Diffie-Hellman 参数信息。

4．使用ssl-enum-ciphers脚本

ssl-enum-ciphers 脚本用来枚举目标主机的加密方式。语法格式如下：

```
nmap --script=ssl-enum-ciphers -p 443 <target>
```

【实例 7-19】使用 ssl-enum-ciphers 脚本枚举目标主机的加密方式。执行命令如下：

```
root@daxueba:~# nmap --script=ssl-enum-ciphers -p 443 www.baidu.com
Starting Nmap 7.70 ( https://nmap.org ) at 2019-01-08 16:20 CST
Nmap scan report for www.baidu.com (61.135.169.125)
Host is up (0.020s latency).
Other addresses for www.baidu.com (not scanned): 61.135.169.121
PORT    STATE SERVICE
443/tcp   open  https
| ssl-enum-ciphers:
|   SSLv3:
|     ciphers:
|       TLS_RSA_WITH_RC4_128_SHA (rsa 2048) - C
|     compressors:
|       NULL
|     cipher preference: indeterminate
|     cipher preference error: Too few ciphers supported
|     warnings:
```

```
|       Broken cipher RC4 is deprecated by RFC 7465
|   TLSv1.0:
|     ciphers:
|       TLS_RSA_WITH_AES_128_CBC_SHA (rsa 2048) - A
|       TLS_RSA_WITH_AES_256_CBC_SHA (rsa 2048) - A
|       TLS_RSA_WITH_RC4_128_SHA (rsa 2048) - C
|       TLS_ECDHE_RSA_WITH_RC4_128_SHA (secp256r1) - C
|       TLS_ECDHE_RSA_WITH_AES_128_CBC_SHA (secp256r1) - A
|       TLS_ECDHE_RSA_WITH_AES_256_CBC_SHA (secp256r1) - A
|     compressors:
|       NULL
|     cipher preference: server
|     warnings:
|       Broken cipher RC4 is deprecated by RFC 7465
|   TLSv1.1:
|     ciphers:
|       TLS_RSA_WITH_AES_128_CBC_SHA (rsa 2048) - A
|       TLS_RSA_WITH_AES_256_CBC_SHA (rsa 2048) - A
|       TLS_RSA_WITH_RC4_128_SHA (rsa 2048) - C
|       TLS_ECDHE_RSA_WITH_RC4_128_SHA (secp256r1) - C
|       TLS_ECDHE_RSA_WITH_AES_128_CBC_SHA (secp256r1) - A
|       TLS_ECDHE_RSA_WITH_AES_256_CBC_SHA (secp256r1) - A
|     compressors:
|       NULL
|     cipher preference: server
|     warnings:
|       Broken cipher RC4 is deprecated by RFC 7465
|   TLSv1.2:
|     ciphers:
|       TLS_RSA_WITH_AES_128_CBC_SHA (rsa 2048) - A
|       TLS_RSA_WITH_AES_256_CBC_SHA (rsa 2048) - A
|       TLS_RSA_WITH_RC4_128_SHA (rsa 2048) - C
|       TLS_ECDHE_RSA_WITH_AES_128_GCM_SHA256 (secp256r1) - A
|       TLS_ECDHE_RSA_WITH_RC4_128_SHA (secp256r1) - C
|       TLS_ECDHE_RSA_WITH_AES_128_CBC_SHA (secp256r1) - A
|       TLS_ECDHE_RSA_WITH_AES_256_CBC_SHA (secp256r1) - A
|     compressors:
|       NULL
|     cipher preference: server
|     warnings:
|       Broken cipher RC4 is deprecated by RFC 7465
|_  least strength: C
Nmap done: 1 IP address (1 host up) scanned in 2.82 seconds
```

从以上输出信息中可以看到目标主机支持的加密方式。

5．使用sslv2脚本

sslv2 脚本用来判断目标服务器其是否支持 SSLv2，并且发现支持的加密方式。语法格式如下：

```
nmap --script=sslv2 -p 443 <target>
```

【实例 7-20】使用 sslv2 脚本扫描目标服务器是否支持 SSLv2 协议，以及其支持的加密方式。执行命令如下：

```
root@daxueba:~# nmap --script=sslv2 -p 443 84.200.8.181
Starting Nmap 7.70 ( https://nmap.org ) at 2019-01-08 16:25 CST
Nmap scan report for srv01.dc-host.de (84.200.8.181)
Host is up (0.32s latency).
PORT    STATE SERVICE
443/tcp   open  https
| sslv2:
|   SSLv2 supported
|   ciphers:                                              #加密方式
|     SSL2_RC4_128_EXPORT40_WITH_MD5
|     SSL2_DES_192_EDE3_CBC_WITH_MD5
|     SSL2_RC2_128_CBC_WITH_MD5
|     SSL2_RC4_128_WITH_MD5
|     SSL2_RC2_128_CBC_EXPORT40_WITH_MD5
|_    SSL2_DES_64_CBC_WITH_MD5
Nmap done: 1 IP address (1 host up) scanned in 5.61 seconds
```

从输出信息中可以看到目标主机支持 SSLv2 协议，并且可以看到其支持的所有加密方式。

6．使用tls-alpn脚本

tls-alpn 脚本通过使用 ALPN 协议来枚举 TLS 服务支持的应用层协议。语法格式如下：

```
nmap --script=tls-alpn <targets>
```

【实例 7-21】使用 tls-alpn 脚本对目标主机上的 SSL 服务实施扫描。执行命令如下：

```
root@daxueba:~# nmap --script=tls-alpn -p 443 www.baidu.com
Starting Nmap 7.70 ( https://nmap.org ) at 2019-01-08 16:27 CST
Nmap scan report for www.baidu.com (61.135.169.125)
Host is up (0.024s latency).
Other addresses for www.baidu.com (not scanned): 61.135.169.121
PORT    STATE SERVICE
443/tcp open  https
| tls-alpn:
|_  http/1.1
Nmap done: 1 IP address (1 host up) scanned in 1.13 seconds
```

从输出信息中可以看到，SSL 服务支持的应用层协议为 http/1.1。

7．使用tls-nextprotoneg脚本

tls-nextprotoneg 脚本通过使用 Next Protocol Negotiation Extension 来枚举 TLS 服务支持的协议。语法格式如下：

```
nmap --script=tls-nextprotoneg -p 443 [host]
```

【实例 7-22】使用 tls-nextprotoneg 脚本扫描 SSL 服务。执行命令如下：

```
root@daxueba:~# nmap --script=tls-nextprotoneg -p 443 www.baidu.com
Starting Nmap 7.70 ( https://nmap.org ) at 2019-01-08 16:28 CST
Nmap scan report for www.baidu.com (61.135.169.121)
Host is up (0.028s latency).
Other addresses for www.baidu.com (not scanned): 61.135.169.125
PORT    STATE SERVICE
443/tcp open  https
| tls-nextprotoneg:
|_  http/1.1
Nmap done: 1 IP address (1 host up) scanned in 1.17 seconds
```

从输出信息中可以看到，SSL 服务支持的协议为 http/1.1。

7.4　数据库服务

数据库服务器由运行在局域网中的一台或多台计算机和数据库管理系统软件共同构成，为客户应用程序提供了数据服务。最常见的数据库服务有 DB2、SQL Server 和 MySQL 等。本节将介绍对数据库服务实施扫描的方法。

7.4.1　DB2 数据库

IBM DB2 是美国 IBM 公司开发的一套关系型数据库管理系统，它主要的运行环境为 UNIX、Linux、IBMi、z/OS 及 Windows 服务器版本。DB2 数据库是基于 TCP 协议工作的，其工作在 TCP 的 523 端口。我们可以借助 Nmap 的 broadcast-db2-discover 和 db2-das-info 脚本来实施扫描。下面介绍具体的扫描方法。

1．使用broadcast-db2-discover脚本

broadcast-db2-discover 脚本通过发送一个广播请求到 UDP 端口 523，来发现网络中的 DB2 服务器。语法格式如下：

```
nmap --script=broadcast-db2-discover
```

2. 使用db2-das-info脚本

db2-das-info 脚本通过连接到 IBM DB2 管理服务器，来获取服务器的配置。语法格式如下：

```
nmap --script=db2-das-info <target>
```

【实例 7-23】使用 db2-das-info 脚本扫描 DB2 数据库服务。执行命令如下：

```
root@daxueba:~# nmap --script=db2-das-info -p 523 169.50.41.43
Starting Nmap 7.70 ( https://nmap.org ) at 2019-01-08 14:16 CST
Nmap scan report for 2b.29.32a9.ip4.static.sl-reverse.com (169.50.41.43)
Host is up (0.34s latency).
PORT    STATE SERVICE
523/tcp  open  ibm-db2
|_db2-das-info: false
Nmap done: 1 IP address (1 host up) scanned in 4.82 seconds
```

从输出信息中可以看到，目标主机上开放了 DB2 数据库，但是没有获取到其配置信息。

7.4.2　SQL Server 数据库

SQL Server 是美国 Microsoft 公司推出的一种关系型数据库系统。该数据库服务是基于 TCP 协议工作的，其工作在 TCP 协议的 1433 端口。我们可以借助 Nmap 的一些脚本对 SQL Server 数据库服务实施扫描。下面介绍具体的实现方法。

1. 使用ms-sql-info脚本

ms-sql-info 脚本用来获取 Microsoft SQL 服务实例的配置和版本信息。语法格式如下：

```
nmap -p 1433 --script=ms-sql-info <host>
```

【实例 7-24】使用 ms-sql-info 脚本对 SQL Server 数据库实施扫描。执行命令如下：

```
root@daxueba:~# nmap --script=ms-sql-info -p 1433 95.179.146.208
Starting Nmap 7.70 ( https://nmap.org ) at 2019-01-08 15:01 CST
Nmap scan report for 95.179.146.208.vultr.com (95.179.146.208)
Host is up (0.35s latency).
PORT     STATE SERVICE
1433/tcp   open  ms-sql-s
Host script results:
| ms-sql-info:
|   95.179.146.208:1433:
|     Version:                                            #版本
|       name: Microsoft SQL Server 2000 SP1+              #名称
|       number: 8.00.528.00                               #编号
```

```
|       Product: Microsoft SQL Server 2000                          #产品
|       Service pack level: SP1                                     #服务补丁级别
|       Post-SP patches applied: true
|_    TCP port: 1433                                                #TCP 端口
Nmap done: 1 IP address (1 host up) scanned in 8.67 seconds
```

从输出信息中可以看到获取到目标 SQL Server 数据库服务的相关信息。例如，数据库名称为 Microsoft SQL Server 2000 SP1+、产品为 Microsoft SQL Server 2000、服务补丁基本为 SP1 等。

2．使用ms-sql-ntlm-info脚本

ms-sql-ntlm-info 脚本用来枚举启用 NTLM 认证的 SQL Server 服务信息。语法格式如下：

```
nmap -p 1433 --script ms-sql-ntlm-info <target>
```

【实例 7-25】使用 ms-sql-ntlm-info 脚本对目标主机的 SQL Server 数据库服务实施扫描。执行命令如下：

```
root@daxueba:~# nmap -p 1433 --script ms-sql-ntlm-info 213.189.70.102
Starting Nmap 7.70 ( https://nmap.org ) at 2019-01-09 15:02 CST
Nmap scan report for 213.189.70.102
Host is up (0.39s latency).
PORT     STATE SERVICE
1433/tcp  open  ms-sql-s
| ms-sql-ntlm-info:
|_  Product_Version: 5.2.3790                                       #产品版本
Nmap done: 1 IP address (1 host up) scanned in 5.74 seconds
```

从输出信息中可以看到，通过使用 ms-sql-ntlm-info 脚本获取到了目标服务器的版本信息，其版本号为“5.2.3790”。

7.4.3 Cassandra 数据库

Cassandra 是一套开源分布式 NoSQL 数据库系统，它最初由 Facebook 开发，用于存储收件箱等简单格式数据。此后，由于 Cassandra 良好的可扩展性，被 Digg、Twitter 等知名 Web 2.0 网站所采纳，成为了一种流行的分布式结构数据存储方案。Cassandra 数据库是基于 TCP 协议工作的，其工作在 TCP 的 9160 端口。我们可以借助 Nmap 的 cassandra-info 脚本实施扫描。cassandra-info 脚本通过从 Cassandra 数据库中来获取服务器的基本信息和状态。语法格式如下：

```
nmap -p 9160 <ip> --script=cassandra-info
```

【实例 7-26】扫描 Cassandra 数据库。执行命令如下：

```
root@daxueba:~# nmap -p 9160 --script=cassandra-info 35.236.53.106
Starting Nmap 7.70 ( https://nmap.org ) at 2019-01-08 15:13 CST
Nmap scan report for 106.53.236.35.bc.googleusercontent.com (35.236.53.106)
Host is up (0.18s latency).
PORT     STATE SERVICE
9160/tcp  open  cassandra
| cassandra-info:
|   Cluster name: 0                                        #Cluster 名称
|_  Version: 19.4.0                                        #版本
Nmap done: 1 IP address (1 host up) scanned in 1.73 seconds
```

从输出信息中可以看到，目标主机开启了 Cassandra 数据库服务，并且通过 cassandra-info 脚本获取到了其客户端名称和版本信息。

7.4.4　CouchDB 数据库

CouchDB 是一个开源的面向文档的数据库管理系统。CouchDB 数据库服务是基于 TCP 协议工作的，其工作在 TCP 协议的 5984 端口。我们可以借助 Nmap 的 couchdb-databases 和 couchdb-stats 脚本来对其实施扫描。下面将介绍具体的扫描方法。

1．使用couchdb-databases脚本

couchdb-databases 脚本用来获取 CouchDB 数据库中的数据表。语法格式如下：

```
nmap -p 5984 --script=couchdb-databases.nse <host>
```

【实例 7-27】使用 couchdb-databases 脚本扫描 CouchDB 数据库。执行命令如下：

```
root@daxueba:~# nmap -p 5984 --script=couchdb-databases 13.80.244.231
Starting Nmap 7.70 ( https://nmap.org ) at 2019-01-08 15:16 CST
Nmap scan report for 13.80.244.231
Host is up (0.31s latency).
PORT     STATE SERVICE
5984/tcp open  httpd
| couchdb-databases:
|   1 = _global_changes
|   2 = _replicator
|   3 = _users
|   4 = composerchannel_
|   5 = composerchannel_lscc
|_  6 = composerchannel_shoganai-telemetry-network
Nmap done: 1 IP address (1 host up) scanned in 3.00 seconds
```

从以上输出信息中可以看到，目标主机中开启了 CouchDB 数据库服务，而且还看到了该数据库中的数据表。

2．使用couchdb-stats脚本

couchdb-stats 脚本用来获取 CouchDB 数据库的统计信息。语法格式如下：

```
nmap -p 5984 --script=couchdb-stats.nse <host>
```

【实例 7-28】使用 couchdb-stats 脚本对目标主机的 CouchDB 数据库实施扫描。执行命令如下：

```
root@daxueba:~# nmap -p 5984 --script=couchdb-stats  201.79.73.156
Starting Nmap 7.70 ( https://nmap.org ) at 2019-01-08 15:21 CST
Nmap scan report for 201-79-73-156.user.veloxzone.com.br (201.79.73.156)
Host is up (0.40s latency).
PORT     STATE SERVICE
5984/tcp  open   httpd
| couchdb-stats:
|   httpd_status_codes
|     412 (number of HTTP 412 Precondition Failed responses)
|       current
|       sum
|     404 (number of HTTP 404 Not Found responses)
|       current = 281.0
|       sum = 281.0
|     202 (number of HTTP 202 Accepted responses)
|       current
|       sum
|     304 (number of HTTP 304 Not Modified responses)
|       current
|       sum
|     500 (number of HTTP 500 Internal Server Error responses)
|       current
|       sum
……省略部分内容
|   httpd
|     bulk_requests (number of bulk requests)
|       current
|       sum
|     view_reads (number of view reads)
|       current
|       sum
|     clients_requesting_changes (number of clients for continuous _changes)
|       current
|       sum
|     requests (number of HTTP requests)
```

```
|       current = 2209.0
|       sum = 2209.0
|     temporary_view_reads (number of temporary view reads)
|       current
|       sum
|_  Authentication : NOT enabled ('admin party')
Nmap done: 1 IP address (1 host up) scanned in 4.40 seconds
```

从以上输出信息中可以看到目标主机中 CouchDB 数据库的统计信息。由于输出的信息较多，中间部分结果省略了。

7.4.5　MySQL 数据库

MySQL 是一种开放源代码的关系型数据库管理系统，该数据库工作在 TCP 的 3306 端口。我们可以借助 Nmap 的 mysql-info 脚本来实施 MySQL 数据库服务扫描。

mysql-info 脚本用来获取 MySQL 数据库服务的信息，如协议、版本号、线程 ID、状态、密码撒盐值等。语法格式如下：

```
nmap --script=mysql-info -p 3306 <target>
```

【实例 7-29】对目标主机上的 MySQL 数据库服务实施扫描。执行命令如下：

```
root@daxueba:~# nmap --script=mysql-info -p 3306 192.168.1.6
Starting Nmap 7.70 ( https://nmap.org ) at 2019-01-08 15:22 CST
Nmap scan report for 192.168.1.6 (192.168.1.6)
Host is up (0.0011s latency).
PORT     STATE SERVICE
3306/tcp    open  mysql
| mysql-info:
|   Protocol: 10                                            #协议
|   Version: 5.0.51a-3ubuntu5                               #版本
|   Thread ID: 7                                            #线程 ID
|   Capabilities flags: 43564                               #兼容性标志位
|  Some Capabilities:Support41Auth,SupportsTransactions,SupportsCompression,
ConnectWithDatabase, LongColumnFlag, SwitchToSSLAfterHandshake, Speaks41
ProtocolNew                                                 #兼容的性能
|   Status: Autocommit                                      #状态
|_  Salt: (dC_4(gRFGoz7A"#*GgP                              #撒盐
MAC Address: 00:0C:29:3E:84:91 (VMware)
Nmap done: 1 IP address (1 host up) scanned in 0.49 seconds
```

从以上输出信息中可以看到，目标主机中开放了 MySQL 数据库服务，并且获取到了对应的信息。例如，该服务的协议号为 10、版本号为 5.0.51a-3ubuntu5、线程 ID 为 7 等。

7.4.6 Oracle 数据库

Oracle 数据库是甲骨文公司的一款关系型数据库管理系统。该数据库工作于 TCP 的 1521 端口。用户可以借助 Nmap 的 oracle-tns-version 脚本探测 Oracle TNS 监听器的版本。语法格式如下：

```
nmap -p 1521 -sV --script=oracle-tns-version <target>
```

【实例 7-30】实施 Oracle 数据库扫描。执行命令如下：

```
root@daxueba:~# nmap 192.168.29.139 -p 1521 -sV --script=oracle-tns-version
Starting Nmap 7.70 ( https://nmap.org ) at 2019-04-11 13:36 CST
Nmap scan report for 192.168.29.139 (192.168.29.139)
Host is up (0.0054s latency).
PORT     STATE SERVICE    VERSION
1521/tcp  open  oracle-tns   Oracle TNS listener 11.2.0.1.0 (unauthorized)
MAC Address: 00:0C:29:A6:9D:F8 (VMware)
Service detection performed. Please report any incorrect results at
https://nmap.org/submit/ .
Nmap done: 1 IP address (1 host up) scanned in 17.11 seconds
```

从输出的信息可以看到，目标主机号开放了 Oracle 数据库服务，并且显示了 Oracle TNS 监听器的版本。其中，该数据库服务的 TNS 监听器版本为 11.2.0.1.0。

7.5 远程登录服务

远程登录服务可以将用户计算机与远程主机连接起来，在远程计算机上运行程序，将相应的屏幕显示传送到本地主机，并将本地的输入发送给远程计算机。最常见的远程登录服务有 RDP、SSH 和 VNC 等。本节将介绍对远程登录服务实施扫描的方法。

7.5.1 RDP 服务

RDP（Remote Desktop Protocol，远程桌面协议）是一个多通道的协议，可以让用户连上提供微软终端机服务的计算机。RDP 服务是基于 TCP 协议工作的，其工作在 TCP 协议的 3389 端口。我们可以借助 Nmap 的 rdp-enum-encryption 脚本来实施扫描。rdp-enum-encryption 脚本用来判断 RDP 服务支持的安全级别和加密级别。语法格式如下：

```
nmap -p 3389 --script=rdp-enum-encryption <ip>
```

【实例 7-30】扫描目标主机上的 RDP 服务。执行命令如下：

```
root@daxueba:~# nmap -p 3389 --script rdp-enum-encryption  118.25.151.112
Starting Nmap 7.70 ( https://nmap.org ) at 2019-01-08 15:52 CST
Nmap scan report for 118.25.151.112
Host is up (0.040s latency).
PORT     STATE SERVICE
3389/tcp  open  ms-wbt-server
| rdp-enum-encryption:
|   Security layer                                                  #安全级别
|     CredSSP: SUCCESS
|     Native RDP: SUCCESS
|     SSL: SUCCESS
|   RDP Encryption level: Unknown                                   #RDP 加密级别
|_    128-bit RC4: SUCCESS
Nmap done: 1 IP address (1 host up) scanned in 2.08 seconds
```

从输出的信息中可以看到，目标主机开放了 RDP 服务，并且显示出了支持的安全级别和加密级别信息。

7.5.2　SSH 服务

SSH（Secure Shell）由 IETF 的网络小组（Network Working Group）所制定。SSH 是建立在应用层基础上的安全协议，是基于 TCP 协议工作的，其工作在 TCP 的 22 号端口。我们可以借助 Nmap 的脚本来实施扫描。

1．使用ssh2-enum-algos脚本

ssh2-enum-algos 脚本用来获取 SSH 服务支持的加密算法。语法格式如下：

```
nmap --script=ssh2-enum-algos < target >
```

【实例 7-31】使用 ssh2-enum-algos 脚本扫描 SSH 服务。执行命令如下：

```
root@daxueba:~# nmap -p 22 --script ssh2-enum-algos 192.168.1.6
Starting Nmap 7.70 ( https://nmap.org ) at 2019-01-08 15:55 CST
Nmap scan report for 192.168.1.6 (192.168.1.6)
Host is up (0.00028s latency).
PORT   STATE SERVICE
22/tcp  open  ssh
| ssh2-enum-algos:
|   kex_algorithms: (4)
|       diffie-hellman-group-exchange-sha256
|       diffie-hellman-group-exchange-sha1
|       diffie-hellman-group14-sha1
|       diffie-hellman-group1-sha1
```

```
|   server_host_key_algorithms: (2)
|       ssh-rsa
|       ssh-dss
|   encryption_algorithms: (13)
|       aes128-cbc
|       3des-cbc
|       blowfish-cbc
|       cast128-cbc
|       arcfour128
|       arcfour256
|       arcfour
|       aes192-cbc
|       aes256-cbc
|       rijndael-cbc@lysator.liu.se
|       aes128-ctr
|       aes192-ctr
|       aes256-ctr
|   mac_algorithms: (7)
|       hmac-md5
|       hmac-sha1
|       umac-64@openssh.com
|       hmac-ripemd160
|       hmac-ripemd160@openssh.com
|       hmac-sha1-96
|       hmac-md5-96
|   compression_algorithms: (2)
|       none
|_      zlib@openssh.com
MAC Address: 00:0C:29:3E:84:91 (VMware)
Nmap done: 1 IP address (1 host up) scanned in 0.42 seconds
```

从以上输出信息中可以看到目标主机上支持的所有加密算法。

2．使用sshv1脚本

sshv1 脚本用来检测 SSH 服务是否支持 SSH 协议版本 1（SSHv1）。语法格式如下：

```
nmap --script=sshv1 -p 22 <target>
```

【实例 7-32】使用 sshv1 脚本实施扫描。执行命令如下：

```
root@daxueba:~# nmap --script=sshv1 -p 22  144.202.128.3
Starting Nmap 7.70 ( https://nmap.org ) at 2019-03-04 17:06 CST
Nmap scan report for console.transsys.com (144.202.128.3)
Host is up (0.32s latency).
PORT   STATE SERVICE
```

```
22/tcp open  ssh
|_sshv1: Server supports SSHv1
Nmap done: 1 IP address (1 host up) scanned in 2.73 seconds
```

从输出信息中可以看到，目标服务器支持 SSHv1 版本。

7.5.3　VMware 服务

VMware 用来对外提供虚拟化服务。该服务是基于 TCP 协议工作的，其工作在 TCP 的 443 端口。我们可以使用 Nmap 的 vmware-version 脚本对 VMware 服务实施扫描，vmware-version 脚本用来获取 VMware 服务的版本信息。语法格式如下：

```
nmap --script=vmware-version -p 443 [host]
```

使用 vmware-version 脚本扫描 VMware 服务。执行命令如下：

```
root@daxueba:~# nmap --script=vmware-version -p 443 134.119.193.210
Starting Nmap 7.70 ( https://nmap.org ) at 2019-01-09 16:45 CST
Nmap scan report for 134.119.193.210
Host is up (0.20s latency).
PORT    STATE SERVICE
443/tcp    open  https
| vmware-version:
|   Server version: VMware ESXi 6.5.0                        #服务版本
|   Build: 4887370                                           #内置编号
|   Locale version: INTL 000                                 #本地版本
|   OS type: vmnix-x86                                       #操作系统类型
|_  Product Line ID: embeddedEsx                             #产品行 ID
Service Info: CPE: cpe:/o:vmware:ESXi:6.5.0
Nmap done: 1 IP address (1 host up) scanned in 2.31 seconds
```

从输出信息中可以看到，目标主机中开放了 VMware 服务，并且获取到了该服务对应的信息。

7.5.4　VNC 服务

VNC 服务是基于 TCP 协议工作的，其工作在 TCP 的 5900 端口。我们可以借助 Nmap 的 vnc-info 和 vnc-title 脚本实施 VNC 服务扫描。下面介绍实施 VNC 服务扫描的方法。

vnc-info 脚本用来获取 VNC 服务的协议版本及支持的安全类型。语法格式如下：

```
nmap -p 5900 --script=vnc-info  <target>
```

【实例 7-33】使用 vnc-info 脚本获取 VNC 服务的版本及支持的安全类型。执行命令如下：

```
root@daxueba:~# nmap -p 5900 --script=vnc-info 192.168.1.6
Starting Nmap 7.70 ( https://nmap.org ) at 2019-01-08 16:33 CST
Nmap scan report for 192.168.1.6 (192.168.1.6)
Host is up (0.00036s latency).
PORT     STATE SERVICE
5900/tcp   open  vnc
| vnc-info:
|   Protocol version: 3.3                                    #协议版本
|   Security types:                                          #安全类型
|_    VNC Authentication (2)
MAC Address: 00:0C:29:3E:84:91 (VMware)
Nmap done: 1 IP address (1 host up) scanned in 0.36 seconds
```

从输出信息中可以看到，目标主机开启了 VNC 服务，并且获取到了 VNC 服务的基本信息。例如，该服务的协议版本为 3.3，安全类型为 VNC Authentication。

7.6 邮件服务

邮件服务器是一种用来负责电子邮件收发管理的软件。它比网络上的免费邮箱更安全和高效，因此一直是企业公司的必备设备。其中，最常见的邮件服务有 SMTP、IMAP 和 POP3。本节将介绍对这些邮件服务实施扫描的方法。

7.6.1 邮件 IMAP 服务

IMAP 服务是基于 TCP 协议工作的，其工作在 TCP 协议的 143 和 993 端口。我们可以借助 Nmap 的 imap-capabilities 和 imap-ntlm-info 脚本实施扫描。下面介绍具体的扫描方法。

1. 使用imap-capabilities脚本

imap-capabilities 脚本用来获取 IMAP 邮件服务支持的功能。语法格式如下：

```
nmap -p 143 --script=imap-capabilities <target>
```

【实例 7-34】使用 imap-capabilities 脚本实施 IMAP 邮件服务。执行命令如下：

```
root@daxueba:~# nmap -p 143 --script=imap-capabilities 95.128.5.127
Starting Nmap 7.70 ( https://nmap.org ) at 2019-01-08 16:47 CST
Nmap scan report for xv200.64bitswebhosting.eu (95.128.5.127)
Host is up (0.34s latency).
PORT     STATE SERVICE
143/tcp    open   imap
|_imap-capabilities: more OK ID LOGIN-REFERRALS listed SASL-IR capabilities
```

```
post-login AUTH=PLAINA0001 have STARTTLS LITERAL+ Pre-login ENABLE IDLE
IMAP4rev1
Nmap done: 1 IP address (1 host up) scanned in 2.90 seconds
```

从输出的信息中可以看到目标主机上开放了 IMAP 服务，并且显示了该服务支持的功能。

2．使用imap-ntlm-info脚本

imap-ntlm-info 脚本用来枚举启用 NTLM 认证的 IMAP 服务。语法格式如下：

```
nmap -p 143,993 --script imap-ntlm-info <target>
```

【实例 7-35】使用 imap-ntlm-info 脚本枚举启用 NTLM 认证的 IMAP 服务信息。执行命令如下：

```
root@daxueba:~# nmap -p 143,993 --script=imap-ntlm-info 95.38.219.130
Starting Nmap 7.70 ( https://nmap.org ) at 2019-01-08 16:49 CST
Nmap scan report for 95.38.219.130
Host is up (0.29s latency).
PORT    STATE SERVICE
143/tcp open  imap
| imap-ntlm-info:
|   Target_Name: AR                                   #目标名称
|   NetBIOS_Domain_Name: AR                           #NetBIOS 域名
|   NetBIOS_Computer_Name: KC-MAIL                    #NetBIOS 计算机名
|   DNS_Domain_Name: ar.loc                           #DNS 名称
|   DNS_Computer_Name: kc-mail.ar.loc                 #DNS 计算机名
|   DNS_Tree_Name: ar.loc                             #DNS 树名
|_  Product_Version: 10.0.14393                       #产品版本
993/tcp open  imaps
| imap-ntlm-info:
|   Target_Name: AR
|   NetBIOS_Domain_Name: AR
|   NetBIOS_Computer_Name: KC-MAIL
|   DNS_Domain_Name: ar.loc
|   DNS_Computer_Name: kc-mail.ar.loc
|   DNS_Tree_Name: ar.loc
|_  Product_Version: 10.0.14393
Nmap done: 1 IP address (1 host up) scanned in 4.26 seconds
```

从输出信息中可以看到目标主机上 IMAP 服务的基本信息。

7.6.2　邮件 POP3 服务

POP3 服务是基于 TCP 协议工作的，其工作在 TCP 的 110 和 995 端口。我们可以使

用 Nmap 的 pop3-capabilities 脚本实施扫描，该脚本用来枚举启用 NTLM 认证的 POP3 服务器。语法格式如下：

```
nmap -p 110,995 --script pop3-ntlm-info <target>
```

【实例 7-36】扫描 POP3 服务器。执行命令如下：

```
root@daxueba:~# nmap -p 110,995 --script=pop3-ntlm-info 180.76.188.46
Starting Nmap 7.70 ( https://nmap.org ) at 2019-01-08 16:57 CST
Nmap scan report for 180.76.188.46
Host is up (0.029s latency).
PORT    STATE SERVICE
110/tcp  open  pop3
| pop3-ntlm-info:
|   Target_Name: INSTANCE-DRYC8C
|   NetBIOS_Domain_Name: INSTANCE-DRYC8C
|   NetBIOS_Computer_Name: INSTANCE-DRYC8C
|   DNS_Domain_Name: instance-dryc8c
|   DNS_Computer_Name: instance-dryc8c
|_  Product_Version: 6.1.7601
995/tcp open  pop3s
| pop3-ntlm-info:
|   Target_Name: INSTANCE-DRYC8C
|   NetBIOS_Domain_Name: INSTANCE-DRYC8C
|   NetBIOS_Computer_Name: INSTANCE-DRYC8C
|   DNS_Domain_Name: instance-dryc8c
|   DNS_Computer_Name: instance-dryc8c
|_  Product_Version: 6.1.7601
Nmap done: 1 IP address (1 host up) scanned in 1.12 seconds
```

从输出信息中可以看到，目标主机上启用了 POP3 服务，并且显示了该服务的相关信息。

7.6.3 邮件 SMTP 服务

SMTP 服务是基于 TCP 协议工作的，其工作在 TCP 的 25 号端口。我们可以使用 smtp-ntlm-info 脚本实施 SMTP 服务扫描。smtp-ntlm-info 脚本用来枚举启用 NTLM 认证的 SMTP 服务信息。语法格式如下：

```
nmap -p 25 --script=smtp-ntlm-info <target>
```

【实例 7-37】实施 SMTP 服务扫描。执行命令如下：

```
root@daxueba:~# nmap -p 25 --script=smtp-ntlm-info 90.85.125.180
Starting Nmap 7.70 ( https://nmap.org ) at 2019-01-08 17:02 CST
Nmap scan report for mailhost.wselille.fr (90.85.125.180)
```

```
Host is up (0.38s latency).
PORT   STATE SERVICE
25/tcp  open  smtp
| smtp-ntlm-info:
|   Target_Name: WSELILLE
|   NetBIOS_Domain_Name: WSELILLE
|   NetBIOS_Computer_Name: SRVEXCHLILLE
|   DNS_Domain_Name: WSELILLE.LOCAL
|   DNS_Computer_Name: SRVEXCHLILLE.WSELILLE.LOCAL
|   DNS_Tree_Name: WSELILLE.LOCAL
|_  Product_Version: 6.3.9600
Nmap done: 1 IP address (1 host up) scanned in 5.08 seconds
```

从输出的信息中可以看到，目标主机上启用了 SMTP 服务，并且显示了 SMTP 服务的相关信息。

7.7　其他服务

除了前面介绍的服务外，还有一些常见服务，如 DICT 服务、IRC 服务和硬盘监测服务等。本节将介绍对这些服务实施扫描的方法。

7.7.1　字典 DICT 服务

字典 DICT 服务是基于 TCP 协议工作的，其工作在 TCP 的 2628 端口。我们可以借助 Nmap 的 dict-info 脚本实施扫描，该脚本通过使用 DICT 协议来连接字典服务，并获取其结果。语法格式如下：

```
nmap --script=dict-info -p 2628 <target>
```

【实例 7-38】对目标主机上的 DICT 服务实施扫描。执行命令如下：

```
root@daxueba:~# nmap --script=dict-info -p 2628 93.180.26.255
Starting Nmap 7.70 ( https://nmap.org ) at 2019-01-10 12:28 CST
Nmap scan report for lnfml.sai.msu.ru (93.180.26.255)
Host is up (0.39s latency).
PORT     STATE SERVICE
2628/tcp  open  dict
| dict-info:
|   dictd 1.5.5/rf on Linux 2.4.20-28.8
|   On lnfml.sai.msu.ru: up 34+12:20:47, 15 forks (0,0/hour)
|
|   Database      Headwords         Index          Data  Uncompressed
```

```
|   korolew_ruen      32451        543 kB       1642 kB       3812 kB
|_  Mueller24         67070       1166 kB       2986 kB       7378 kB
Nmap done: 1 IP address (1 host up) scanned in 2.98 seconds
```

从输出信息中可以看到目标主机上启动的DICT服务，并且显示了该服务的基本信息。

7.7.2 IRC 服务

IRC 服务是基于 TCP 协议工作的，其工作在 TCP 的 6667 端口。我们可以借助 irc-info 脚本来实施扫描。irc-info 脚本用来获取 IRC 服务信息。语法格式如下：

```
nmap -p 6667 --script=irc-info <target>
```

【实例 7-39】对目标主机的 IRC 服务实施扫描。执行命令如下：

```
root@daxueba:~# nmap -p 6667 --script=irc-info 192.168.1.6
Starting Nmap 7.70 ( https://nmap.org ) at 2019-01-08 17:34 CST
Nmap scan report for 192.168.1.6 (192.168.1.6)
Host is up (0.00020s latency).
PORT     STATE SERVICE
6667/tcp  open    irc
| irc-info:
|   users: 1                                                    #用户数
|   servers: 1                                                  #服务数
|   lusers: 1
|   lservers: 0
|   server: irc.Metasploitable.LAN                              #服务信息
|   version: Unreal3.2.8.1. irc.Metasploitable.LAN              #版本
|   uptime: 0 days, 7:24:30                                     #更新时间
|   source ident: nmap                                          #源识别
|   source host: EA06A71D.78DED367.FFFA6D49.IP                  #源主机
|_  error: Closing Link: dzxkcqhkf[192.168.1.10] (Quit: dzxkcqhkf)
MAC Address: 00:0C:29:3E:84:91 (VMware)
Nmap done: 1 IP address (1 host up) scanned in 1.38 seconds
```

从输出信息中可以看到，目标主机上开启了 IRC 服务，并显示了该服务的相关信息。

7.7.3 硬盘监测服务

硬盘监测服务是基于 TCP 协议工作的，其工作在 TCP 的 7634 端口。我们可以借助 Nmap 的 hddtemp-info 脚本来实施扫描。hddtemp-info 脚本通过监听硬盘检测服务来读取硬盘信息，如品牌、型号及温度等。语法格式如下：

```
nmap -p 7634 --script=hddtemp-info <target>
```

【实例 7-40】使用 hddtemp-info 脚本实施硬盘监测服务。执行命令如下：

```
root@daxueba:~# nmap -p 7634 --script=hddtemp-info 91.219.209.93
Starting Nmap 7.70 ( https://nmap.org ) at 2019-01-08 17:36 CST
Nmap scan report for serv2.ekonto.net (91.219.209.93)
Host is up (0.31s latency).
PORT     STATE SERVICE
7634/tcp   open  hddtemp
| hddtemp-info:
|   /dev/sda: KINGSTON SV300S37A120G: 26 C
|_  /dev/sdb: WDC WD10EZEX-08WN4A0: 32 C
Nmap done: 1 IP address (1 host up) scanned in 13.29 seconds
```

从输出信息中可以看到，目标主机上开启了硬盘监测服务，并显示了该服务的相关信息，如硬盘类型、型号和温度。

第 8 章　信息整理及分析

通过前面几章中介绍的扫描方法，我们可以收集到大量的信息。为了后续渗透测试操作，需要将这些信息进行整理和分析，这时可以使用 Maltego 工具。同时，Maltego 还提供信息挖掘功能，可以帮助我们获取更多有价值的信息。本章将讲解如何使用 Maltego 工具对信息进行整理和分析。

8.1 准 备 环 境

如果要使用 Maltego 工具对信息进行整理及分析，需要先安装该工具。在 Kali Linux 系统中，默认已经安装了。如果读者使用的是非 Kali Linux 系统的话，则需要手动安装。本节将介绍使用 Maltego 工具的一些准备工作。

8.1.1 获取 Maltego

Maltego 工具的下载地址为 https://www.paterva.com/web7/downloads.php。在浏览器中输入该地址后，显示界面如图 8.1 所示。

从图 8.1 中可以看到，Maltego 工具支持的操作系统平台有 Windows、Linux 和 Mac。而且其中还显示了所有的安装包文件名，以及 MD5 和 SHA256 的哈希值。如果想要验证下载的安装包文件是否完整，可以使用 MD5 或 SHA256 哈希检验工具对安装包进行校验，然后与该网站提供的值进行比对。如果校验后的值与该页面中的值相同，则表示安装包下载完整。否则表示下载失败。

读者可以根据自己的操作系统类型及架构选择对应的安装包。例如，这里选择下载 Windows 版本的安装包。其中，Windows 版本的安装包有两个，一个包括 Java 程序，一个没有包括 Java 程序。如果读者的系统中已经安装了 Java 程序的话，直接选择.exe 包下载即可。如果没有安装，则需要选择类型为.exe+Java(x64)的安装包，然后单击 Download 按钮，将开始下载安装包。这里选择下载.exe 安装包。下载完成后，安装包名为 MaltegoSetup.v4.2.1.12168.exe。

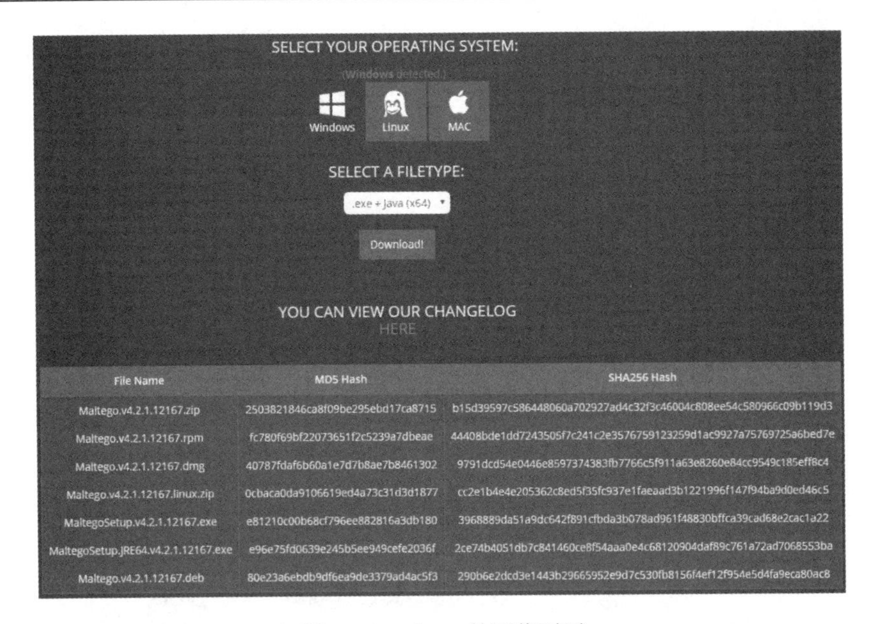

图 8.1　Maltego 的下载页面

8.1.2　安装 Maltego

当成功获取到 Maltego 的安装包后，即可着手安装该工具了。下面介绍具体的安装方法。

（1）双击下载的 Maltego 安装包 MaltegoSetup.v4.2.1.12168.exe，将弹出如图 8.2 所示对话框。

图 8.2　欢迎界面

（2）该对话框是 Maltego 的欢迎界面。单击 Next 按钮，进入如图 8.3 所示对话框。

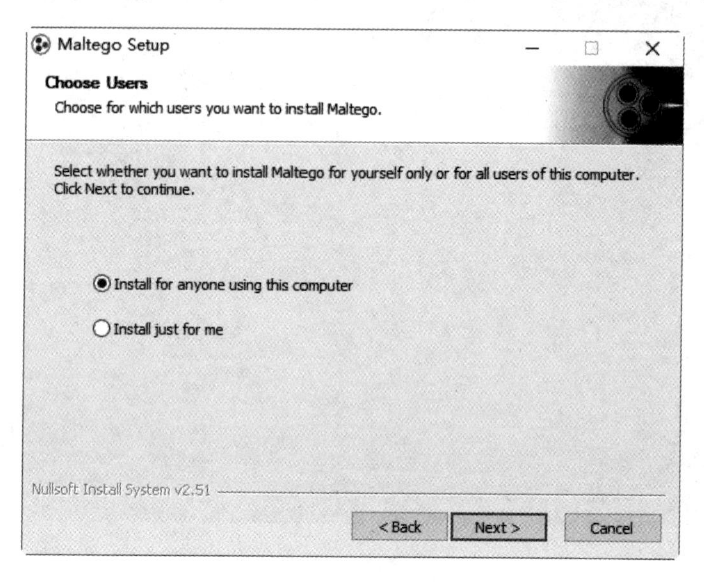

图 8.3　选择用户

（3）在该对话框中选择将 Maltego 供哪些用户使用。此时，选择 Install for anyone using this computer 单选按钮，并单击 Next 按钮，进入如图 8.4 所示对话框。

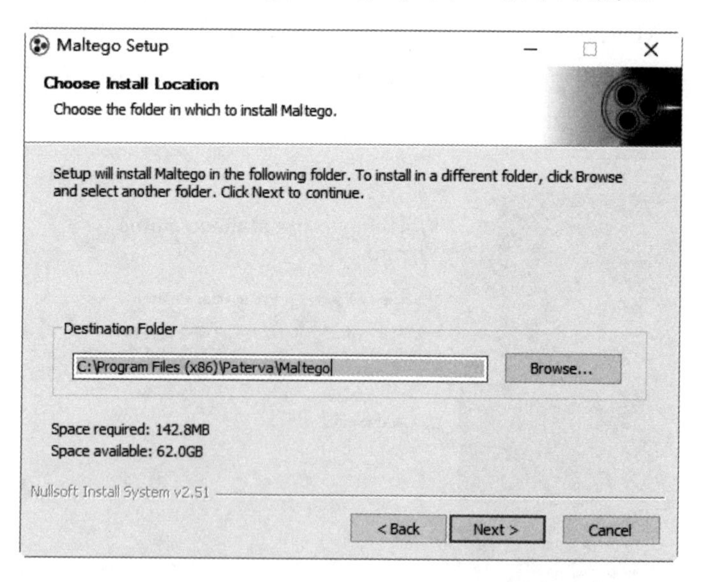

图 8.4　选择安装位置

（4）在该对话框中选择 Maltego 的安装位置。这里使用默认安装位置，单击 Next 按钮，进入如图 8.5 所示对话框。

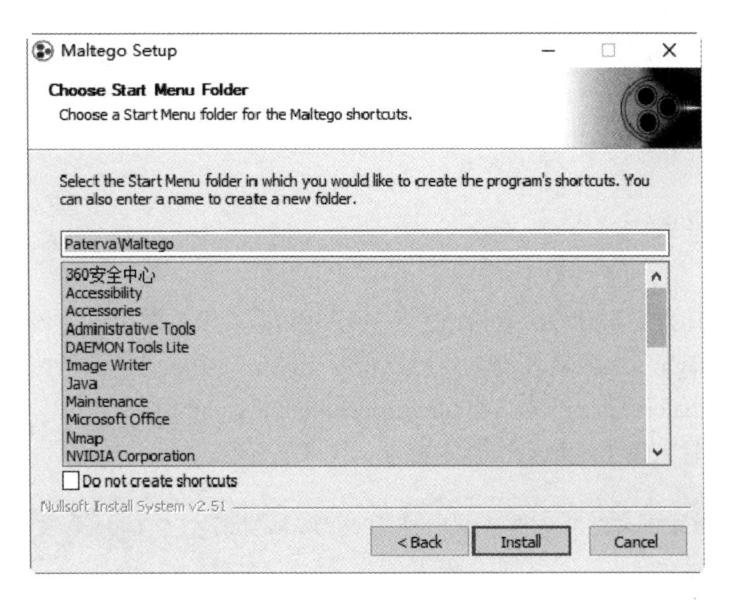

图 8.5　选择启动菜单文件夹

（5）该对话框用来选择启动 Maltego 快捷方式的菜单文件夹。这里使用默认设置，单击 Install 按钮将开始安装该工具。当 Maltego 工具安装完成后，将显示如图 8.6 所示对话框。

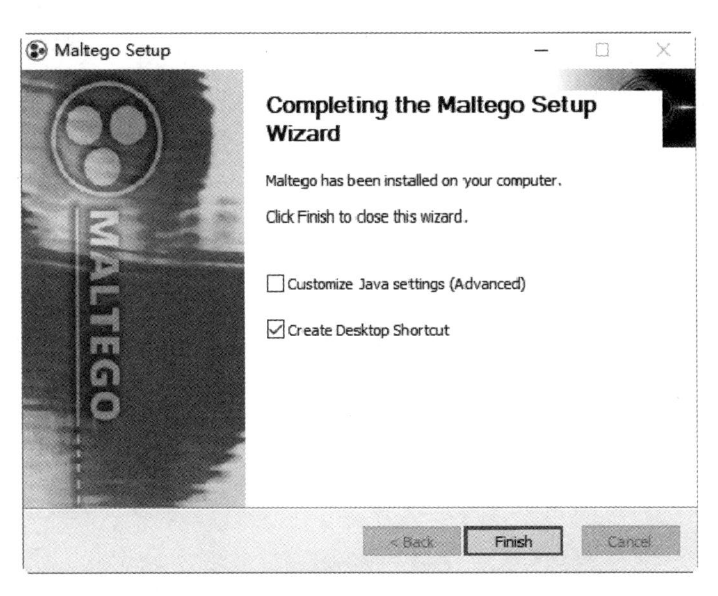

图 8.6　安装完成

（6）从其显示的信息中可以看到，Maltego 工具已经安装完成。在其中有两个选项可以设置，分别是 Customize Java settings(Advanced)（自定义 Java 设置）和 Create Desktop

Shortcut（创建桌面快捷方式）。为了方便启动 Maltego 工具，可以勾选 Create Desktop Shortcut 前面的复选框。然后，单击 Finish 按钮，将会在桌面出现一个名为 Maltego 的图标。单击名为 Maltego 的图标，即可启动 Maltego 工具。

8.1.3 注册账号

通过前面的方法，Maltego 工具已经成功安装到系统中，即可启动该工具了。但是在第一次使用 Maltego 工具时需要登录，所以需要先注册一个账号。注册账号的地址如下：

https://www.paterva.com/web7/community/community.php。

在浏览器中输入以上地址后，显示界面如图 8.7 所示。

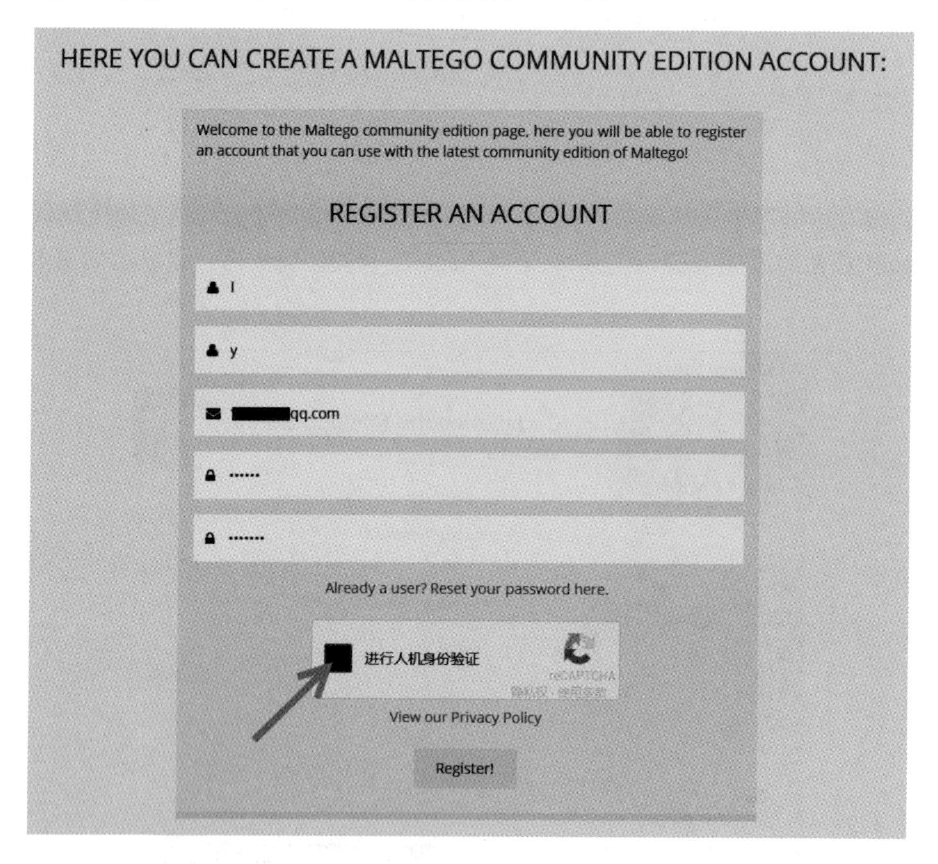

图 8.7 注册账号

提示： Maltego 官网是一个国外网站，所以国内用户在注册账号时，可能会发现验证码没有显示出来，如图 8.8 所示。当出现这种情况时，可以使用 VPN 解决，或者过段时间再访问。

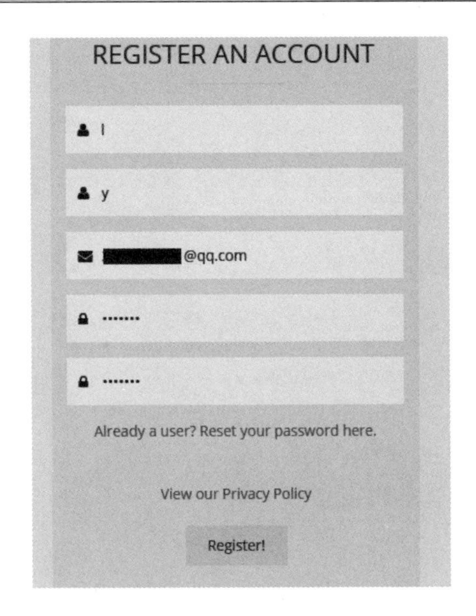

图 8.8　验证码未显示

在图 8.8 所示界面中填写注册信息后，勾选“进行人机身份验证”复选框，将弹出一个图片验证界面，如图 8.9 所示。在其中根据提示选择对应的图片，然后单击“验证”按钮进行验证。验证成功后，将显示如图 8.10 所示界面。

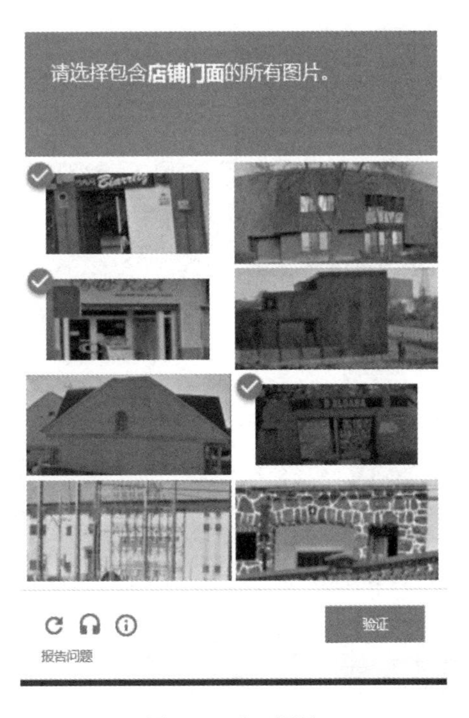

图 8.9　验证图片

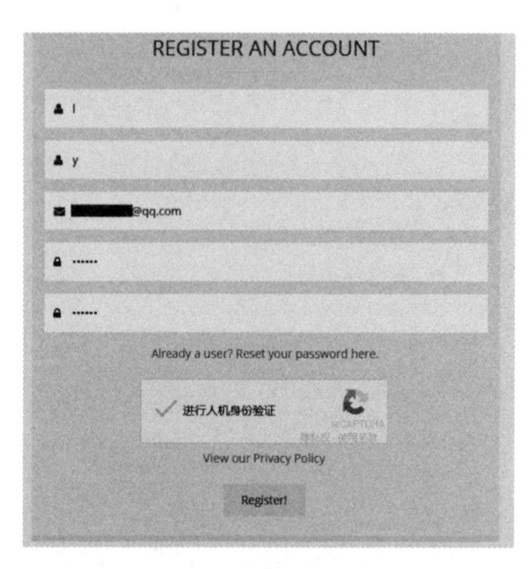

图 8.10　验证成功

单击 Register!按钮完成注册。此时，注册账号时使用的邮箱将会收到一封邮件，登录邮箱，将用户账户激活即可。

8.1.4　启动 Maltego

通过前面的操作及配置后，现在就可以启动并使用 Maltego 工具了。下面介绍在 Kali Linux 中启动 Maltego 工具的方法。

（1）在图形界面的菜单栏中依次选择“应用程序”|“信息收集”|maltego 命令，将弹出如图 8.11 所示对话框。

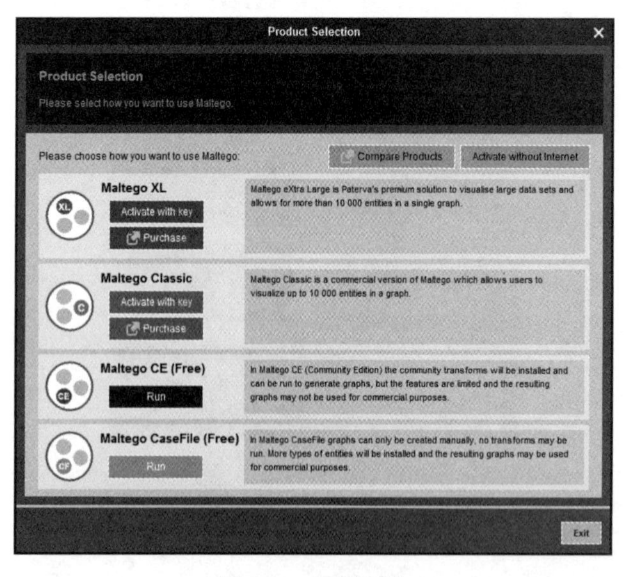

图 8.11　选择产品

（2）在图 8.11 中显示了可以使用的 Maltego 产品，包括 Maltego XL、Maltego Classic、Maltego CE(Free)和 Maltego CaseFile(Free)。其中，Maltego CE 和 Maltego CaseFile 是免费的。本例中要使用的是 Maltego 工具，所以单击 Maltego CE(Free)下面的 Run 按钮，将进入如图 8.12 所示对话框。

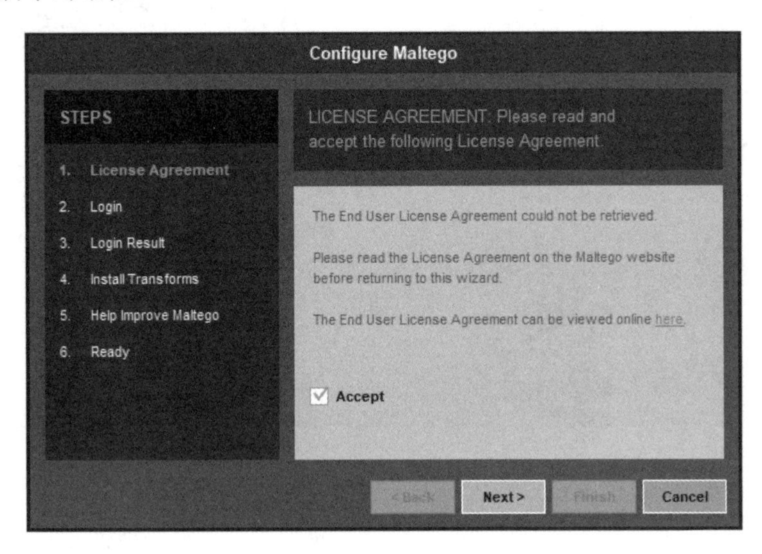

图 8.12　许可协议信息

（3）图 8.12 中显示为许可协议信息。这里勾选 Accept 复选框，并单击 Next 按钮，进入如图 8.13 所示对话框。

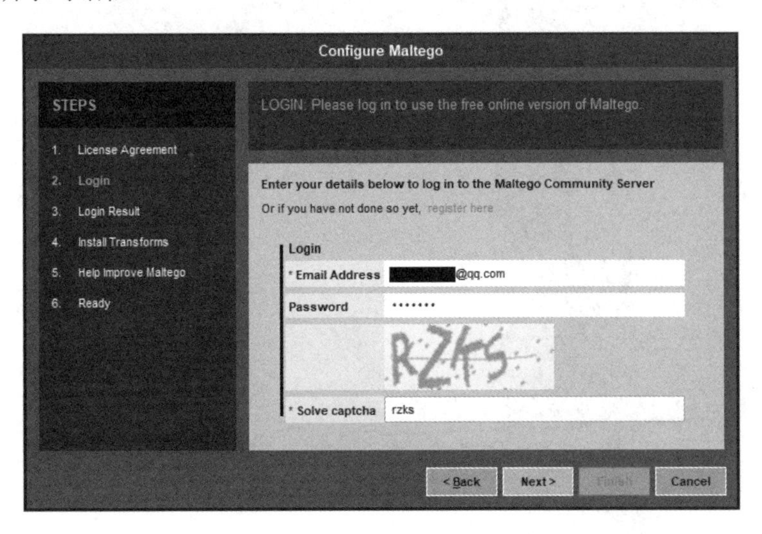

图 8.13　登录信息

（4）在图 8.13 所示对话框中输入前面注册的账户信息（邮件地址、密码和验证码），单击 Next 按钮，进入如图 8.14 所示对话框。

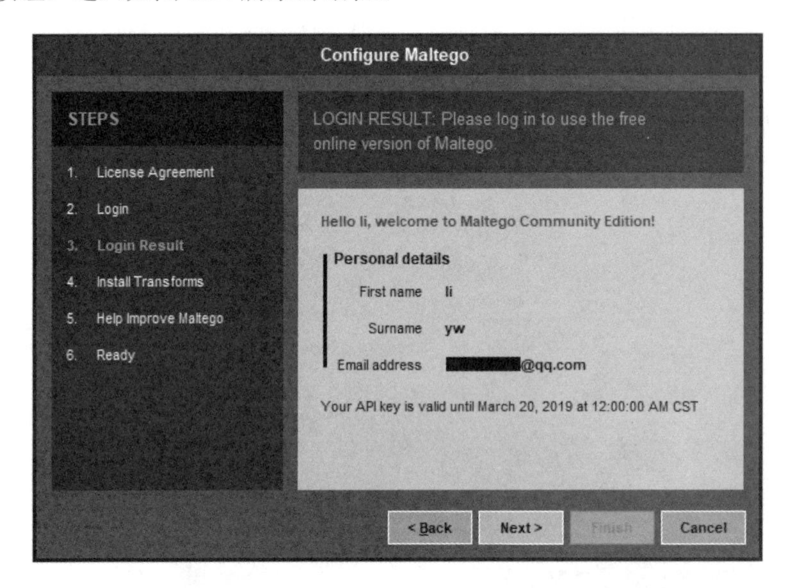

图 8.14　登录结果

（5）图 8.14 为登录结果。从中可以看到登录的账户名、邮箱地址及登录时间等信息。单击 Next 按钮，进入如图 8.15 所示对话框。

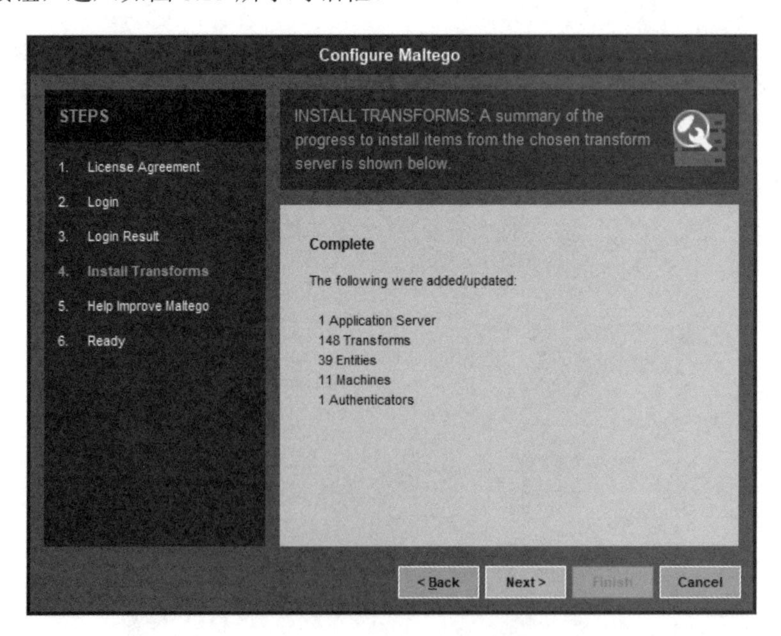

图 8.15　安装 Transforms

（6）图 8.15 中为将要安装的 Transform、实体和主机等信息。单击 Next 按钮，进入如

图 8.16 所示对话框。

（7）在图 8.16 所示对话框中可以设置是否启用自动发送错误报告功能。如果想要启用该功能，勾选 Automatically send Error Reports 前面的复选框即可。单击 Next 按钮，进入如图 8.17 所示对话框。如果不想启用该功能的话，直接单击 Next 按钮即可。

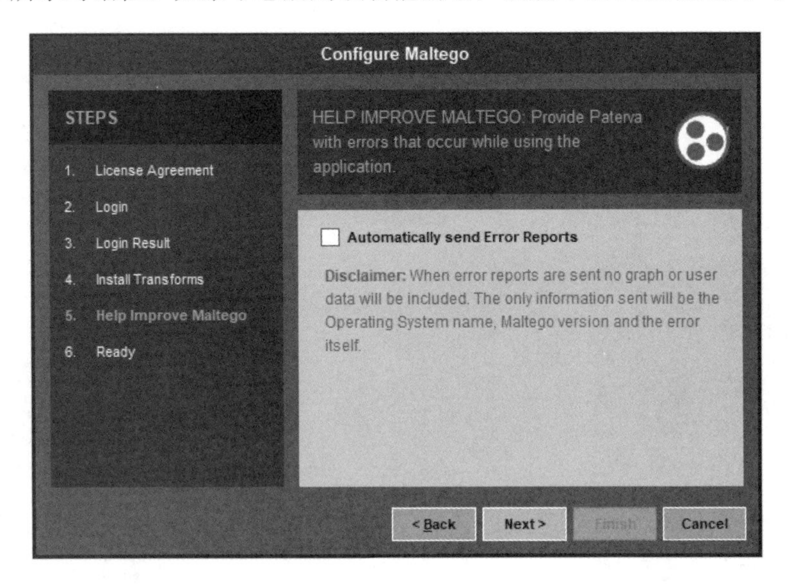

图 8.16　帮助改进 Maltego

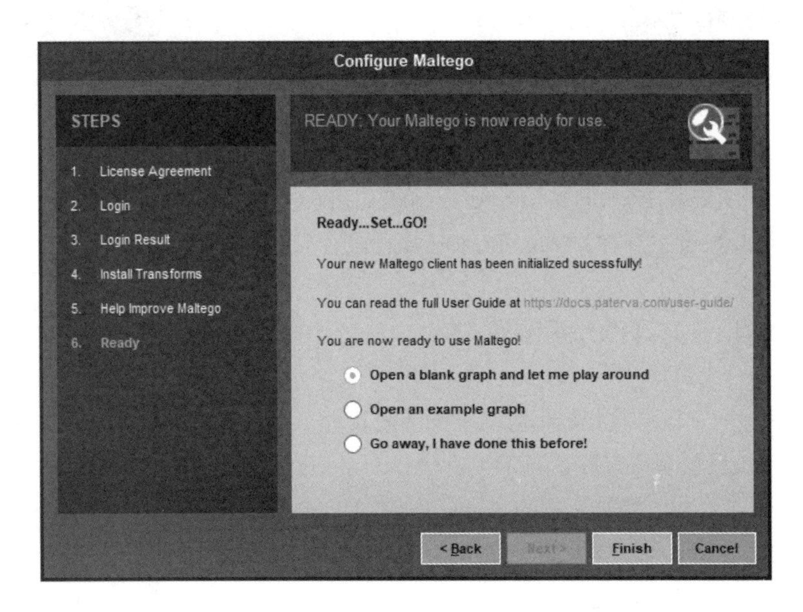

图 8.17　准备界面

（8）从图 8.17 中可以看到 Maltego 已准备好。此时就可以使用 Maltego 工具进行信息收集了。这里默认提供了 3 种方法，分别是 Open a blank graph and let me play around（打开一个空白的图）、Open an example graph（打开一个实例图）和 Go away,I have done this before!（离开）。这里选择第一种运行方法 Open a blank graph and let me play around，将打开如图 8.18 所示窗口。

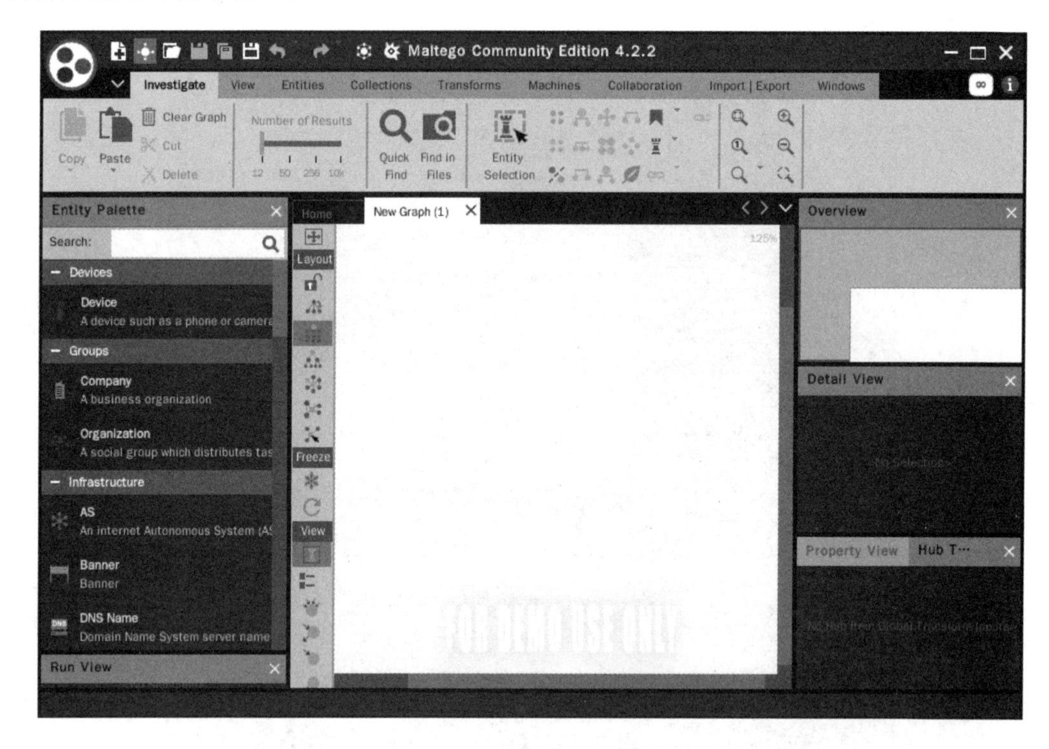

图 8.18　打开了一个新图

（9）如看到图 8.18 所示的窗口，则表示成功启动了 Maltego。接下来可以选择任意实体，然后使用 Maltego 支持的 Transform 对信息进行整理并分析。

8.1.5　安装第三方 Transform

Transform 是一个信息收集器，可以根据当前实体节点进行信息收集，并生成该节点的子节点。Maltego 工具安装后，默认自带了一些 Transform，可以用来收集信息。为了能够获取更多的信息，可以安装一些第三方的 Transform。下面介绍安装第三方 Transform 的方法。

【实例 8-1】下面将以名为 Shodan 的 Transform 集为例，介绍具体的安装方法。操作步骤如下：

（1）在 Maltego 的主界面中选择 Home 选项卡，将显示如图 8.19 所示的界面。

（2）在图 8.19 所示界面中分为左右两部分信息，左侧显示了 Maltego 工具的版本信息；

右侧显示了所有的 Transform 集，包括已安装的、未安装的、免费的和付费的及社区版不支持的 Transform。其中，Transform 集中显示为 FREE，则表示免费的；显示为 PURCHASED SEPARATELY 表示付费；如果该 Transform 集已经安装的话，在右下角将看到 INSTALLED 标记；否则，表示没有安装。另外，显示为灰色的 Transform 集表示在该社区版本中不支持。如果读者想要安装这些第三方的 Transfom，将光标悬浮到对应的 Transform 上面，将看到 Install 提示，如图 8.20 所示。

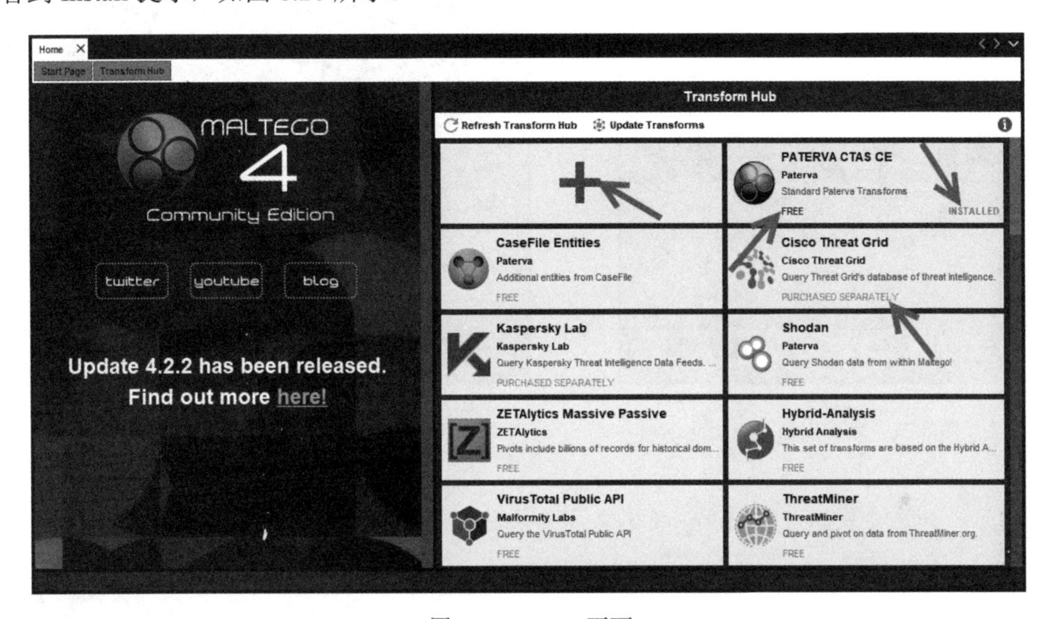

图 8.19　Home 页面

图 8.20　安装 Transform

（3）此时，单击 Install 按钮，将弹出提示是否安装该 Transform 集的对话框，如图 8.21 所示。

（4）单击 Yes 按钮，将显示如图 8.22 所示对话框。

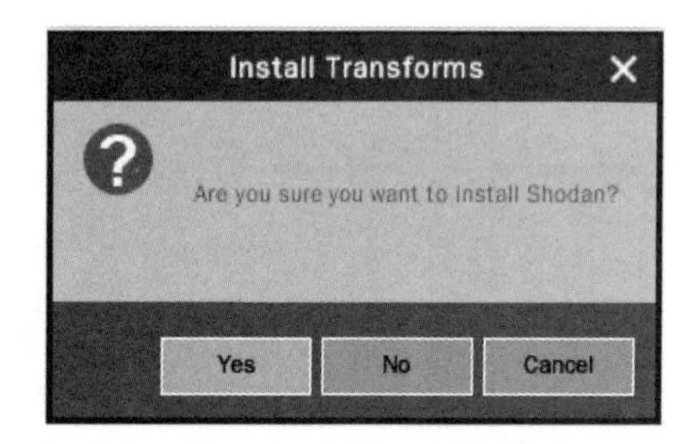

图 8.21　是否安装 Transforms

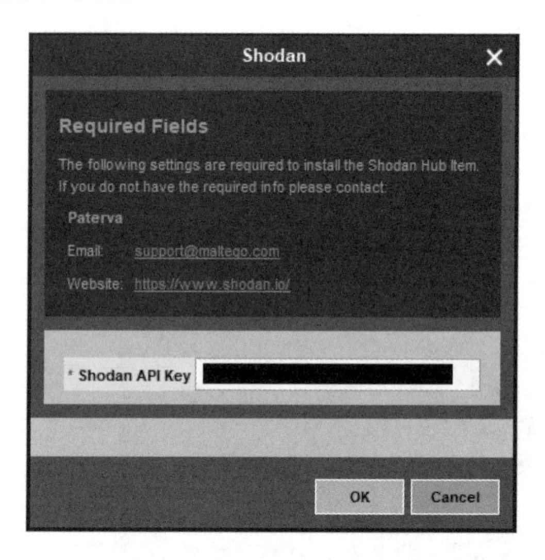

图 8.22　指定 Shodan API Key

提示： 如果安装的 Transform 集不需要登录的话，将不会出现图 8.22 的界面。当单击 Yes 按钮后，即可安装 Transform 集。

（5）如图 8.22 所示对话框中要求输入一个 Shodan API Key。由于使用 Shodan 获取信息需要登录该站点，所以这里需要一个 API Key。读者可以到其官网注册一个账号，即可获取 API Key。将自己注册的账号 API Key 添加后，单击 OK 按钮将开始安装该 Transform。当安装完成后，显示界面如图 8.23 所示。

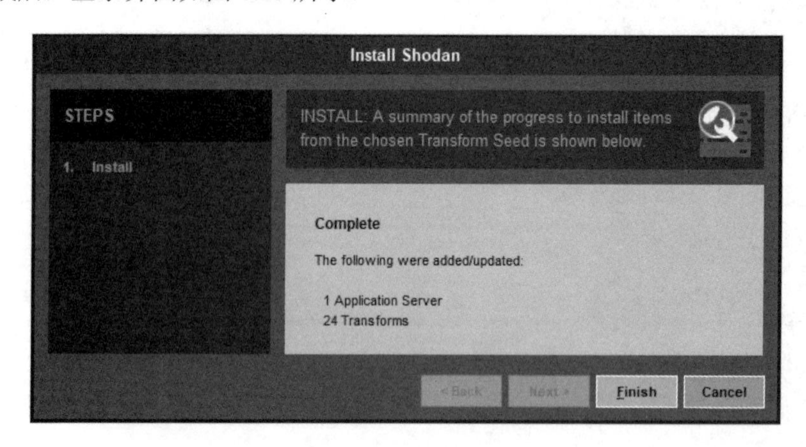

图 8.23　安装完成

（6）从图 8.23 中可以看到已成功安装了 Transform 集。其中，包括一个应用服务和 24 个 Transform。单击 Finish 按钮，完成安装。

8.1.6　创建图表

当第一次启动 Maltego 工具时，可以直接选择打开一个新的图表。当第二次启动该工具时，将显示 Maltego 的 Home 页面，此时需要读者自己创建图表。另外，Maltego 工具支持创建多个图表。当需要同时分析及比对整理的信息时，则需要使用多个图表来显示，此时就可以创建一个新的图表。下面介绍创建图表的方法。

【实例 8-2】创建图表。具体操作步骤如下：

（1）打开 Maltego 工具的 Home 页面，如图 8.24 所示。

图 8.24　Maltego 的 Home 页面

（2）单击左上角的图标，将会弹出一个菜单栏，如图 8.25 所示。

（3）选择 New 命令，或者直接单击 Maltego 菜单栏中的图标，即可打开新的图表，如图 8.26 所示。

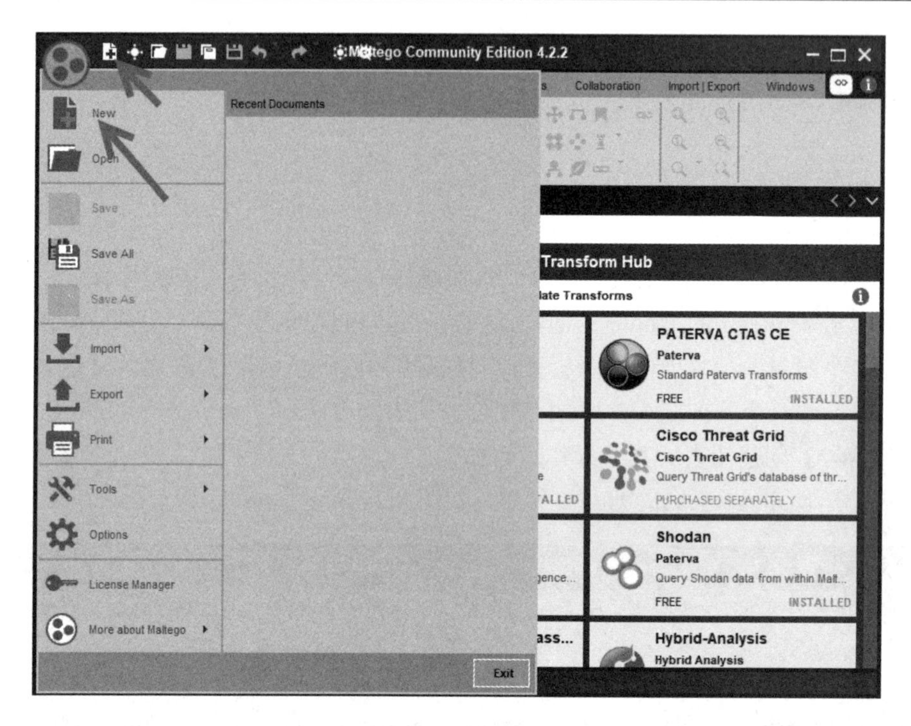

图 8.25 菜单栏

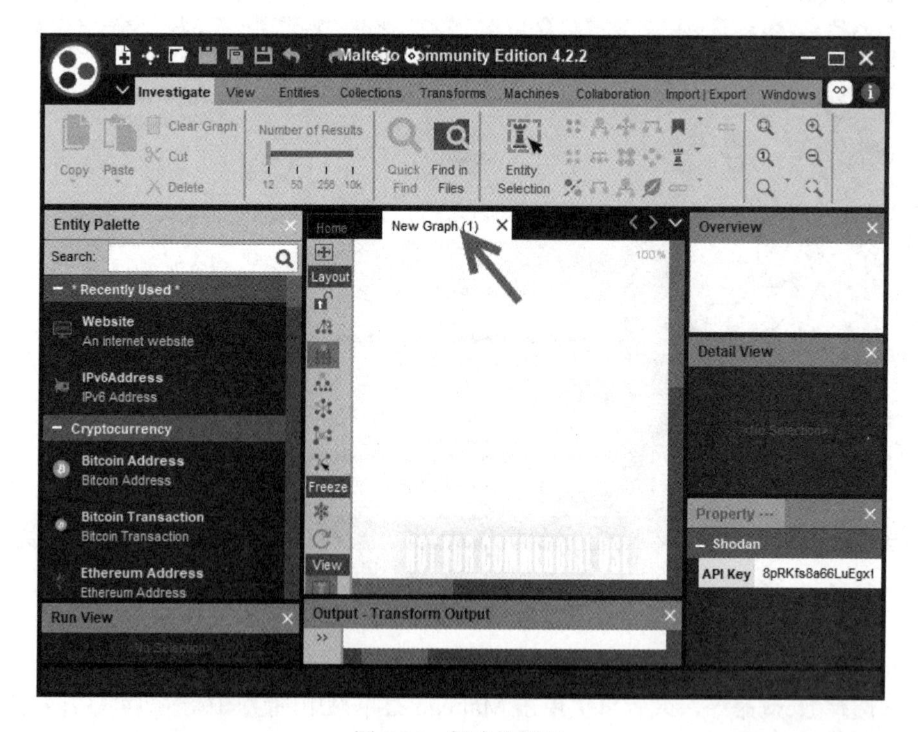

图 8.26 创建的图表

（4）此时创建了一个名为 New Graph (1)的图表。如果再创建一个图表的话，则名为 New Graph (2)，以此类推。而且，这些图表之间可以进行切换。

8.2 网 段 分 析

当我们将 Maltego 工具的环境工作准备好后，即可使用该工具对信息进行整理和分析了。本节将介绍如何对网段地址进行整理和分析，以获取相关的信息。

8.2.1 网段实体 Netblock

如果要使用 Maltego 工具对网段进行分析，首先需要选择用于分析网段的实体 Netblock。此时，在 Maltego 的实体列表中选择 Netblock 实体，并将其拖到图表中，显示如图 8.27 所示的界面。

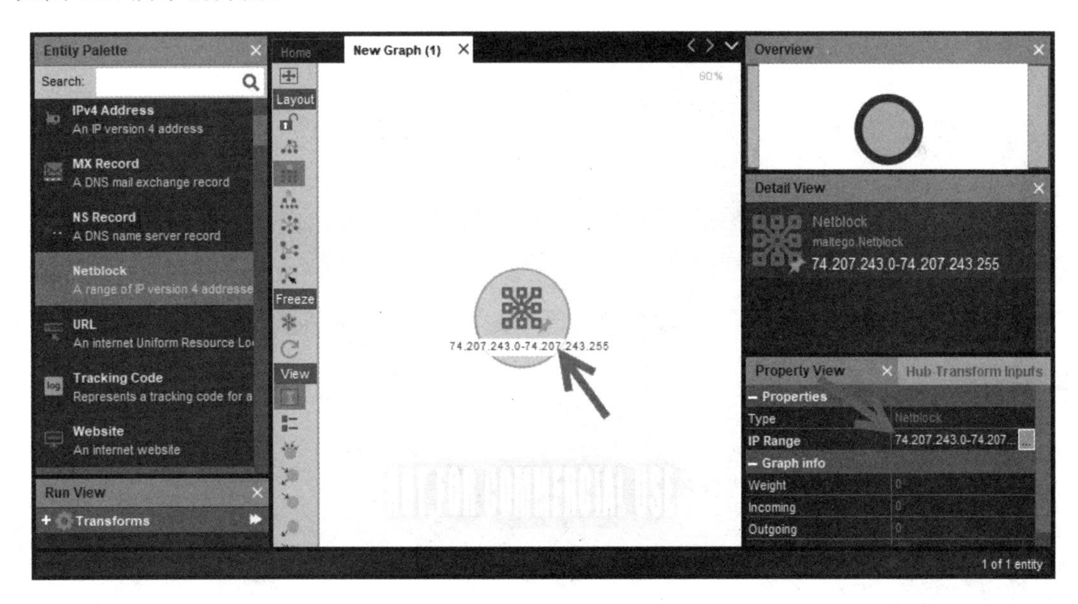

图 8.27　使用网段实体 Netblock

从实体信息中可以看到，默认指定的网段地址为 74.207.243.0-74.207.243.255。此时可以整理自己要分析的网段。例如，这里指定要分析的网段为 192.168.0.1-192.168.0.10，可以使用两种方式来指定要分析的网段。第一种方式是，直接双击实体中显示的地址；第二种方式是，修改属性 IP Range 的值。修改完成后，显示如图 8.28 所示的界面。

此时可以使用 Maltego 中的 Transform 来获取该网段中主机的相关信息，如 IP 地址、网段 AS 等。

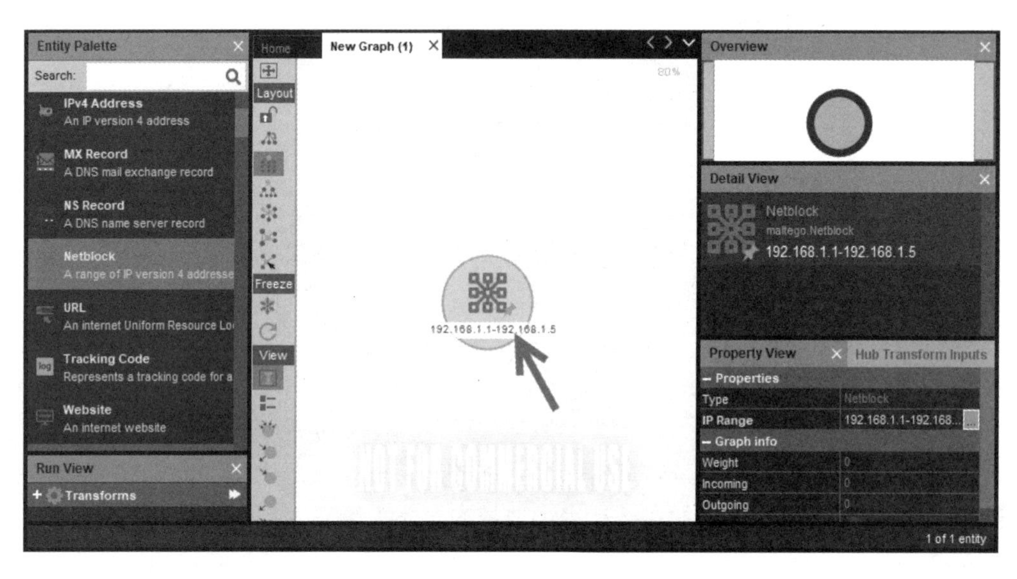

图 8.28　指定要分析的网段

8.2.2　获取 IP 地址

当我们将要分析的网段整理完成后，即可获取其相关信息了。例如，获取指定网段中的 IP 地址。首先选择网段实体，并右击，将弹出所有可用的 Transform 菜单栏，如图 8.29 所示。

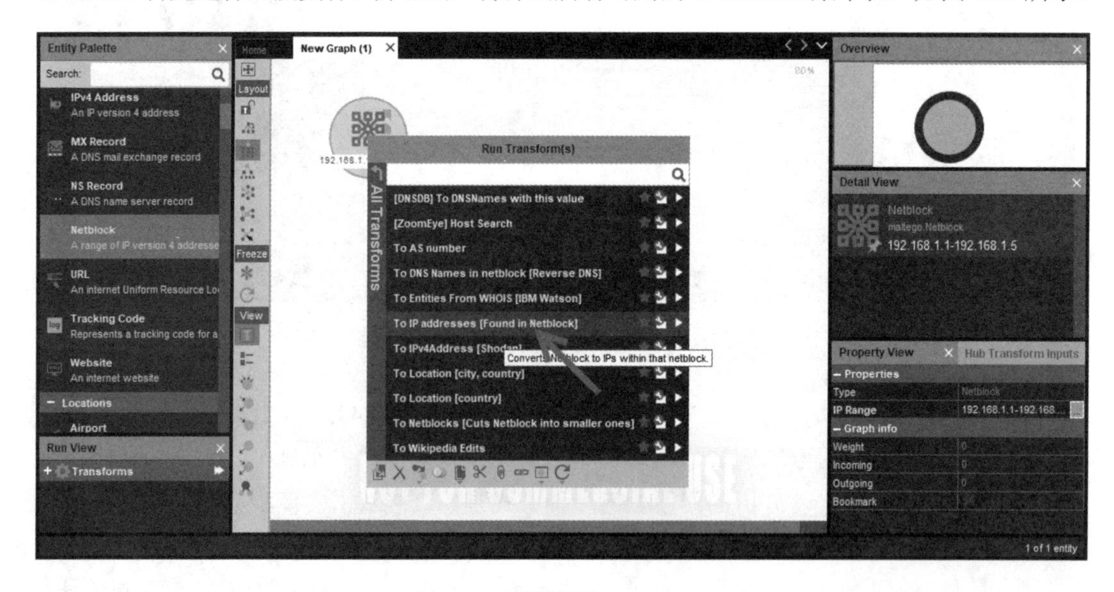

图 8.29　可运行的 Transform

这里选择名为 To IP addresses [Found in Netblock]的 Transform，即可获取该网段实体的 IP 地址，如图 8.30 所示。

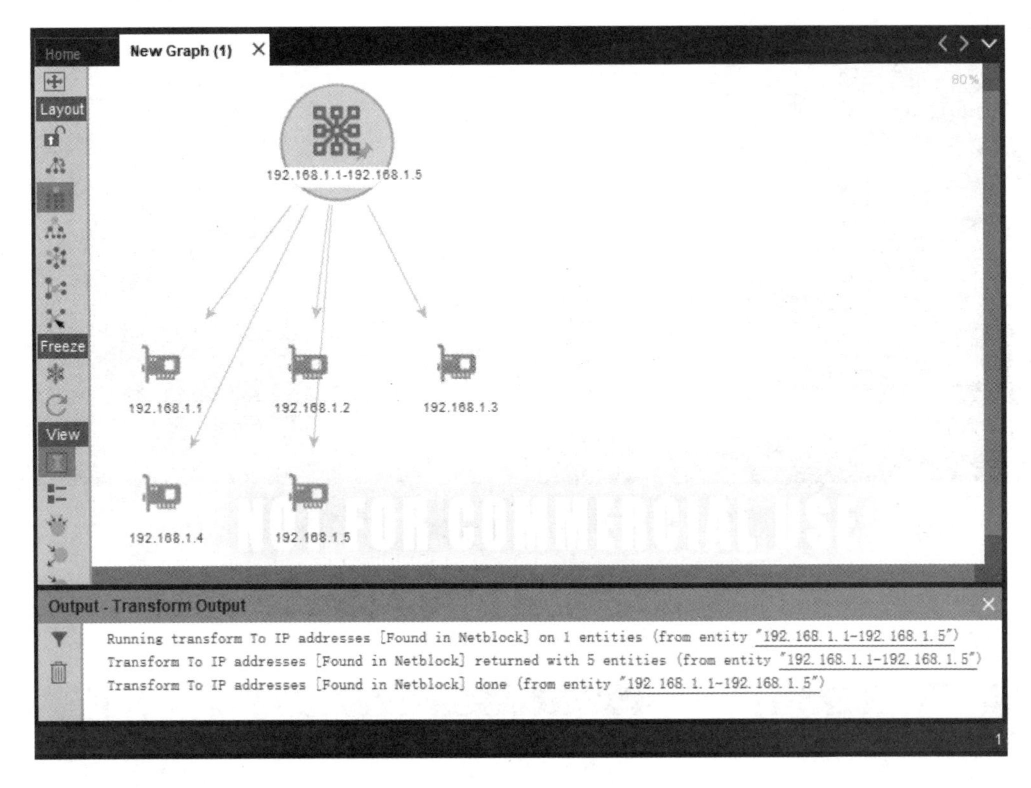

图 8.30 获取的 IP 地址

从图 8.30 显示的结果中可以看到，成功获取到了网段 192.168.1.1～192.168.1.5 中的 IP 地址。其中，在该网段中共包括 5 个 IP 地址，分别是 192.168.1.1、192.168.1.2、192.168.1.3、192.168.1.4 和 192.168.1.5。

8.2.3 获取网段 AS

AS（Autonomous System）是指使用统一内部路由协议的一组网络。它一般在大型网络中使用，如运营商的网络就是一个自治系统。任何一个公网 IP 都从属于特定的 AS。例如，联通、电信、移动就是 AS，它们管理各自的公网 IP 地址。当我们实施广域网扫描的时就需要通过分析网段，获取其 AS。

通过前面的扫描，可以探测到广域网中 www.baidu.com 的 IP 地址为 61.135.169.121 和 61.135.169.125。下面通过整理该网段地址为 61.135.169.120～61.135.169.125，来获取其 AS。其中，指定的网段实体地址如图 8.31 所示。

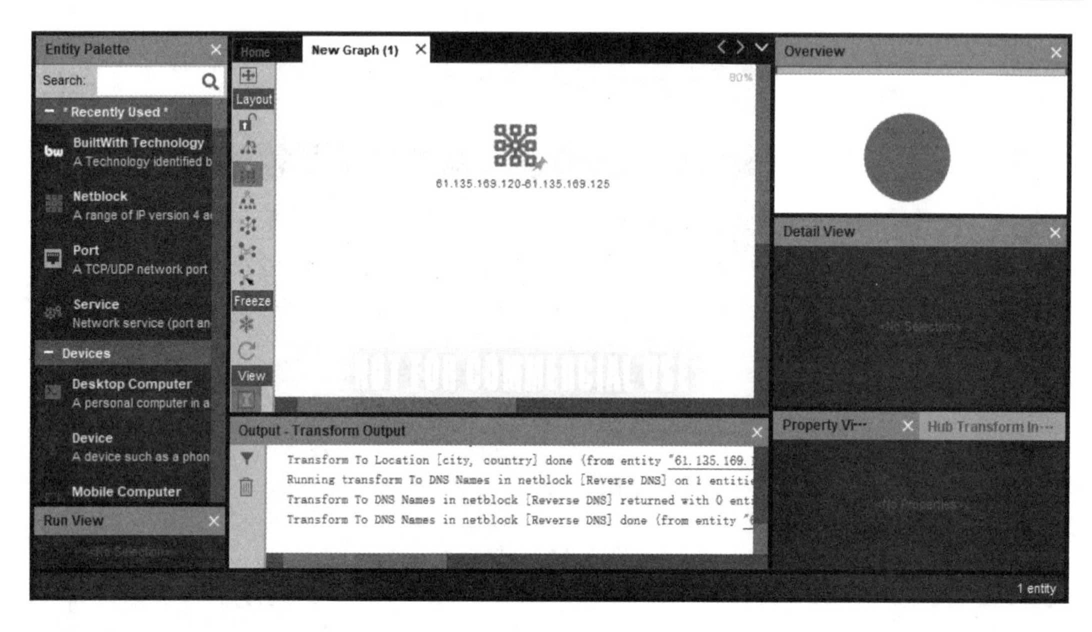

图 8.31　网段实体

此时选择该网段实体并右击，选择快捷菜单中的 To AS number 命令，通过 Transform 来获取网段 AS 号码，如图 8.32 所示。

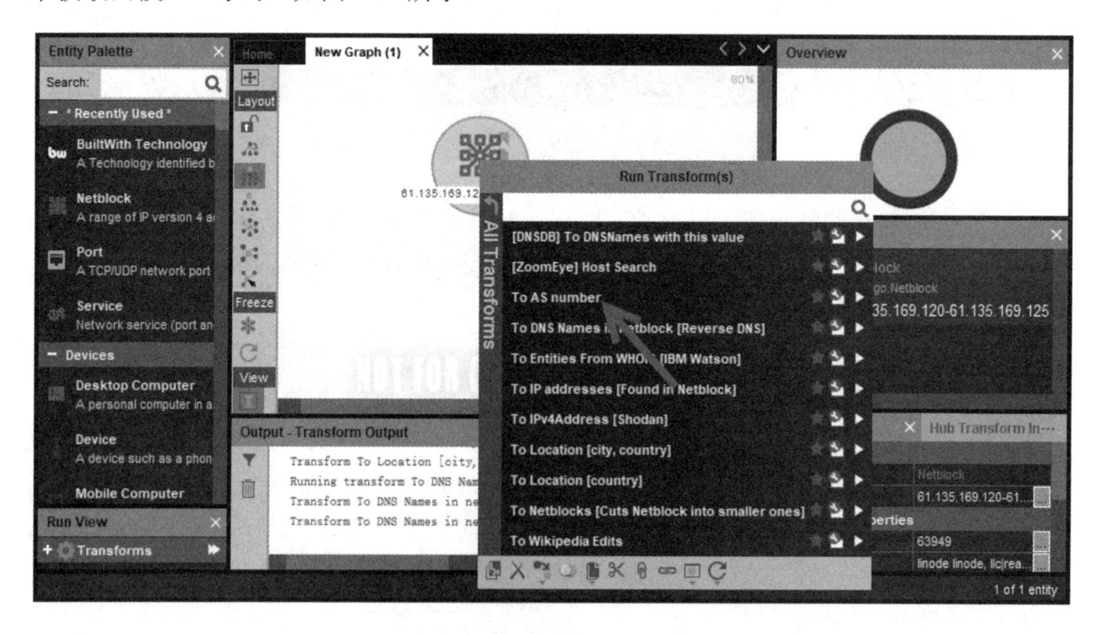

图 8.32　选择使用的 Transform

选择 To AS number 选项后，将显示如图 8.33 所示的界面。

从图 8.33 中可以看到成功获取到了网段 61.135.169.120～61.135.169.125 的 AS 号码。

其中，获取到的 AS 号码为 63949。

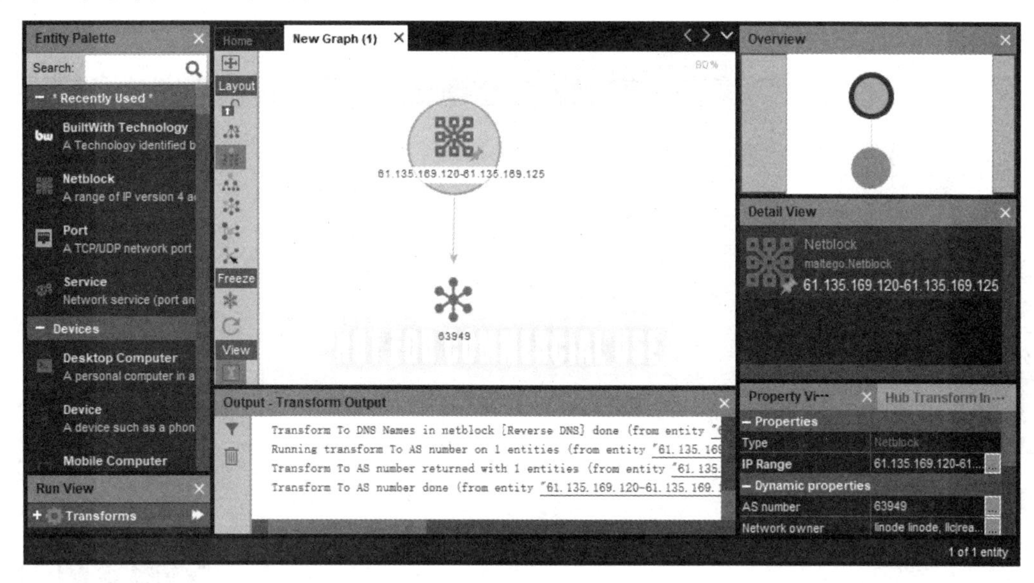

图 8.33　获取到的 AS 号码

当我们获取到目标网段的 AS 号码后，通过分析 AS 号码，可以获取该 AS 号对应的组织，以了解该组织/运营商的相关信息。下面介绍获取 AS 组织信息的方法。

（1）在 Maltego 的图表中选择 AS 实体，并右击，即可看到可用的 Transform 列表，如图 8.34 所示。

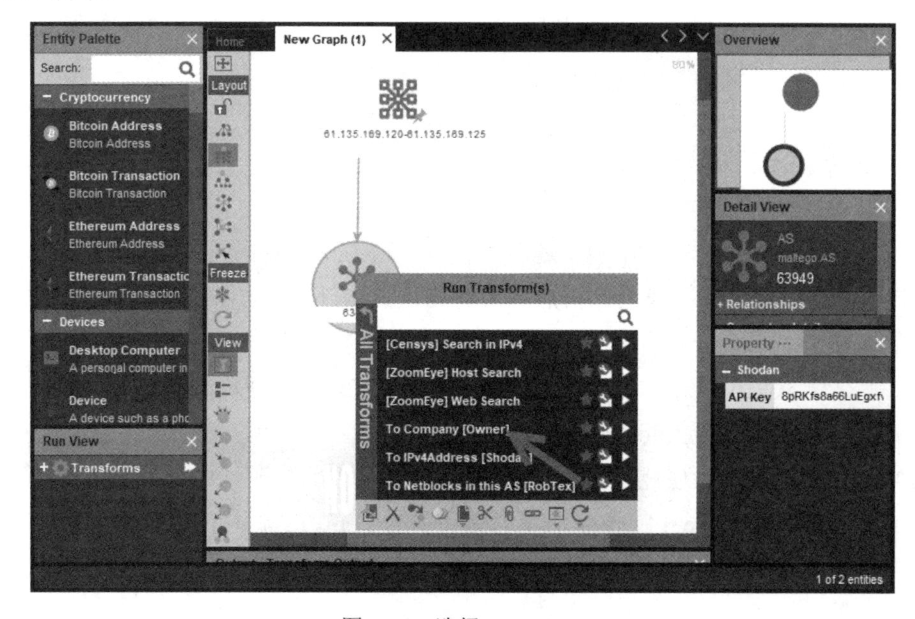

图 8.34　选择 Transform

（2）选择名为 To Company [owner]的 Transform。运行后即可获取到相关的信息，如图 8.35 所示。

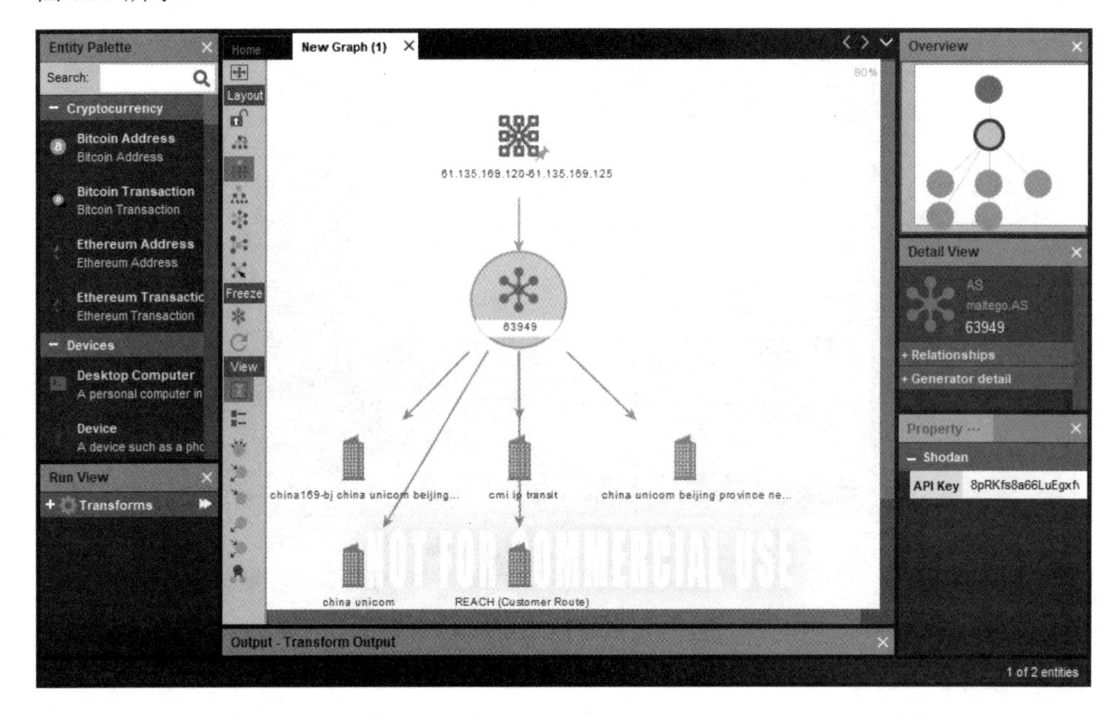

图 8.35　获取的结果

（3）从图 8.35 中可以看到成功获取到 AS 的公司组织信息。例如，获取该 AS 相关的组织有 cmi ip transit 和 china unicom（中国联通）等。

8.2.4　获取网段物理位置信息

为了能够收集到更详细的信息，还可以使用 Maltego 获取某网段中主机的物理位置信息。这样，可以有助于帮助我们分析后续渗透测试的实施方式。下面介绍获取网段物理位置信息的方法。

【实例 8-3】获取网段 61.135.169.120-61.135.169.125 的物理位置信息。

（1）使用网段实体 Netblock 指定分析的网段，如图 8.36 所示。

（2）选择用于获取物理位置信息的 Transform，如图 8.37 所示。

（3）这里选择名为 To Location [city,country]的 Transform，可以用来获取网段的城市和国家。当成功获取到位置信息后，显示界面如图 8.38 所示。

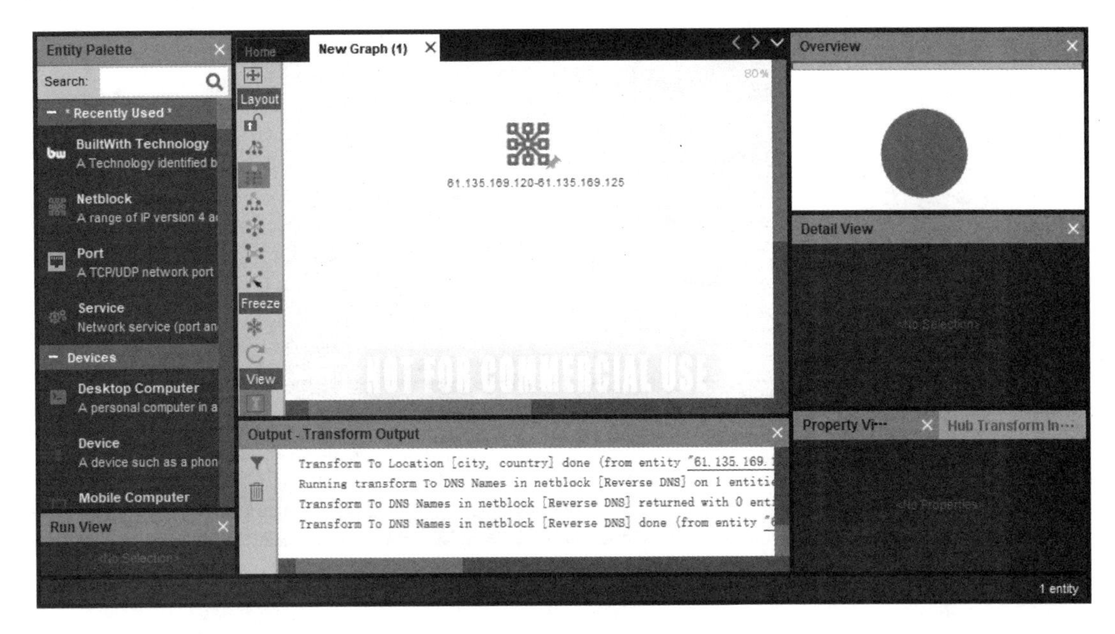

图 8.36　网段实体

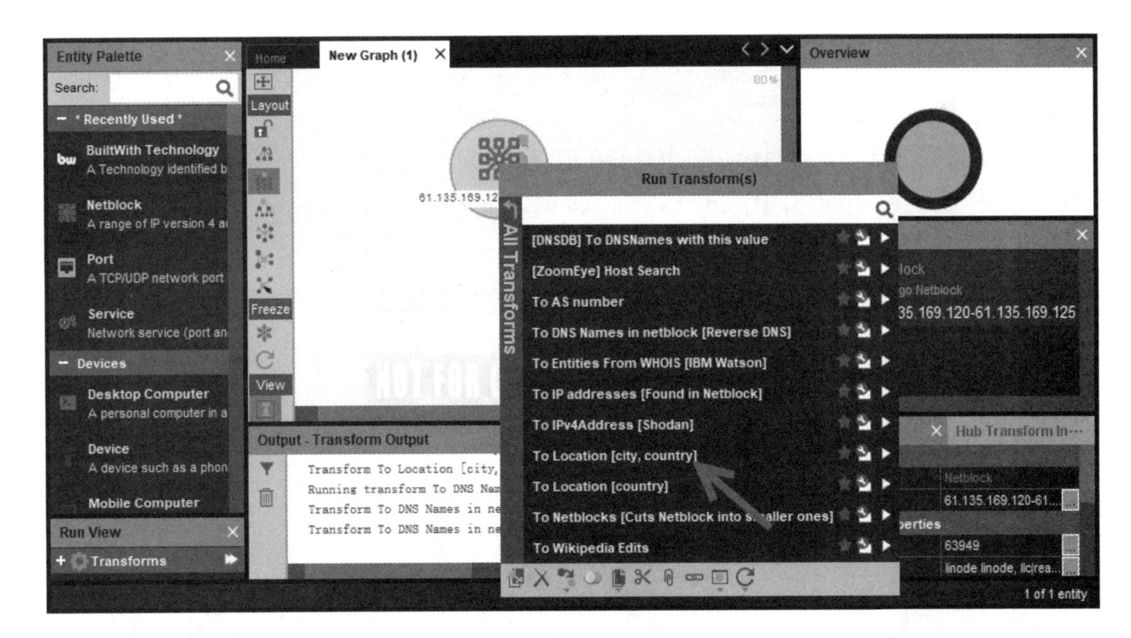

图 8.37　选择 Transform

（4）从图 8.38 中可以看到，成功获取到了网段的物理位置。其中，该位置信息为 Beijing, Beijing(China)。

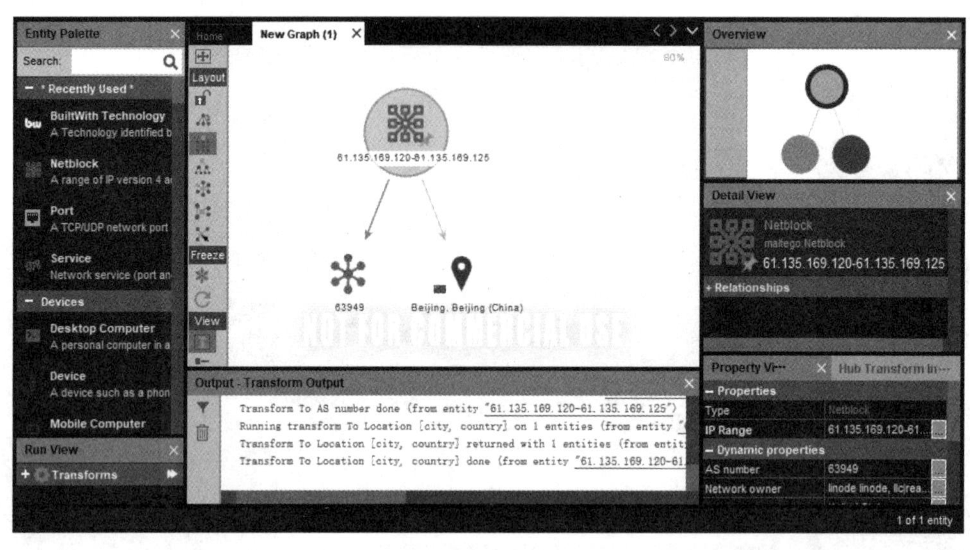

图 8.38　查询结果

8.2.5　获取网段相关域名信息

当一个网段中的主机是一台 Web 服务器的话，则可能有对应的域名信息。下面将介绍获取网段相关域名信息的方法。

下面仍然以整理的网段 61.135.169.120-61.135.169.125 为例，来获取相关域名信息。这里将选择使用名为[DNSDB] To DNSNames with this value 的 Transform 来获取信息，如图 8.39 所示。

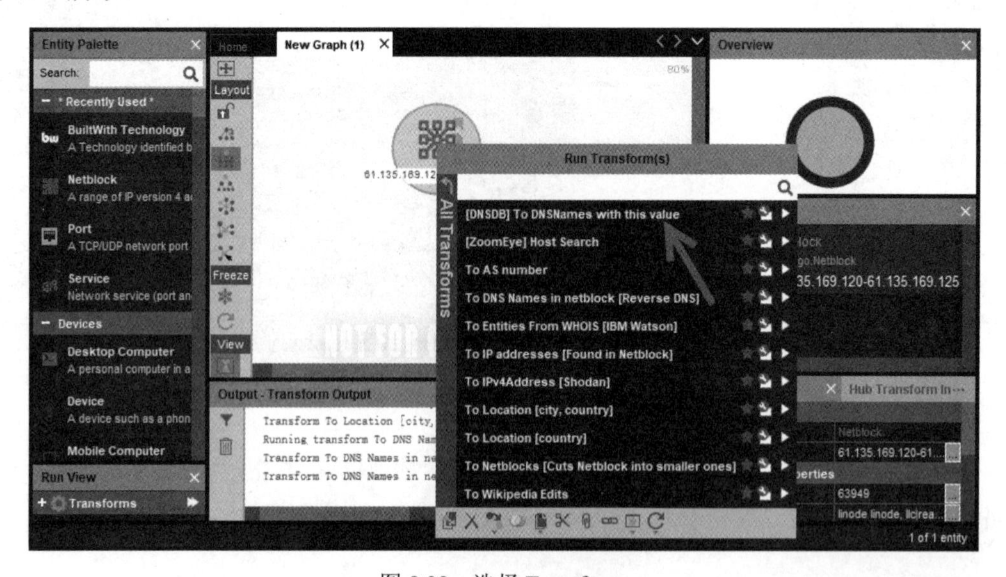

图 8.39　选择 Transform

提示： 在本例中使用的 Transform 是由 Transforms Hub 中的 Farsight DNSDB 提供的，需要读者手动安装。

（1）在菜单栏中选择[DNSDB] To DNSNames with this value 的 Transform 后，弹出如图 8.40 所示对话框。

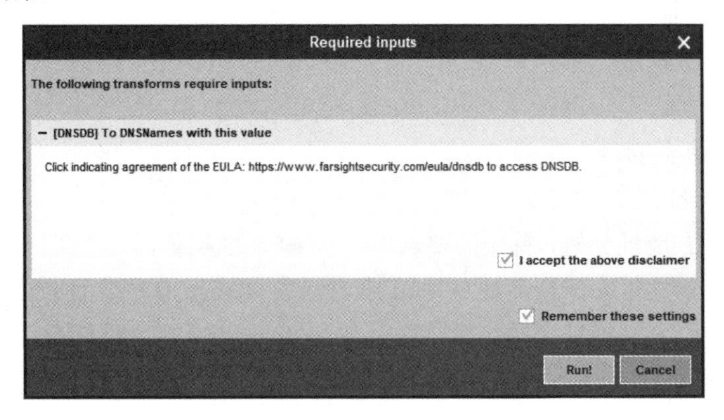

图 8.40　Required inputs 对话框

（2）勾选 I accept the above disclaimer 和 Remember these settings 复选框，然后单击 Run! 按钮，即可获取相关域名信息，如图 8.41 所示。

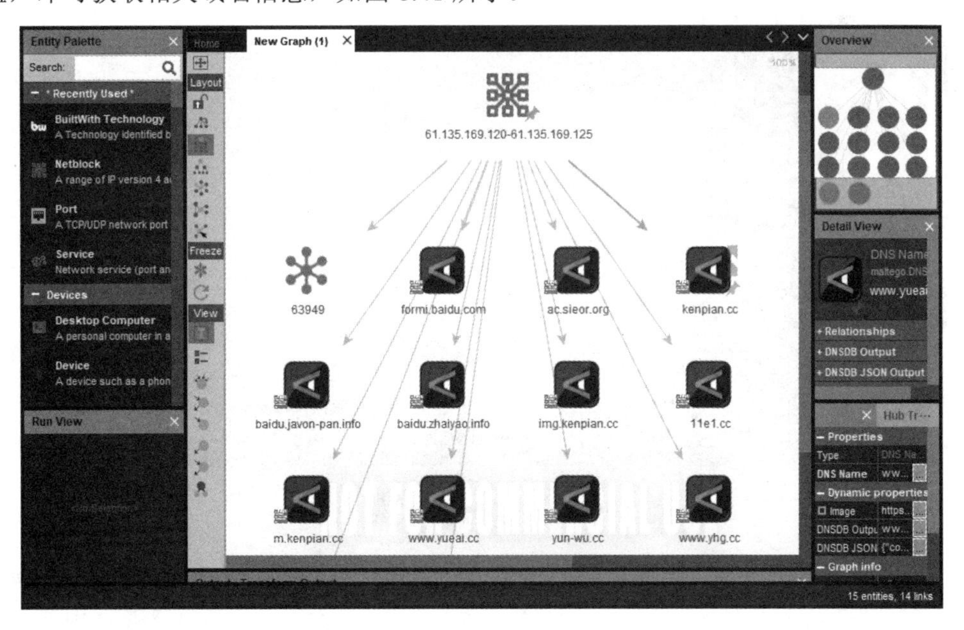

图 8.41　获取结果

（3）从图 8.41 中即可以看到获取到的整个网段中的域名信息。其中，获取到的域名有 formi.baidu.com、ac.sieor.org 和 kenpian.cc 等。

8.3 IP 地址分析

经过前面的扫描，如果读者对某台主机更感兴趣的话，可以尝试使用 Maltego 的 IP 地址实体来分析 IP 地址信息，如 IP 所有者、网络信息和物理信息等。

8.3.1 IP 地址实体

如果要进行 IP 地址分析，首先需要选择一个 IP 地址实体，从前期扫描出的 IP 地址中选择将要分析的 IP 地址。然后，通过使用 IP 地址实体来指定分析的 IP 地址。在 Maltego 的实体面板中提供有 IP 地址实体，其名称为 IPv4 Address。在实体面板中选择该实体并将其拖放到 Maltego 的图表中，效果如图 8.42 所示。读者也可以使用 Netblock 生成的 IP 地址实体进行分析。

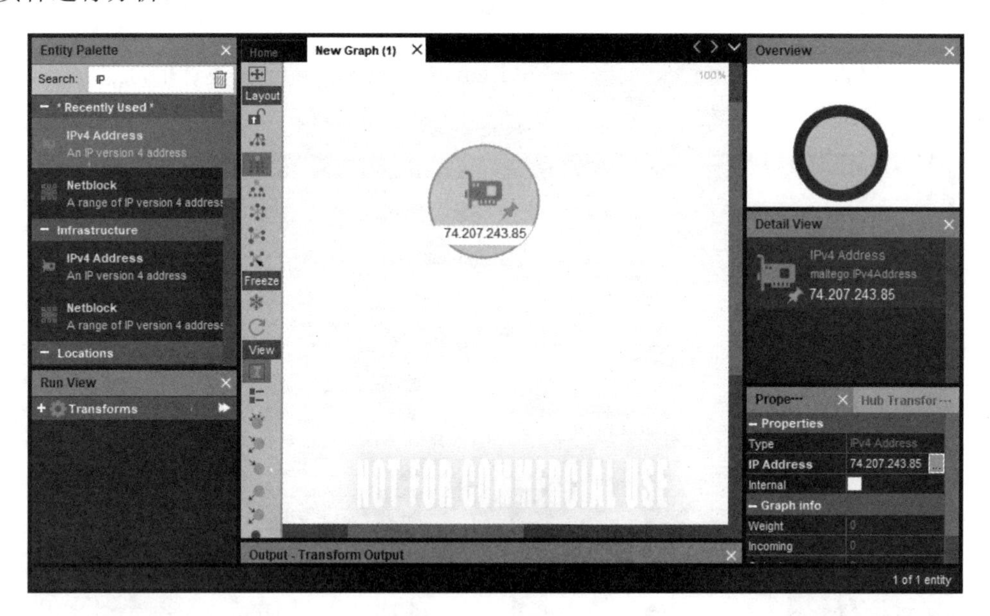

图 8.42　IP 地址实体

从图 8.42 中可以看到，成功选择了一个 IP 地址实体，即默认指定的 IP 地址 74.207.243.85。此时，使用前面介绍的修改实体的方法（参考 8.2.1 节），将其设置为要分析的 IP 地址。例如，分析域名 www.baidu.com 的 IP 地址 61.135.169.121，如图 8.43 所示。

从图 8.43 中可以看到，IP 地址实体已修改为要分析的 IP 地址 61.135.169.121。接下来，可以使用 Maltego 中的 Transform 集获取该地址相关的信息并进行分析。

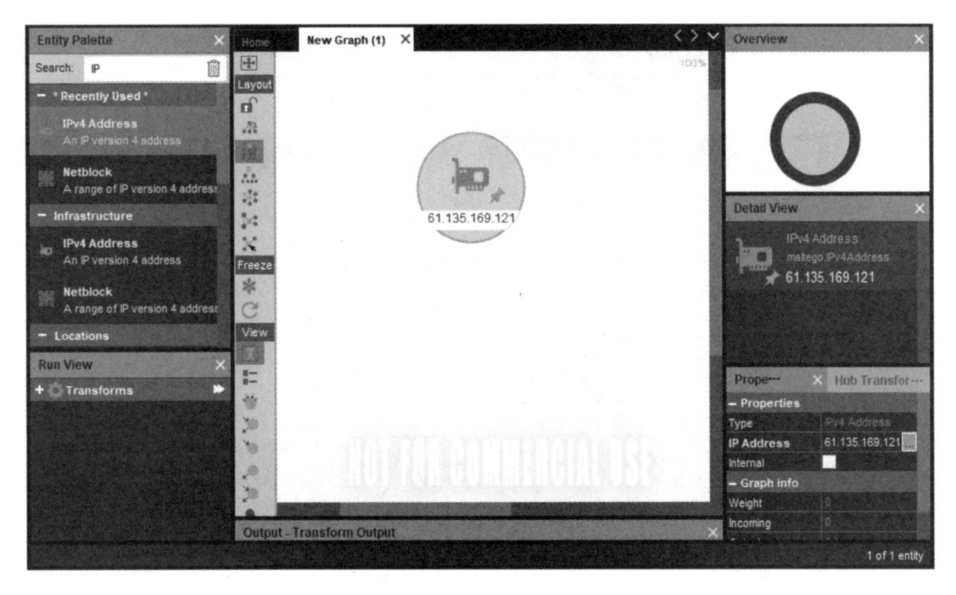

图 8.43　指定分析的 IP 地址

8.3.2　分析 IP 地址所有者信息

对于一个固定的公网 IP 地址，将会有对应的 WHOIS 信息。通过查询 WHOIS 信息，即可获取到该 IP 地址的所有者信息。下面介绍获取 IP 地址所有者信息的方法。

这里将以百度的 IP 地址 61.135.169.121 为例，来获取该地址的所有者信息。在 Maltego 的图表中选择 IP 地址实体，并右击，将显示所有的 Transform 列表，如图 8.44 所示。

图 8.44　选择 Transform

选择名为 To Entities From WHOIS [IBM Watson]的 Transform，即可获取其所有者信息，如图 8.45 所示。

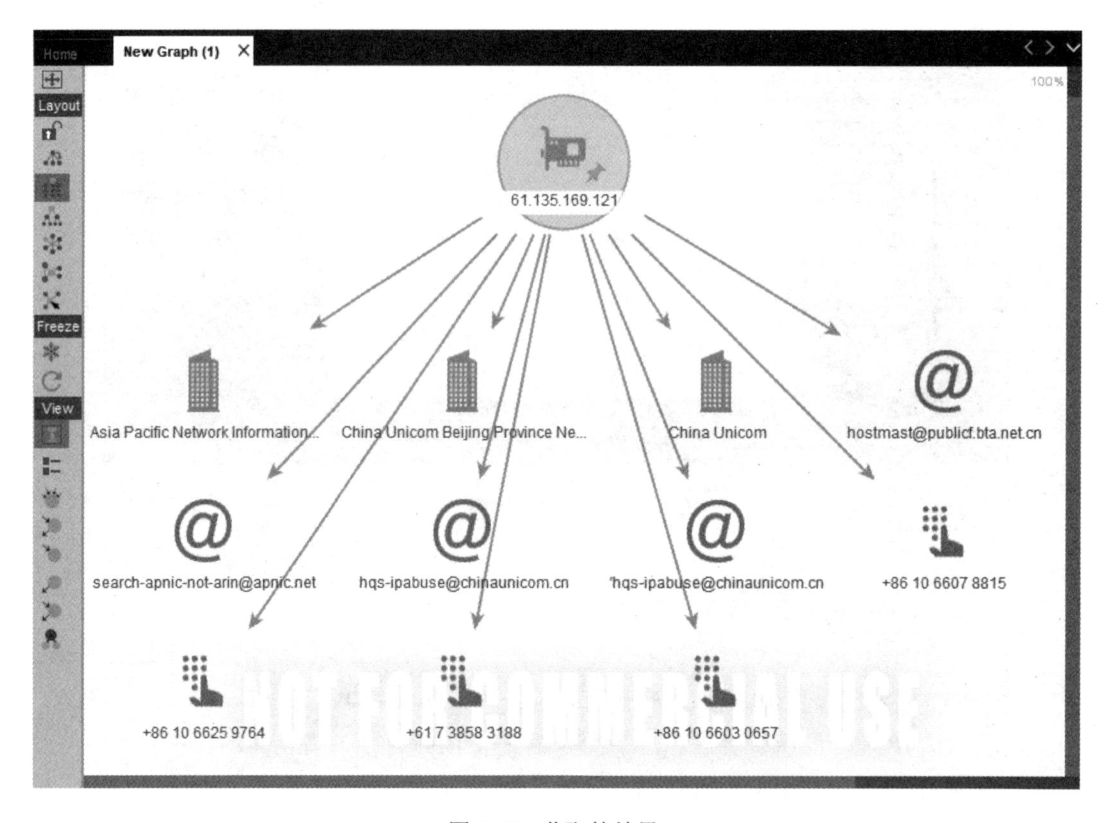

图 8.45　获取的结果

从图 8.45 中可以看到，通过查询 WHOIS 信息，成功获取到了 IP 地址 61.135.169.121 的所有者信息，包括所有者的公司地址、邮件地址和电话号码。

8.3.3　分析 IP 地址网络信息

当我们整理出扫描的 IP 地址后，还可以分析该 IP 地址的网络信息、物理信息和历史信息。下面介绍分析 IP 地址网络信息的方法。

这里仍然以 IP 地址 61.135.169.121 为例，分析 IP 网络信息。首先在 Maltego 的图表中选择 IP 地址实体并右击，将弹出所有可用的 Transform 列表。选择名称为[DNSDB] To DNSNames with this IP 的 Transform 获取该 IP 的相关域名，如图 8.46 所示。

此时将显示如图 8.47 所示的界面。

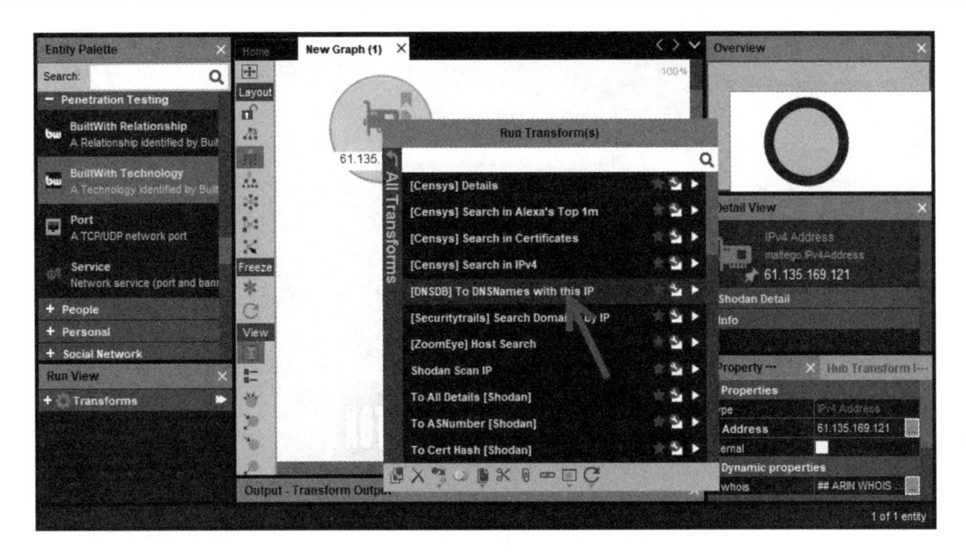

图 8.46　选择 Transform

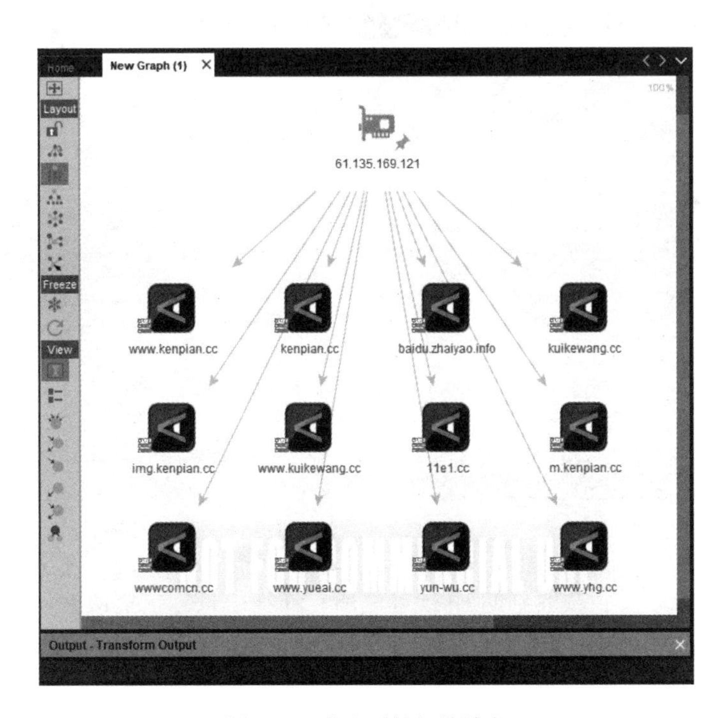

图 8.47　获取到的相关域名

从图 8.47 中可以看到，成功获取到了 IP 地址 61.135.169.121 的相关域名，如 www.kenpian.cc、baidu.zhaiyao.info 和 kenpian.cc 等。另外，还可以使用 Shodan 的 Transform 来获取 IP 网络信息。在 Maltego 的 Transform 集中提供了 Shodan 的 Transform，只需要安装即可使用。此时，在 Transform 的列表中选择名为 To All Details [shodan]的 Transform，如图 8.48 所示。

图 8.48 选择 Transform

之后即可获取到该 IP 地址的所有详细信息，如图 8.49 所示。

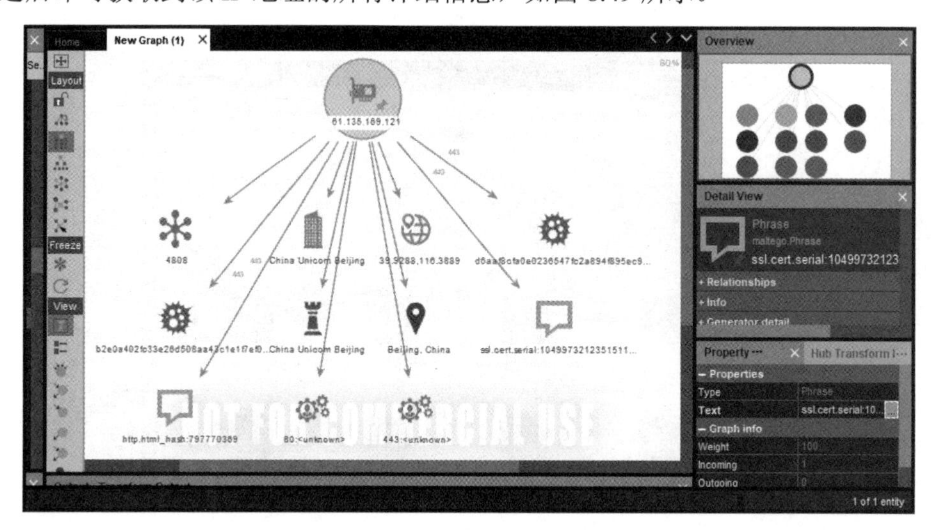

图 8.49 详细信息

从图 8.49 中可以看到获取到的 IP 地址的所有详细信息，包括该 IP 地址的 AS 号码、开放服务、短语及哈希值等。例如，该 IP 地址的 AS 号码为 4808、开放了端口为 80 和 443 的服务等。

此外，还可以选择名为 ZETAlytics Massive Passive 的 Transform 集来获取 IP 的相关网络信息。该 Transform 集中可用的 Transform 列表，如图 8.50 所示。

在该 Transform 列表中，[Z]开头的 Transform 都是由名为 ZETAlytics Massive Passive 的 Transform 集提供的。此时可以获取该 IP 地址的域名、主机名、NS 主机名和 DNS 反向记录。当运行这些 Transform 后，即可获取到相关的信息，如图 8.51 所示。

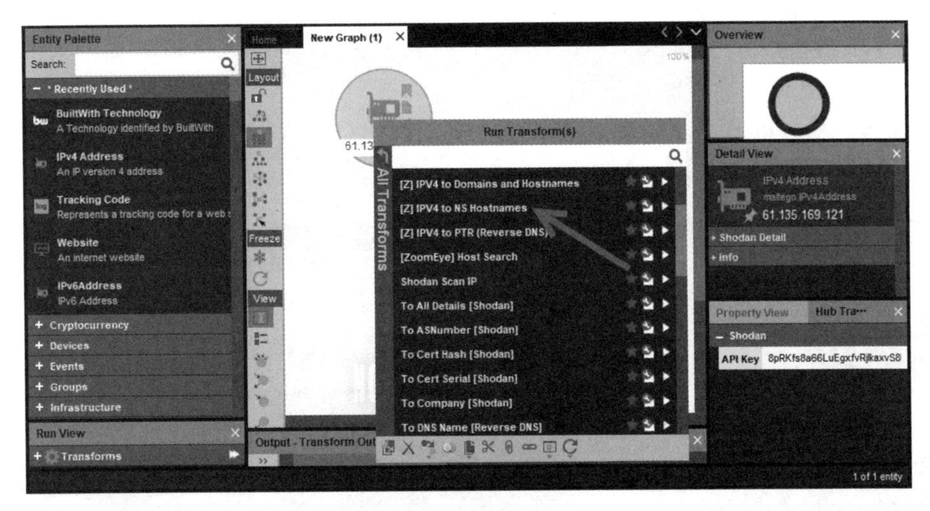

图 8.50　选择 Transform

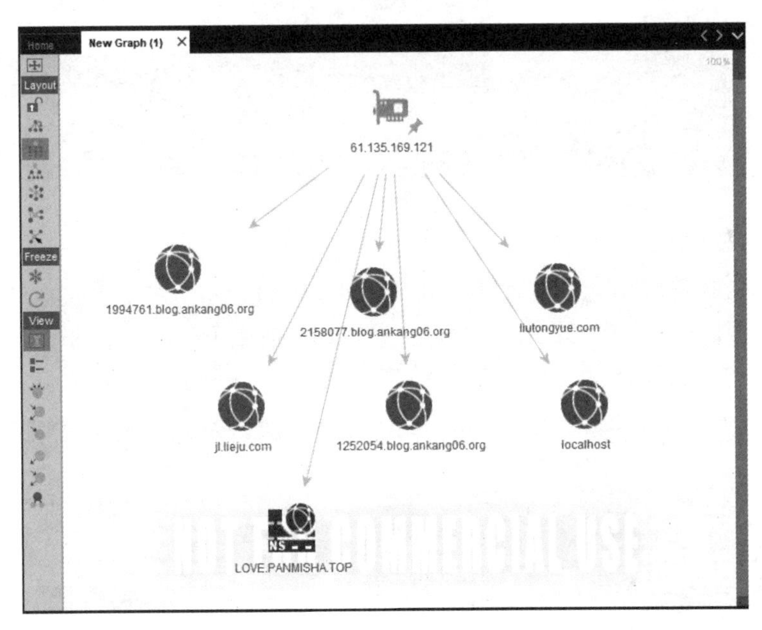

图 8.51　获取到的信息

从图 8.51 显示的结果中可以看到 IP 地址 61.135.169.121 的相关网络信息，如域名、NS 主机名及反向 DNS 记录等。其中，该 IP 地址的 NS 主机名为 LOVE.PANMISHA.TOP、主机名为 localhost、对应的域名有 liutongyue.com、jl.lieju.com 等。

8.3.4　分析 IP 地址物理信息

前面介绍了获取一个网段的物理位置信息的方法。对于一个 IP 地址已经准确到一台主机了，此时如果能够确定该 IP 地址的位置，则可以更近距离地接近目标来实施渗透。下面介绍分析 IP 地址物理信息的方法。

下面将选择分析 IP 地址 61.135.169.121 的物理信息。首先，选择并右击该 IP 地址实体，将显示可使用的 Transform 列表，如图 8.52 所示。

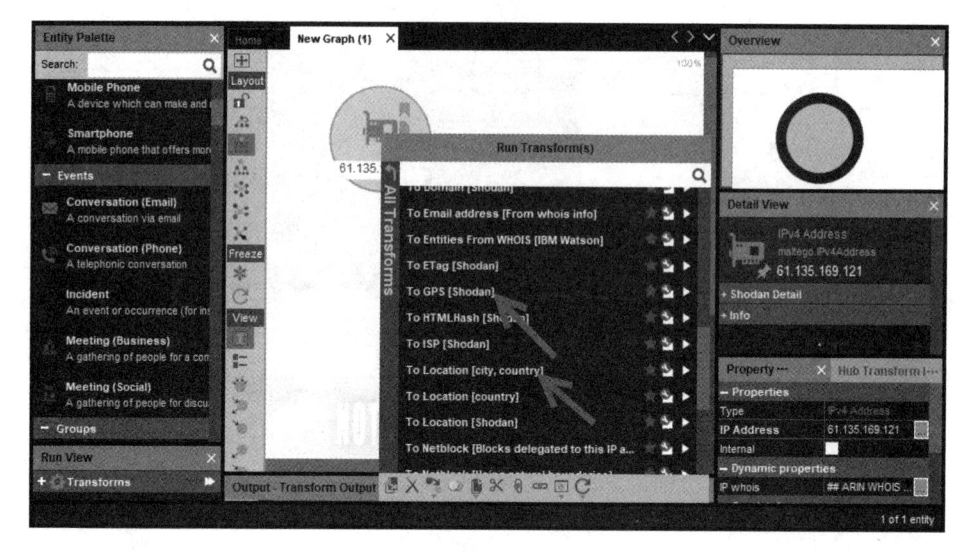

图 8.52　选择实体

我们可以选择使用 To GPS [shodan]和 To Location [city,country]的 Transform，来获取该 IP 地址的经纬度、城市和国家位置信息。当对 IP 地址实体运行这两个 Transform 后，将显示如图 8.53 所示的界面。

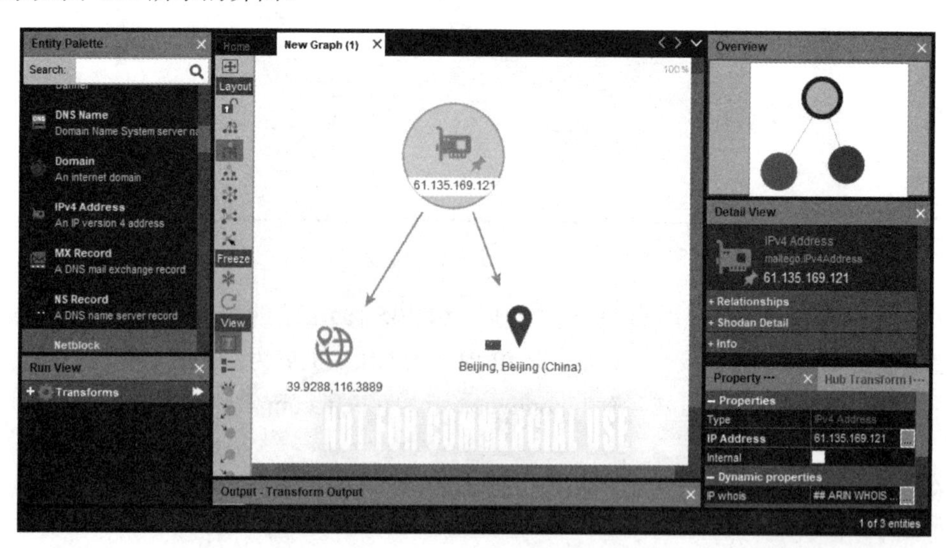

图 8.53　执行结果

从图 8.53 中可以看到获取到 IP 地址的物理位置信息。其中，经度纬度值为 39.9288, 116.3889；城市和国家地址为 Beijing,Beijing (China)。

8.3.5　获取 IP 地址过往历史信息

为了方便记忆和书写，一个网站主机通常会使用域名来代替 IP 地址。但是，该域名是固定的，IP 地址用户可以随时进行修改。如果将该地址修改后，则原有的 IP 地址将成为历史信息。所以，当我们扫描到一个主机的 IP 地址后，有可能是刚修改过的新 IP 地址。为了能够更深入地了解该主机，我们可以获取 IP 地址过往的历史信息。

下面将以前面的 IP 地址及获取的网络信息为例，获取该 IP 地址的过往历史信息，如图 8.54 所示。

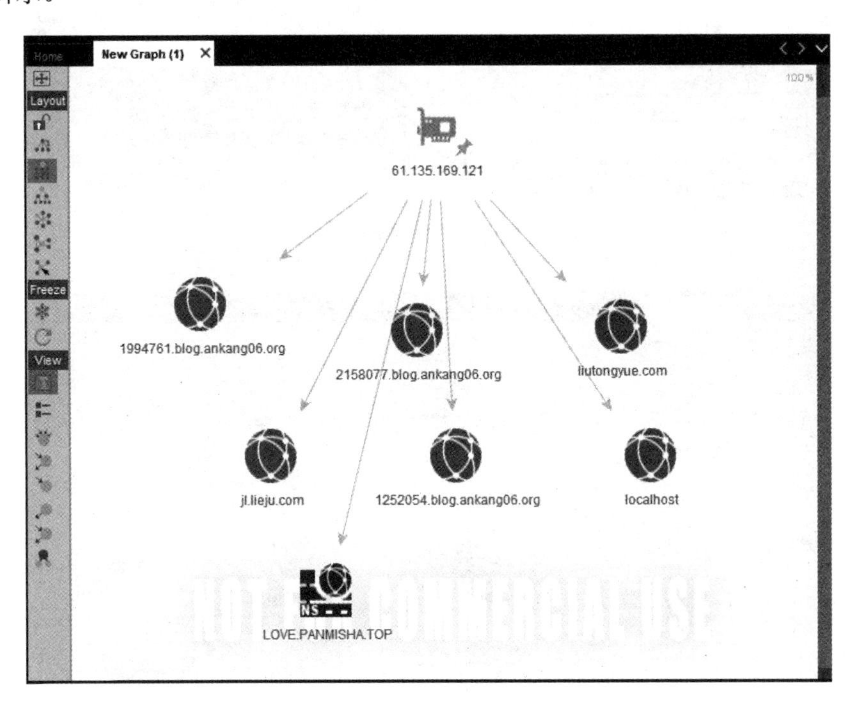

图 8.54　IP 网络信息

这里将选择获取域名 liutongyue.com 的 IP 地址历史信息。选择该实体并右击，即可显示 Transform 列表，如图 8.55 所示。

在该列表中可以选择用于获取历史信息的 Transform 来获取信息。其中，可以获取历史信息的 Transform 有[Securitytrails] WHOIS History 和[Z] Domain to IPV4 Address History，分别用来获取 WHOIS 历史信息和 IP 地址历史信息。例如，这里将获取该域名的 IP 地址历史信息。当获取到结果后，显示界面如图 8.56 所示。

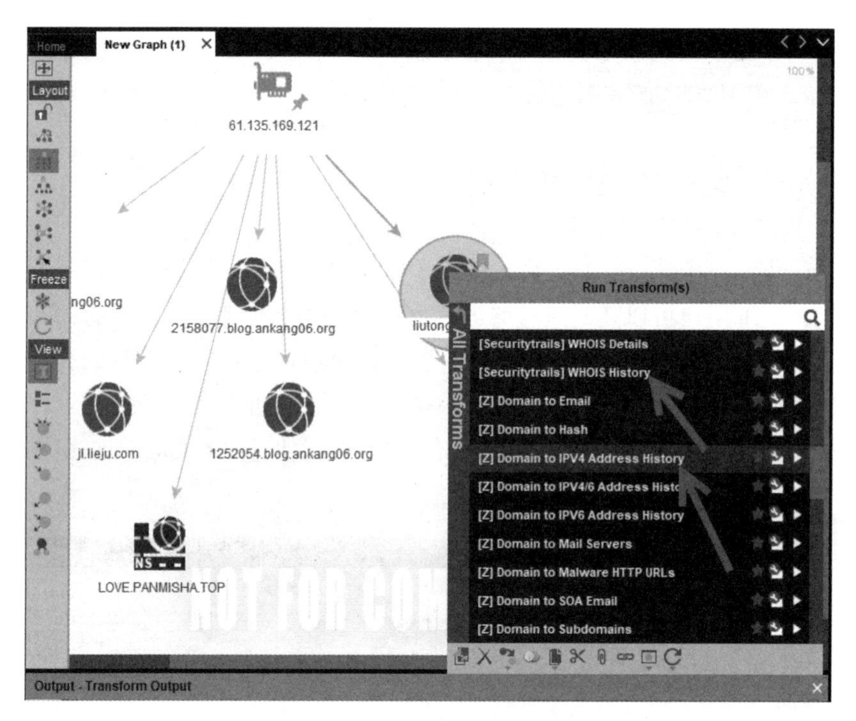

图 8.55　选择 Transform

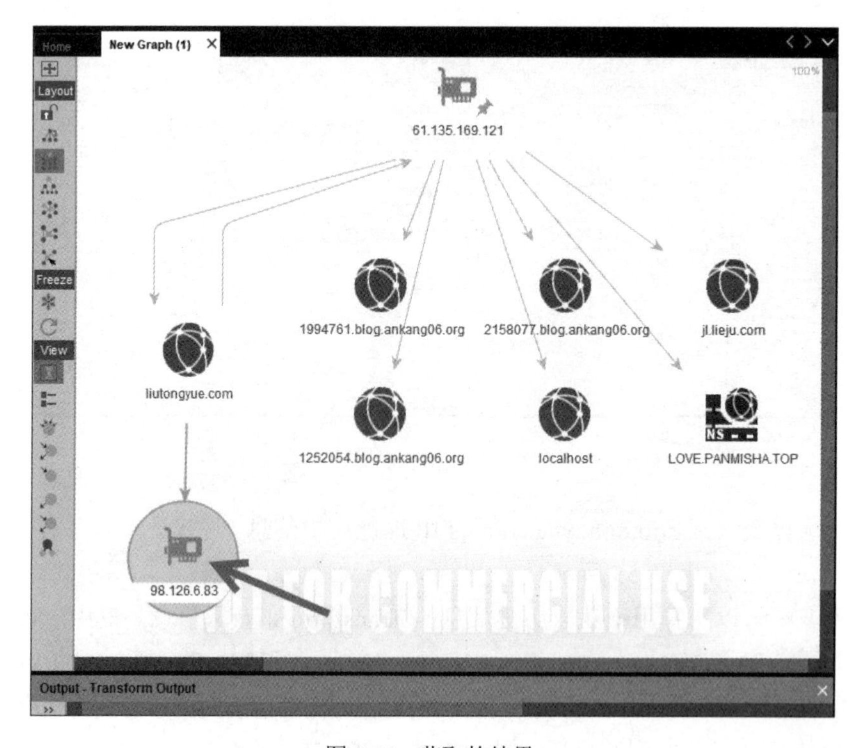

图 8.56　获取的结果

从显示结果中可以看到，获取到域名 liutongyue.com 的 IP 历史地址为 98.126.6.83。

当我们获取到一个 IP 历史地址后，还可以使用其他的 Transform 获取该地址的一些信息，如恶意软件的 Hash 值，使用过的 URL 或在哪个文件中出现过等。下面将获取 IP 历史地址 98.126.6.83 的过往信息。具体步骤如下：

（1）在 Maltego 中选择 IP 历史地址 98.126.6.83 实体并右击，将显示所有的 Transform，如图 8.57 所示。

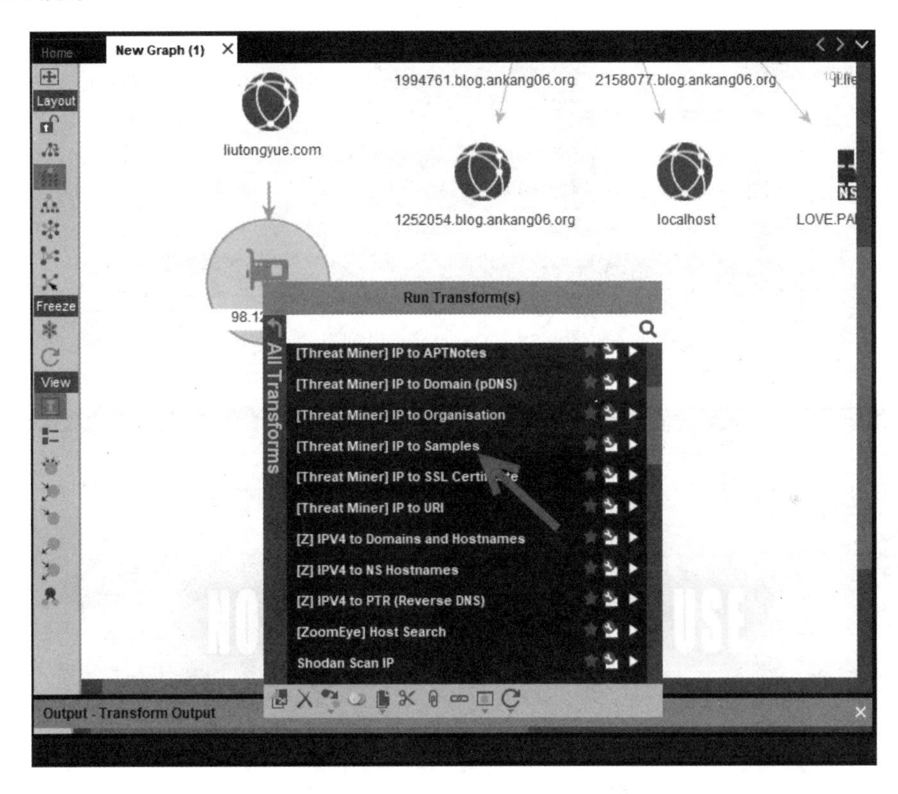

图 8.57　Transform 列表

（2）可以使用名为 Threat Miner 的 Transform 集中的所有 Transform 来获取 IP 过往信息，包括域名、组织、病毒的 Hash 值和 SSL 证书等。运行一个 Transform，即可获取对应的信息。这里为了能够更快速地获取到所有信息，可以直接运行 Transform 集。在该 Transform 集中，单击左上角的按钮，即可看到 Transform 集的分类，如图 8.58 所示。

提示： ThreatMiner Transform 是由第三方 ThreatMiner 提供的，所以需要在 Thransform 集的界面，手动安装该 Transform 集。

（3）这里将使用 ThreatMiner 的 Transform 集来获取 IP 地址的过往历史信息。单击 ThreatMiner Transform 集的图标，即可同时执行所有的 Transform 集。执行完成后，将显示如图 8.59 所示的界面。

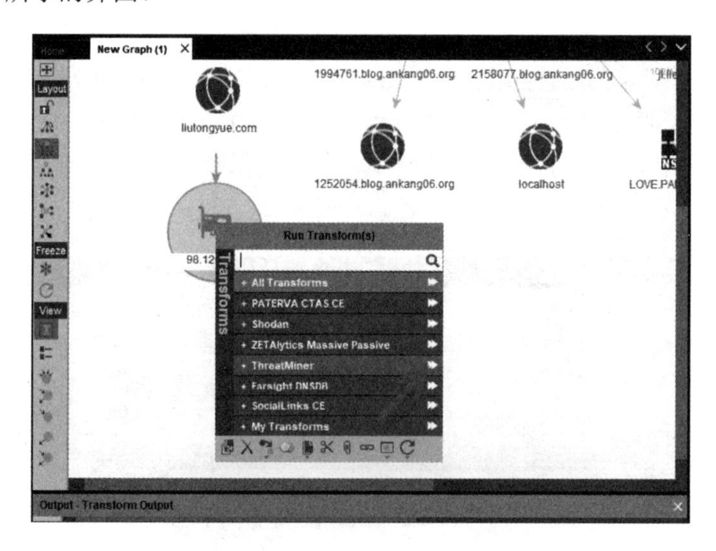

图 8.58　Transform 集列表

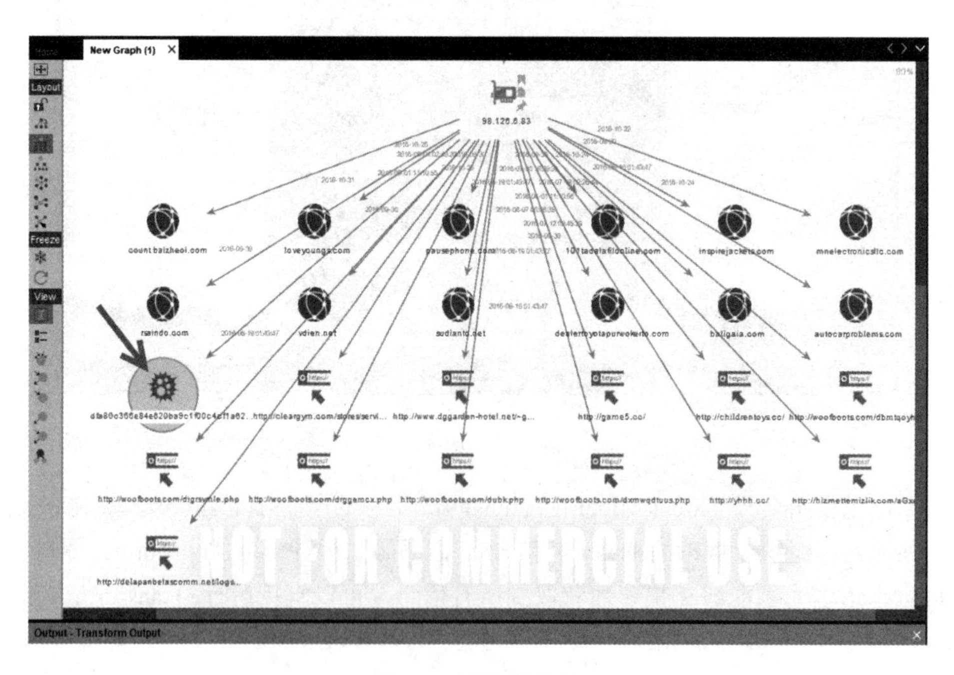

图 8.59　获取的结果

（4）从图 8.59 中可以看到获取的 IP 地址的过往历史信息，包括域名、URL 和恶意软件的哈希值。我们还可以进一步获取该恶意软件存在的文件。在图 8.59 中选择哈希实体并右击，将弹出可以使用的 Transform 列表，如图 8.60 所示。

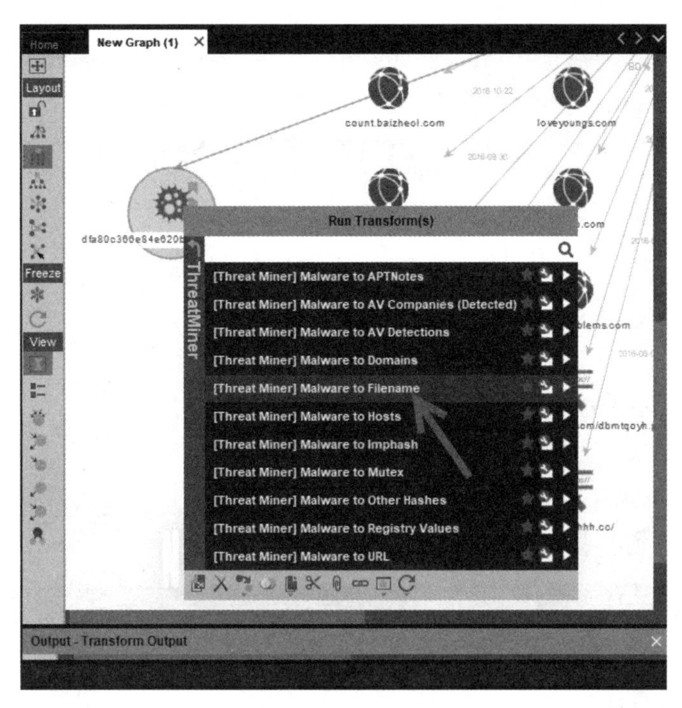

图 8.60　选择 Transform

（5）选择名为 [Threat Miner] Malware to Filename 的 Transform，即可获取该恶意程序的文件，如图 8.61 所示。

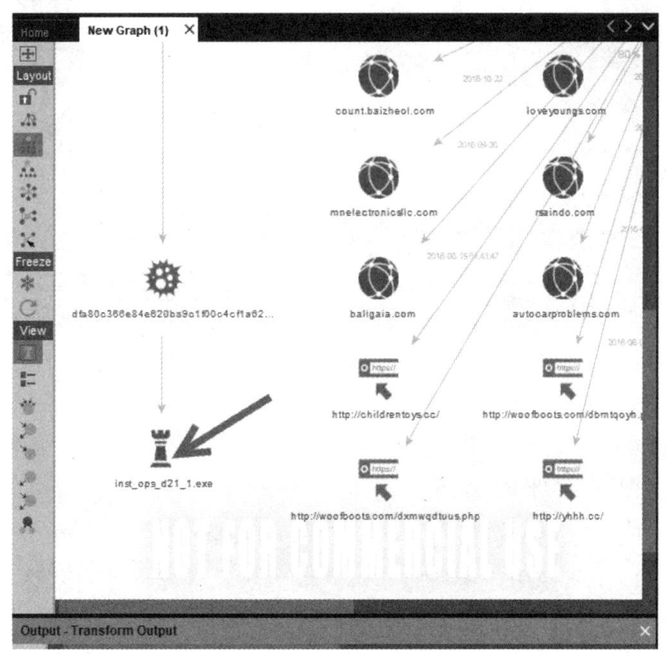

图 8.61　获取的文件名

（6）从图 8.61 中可以看到获取到的恶意文件，该文件名为 inst_ops_d21_1.exe。

8.4　端口和服务分析

在 Maltego 工具中也提供了端口和服务实体，可以用来整理并分析主机的端口和服务。下面介绍对主机的端口和服务信息进行分析的方法。

8.4.1　端口实体 Port

在 Maltego 工具中，用来分析端口的实体为 Port。我们可以在实体面板中选择该实体，然后将该实体拖放到图表中用来进行端口分析，如图 8.62 所示。

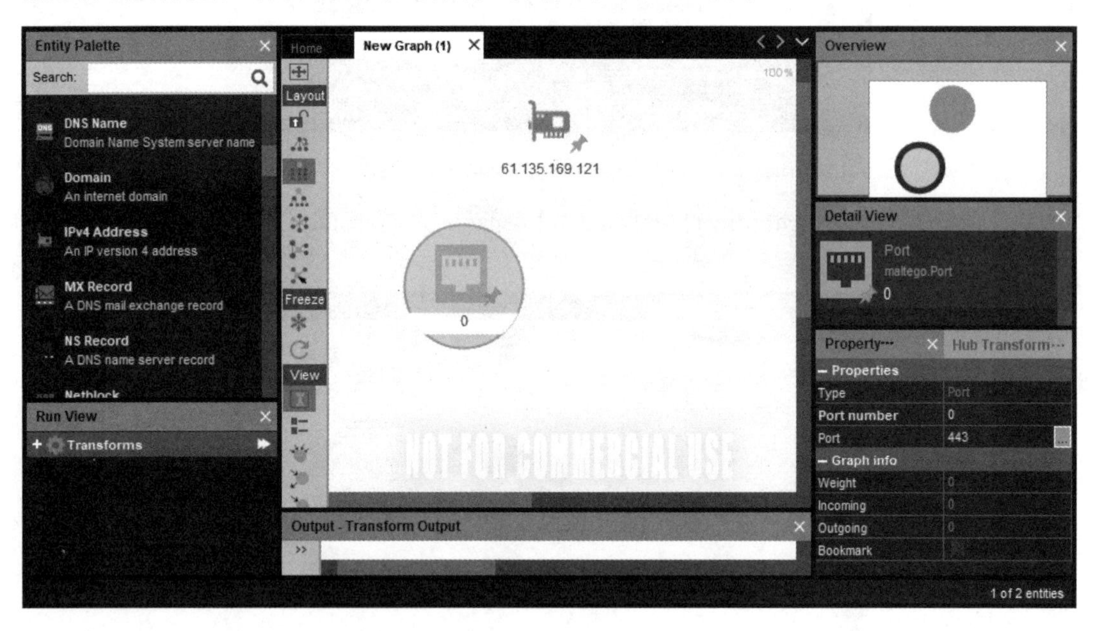

图 8.62　端口实体

从图 8.62 中可以看到，在图表中添加了一个端口实体。此时，我们可以整理某个主机开放的所有端口，方便以后进行分析。经过对扫描结果的分析知道，在主机 61.135.169.121 上开放了两个端口，分别是 80 和 443。此时，再拖放一个端口实体，用来标注主机开放的端口，并使用连接线将实体之间的关系连接起来，如图 8.63 所示。

为了更明确地看到端口 80 和 443 是主机 61.135.169.121 开放的，这里使用连接线与这两个端口连接起来。在 IP 地址实体（61.135.169.121）附近单击，将会延生出一根线条，然后单击端口实体即可。此时将会弹出一个对话框，如图 8.64 所示。

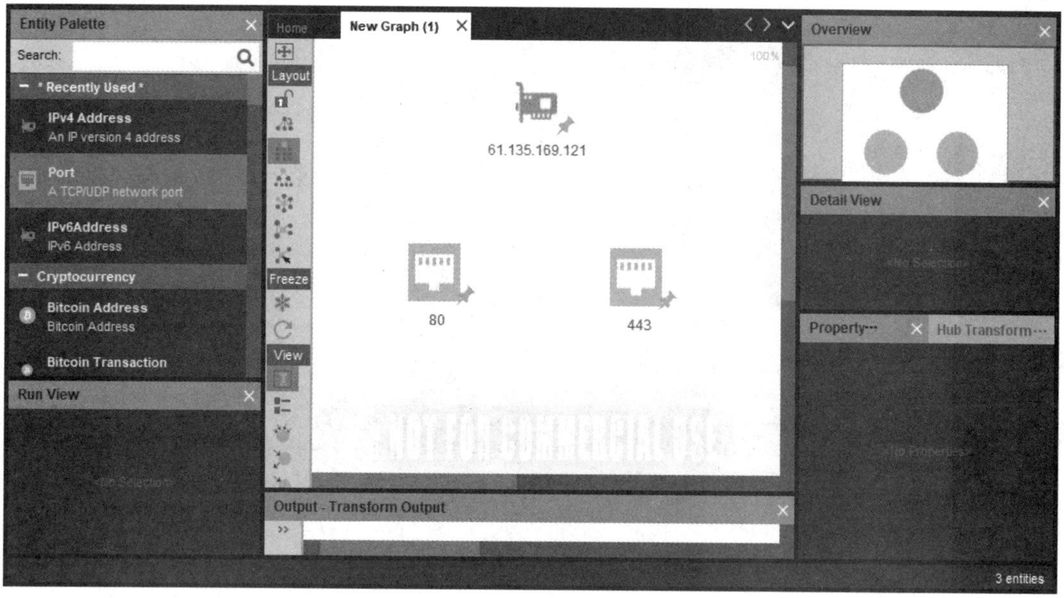

图 8.63　整理出的开放端口

该对话框中的信息是用来设置连接线的，如 Label（标签）、Color（颜色）、Style（线条风格）和 Thickness（线条粗细）等。这里将设置线条的标签为 port、颜色为红色，其他使用默认值，如图 8.65 所示。然后单击 OK 按钮，即可看到连接线，如图 8.66 所示。

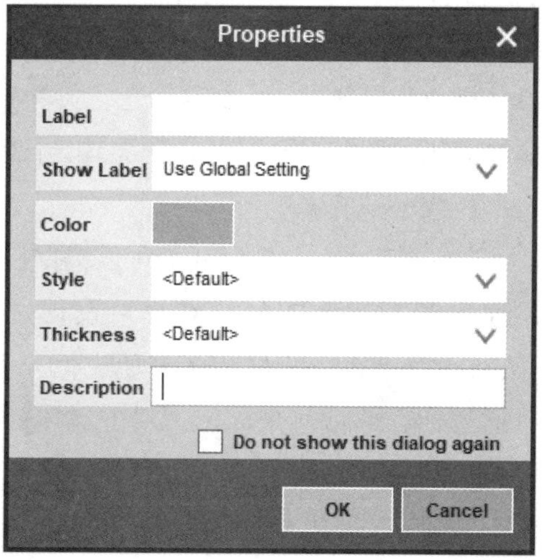

图 8.64　连接线属性对话框

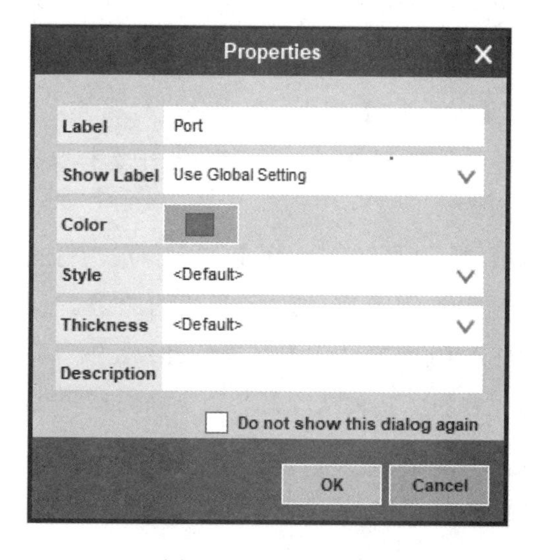

图 8.65　设置的结果

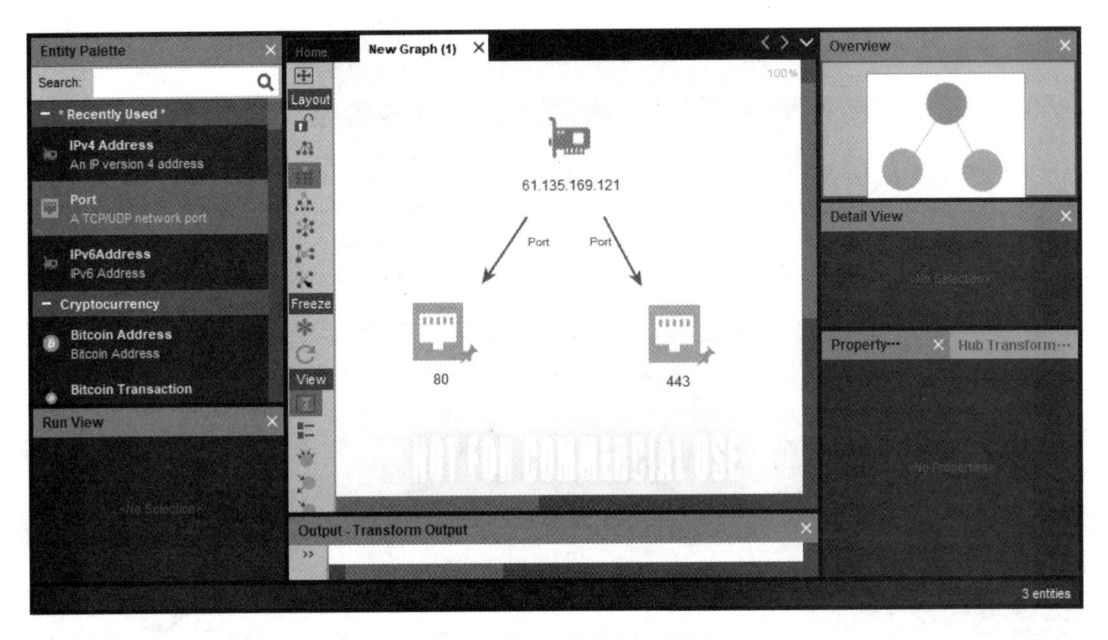

图 8.66　整理出的端口信息

8.4.2　服务实体 Service

在 Maltego 工具中，还提供了一个服务实体 Service，可以用来对主机中开放的服务进行整理并分析。例如，可以将整理出的服务实体添加注释，用来标记出该服务的版本、软件提供商和知名的漏洞信息，以方便对该服务进行分析。这样，当根据服务版本漏洞来分析主机时，可以快速找出可以利用该服务漏洞的主机，做进一步分析和验证。

【实例 8-4】使用服务实体进行服务分析。具体操作步骤如下：

（1）在 Maltego 的实体面板中选择服务实体 Service 并将其拖放到图表中，如图 8.67 所示。

（2）从图 8.67 中可以看到，成功将服务实体放在图表中。此时，我们可以根据扫描的结果，用该实体表示开放的服务。例如，通过整理前面的扫描结果，发现主机 61.135.169.121 上开放了 Apache 服务，版本为 Apache httpd 2.4.34。为了方便进行分析，可以将服务实体名称命名为 Apache，其版本号通过注释的信息来标记。双击实体名称即可对其进行修改。接下来为该实体添加注释。首先选择要添加注释的实体，如图 8.68 所示。

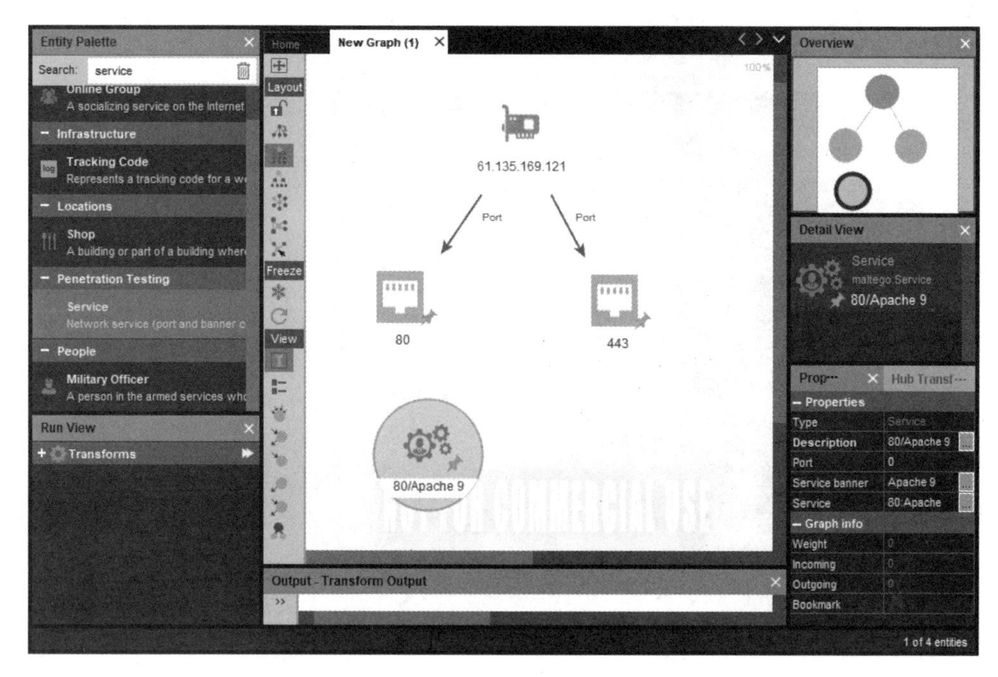

图 8.67　添加的服务实体

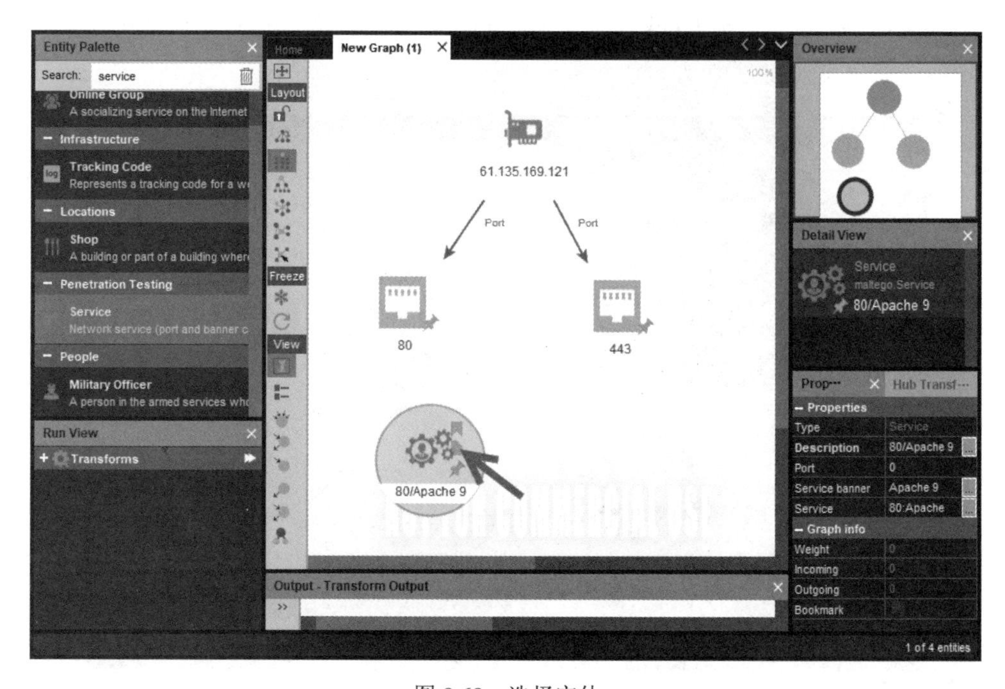

图 8.68　选择实体

（3）将光标放在选择的实体上，此时将会看到实体上面显示了一个图标和一个图标。其中，图标表示一个书签，图标就是用来添加注释的。这里双击图标，将会弹出一个添加注释信息的文本框，如图 8.69 所示。

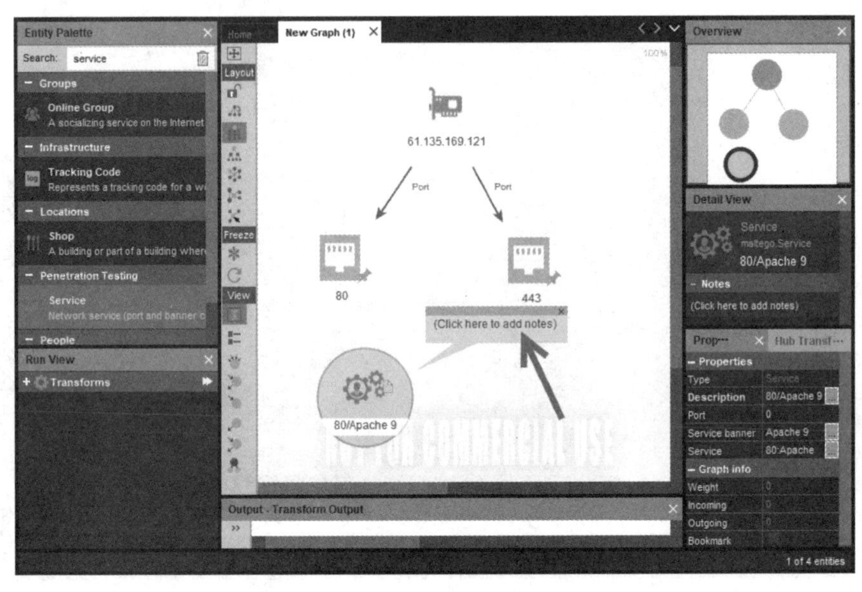

图 8.69　注释信息文本框

（4）文本框默认内容为 Click here to add notes，单击该文本框即可修改其内容。本例中添加的注释信息如图 8.70 所示。

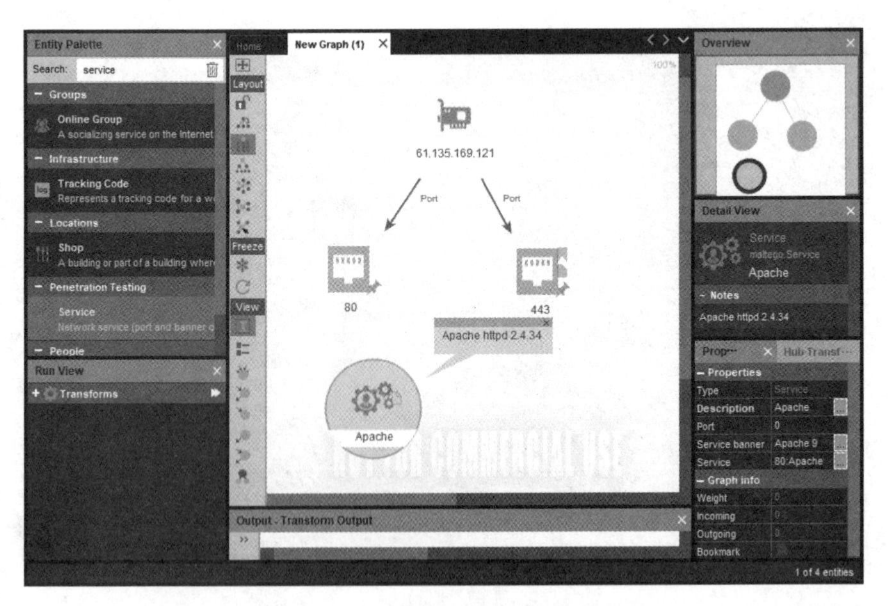

图 8.70　添加的注释

（5）从图 8.71 中可以看到，这里添加的注释信息为 Apache httpd 2.4.34。接下来，同样可以使用连接线的方式，将该服务与对应的主机或端口连接起来，结果如图 8.71 所示。

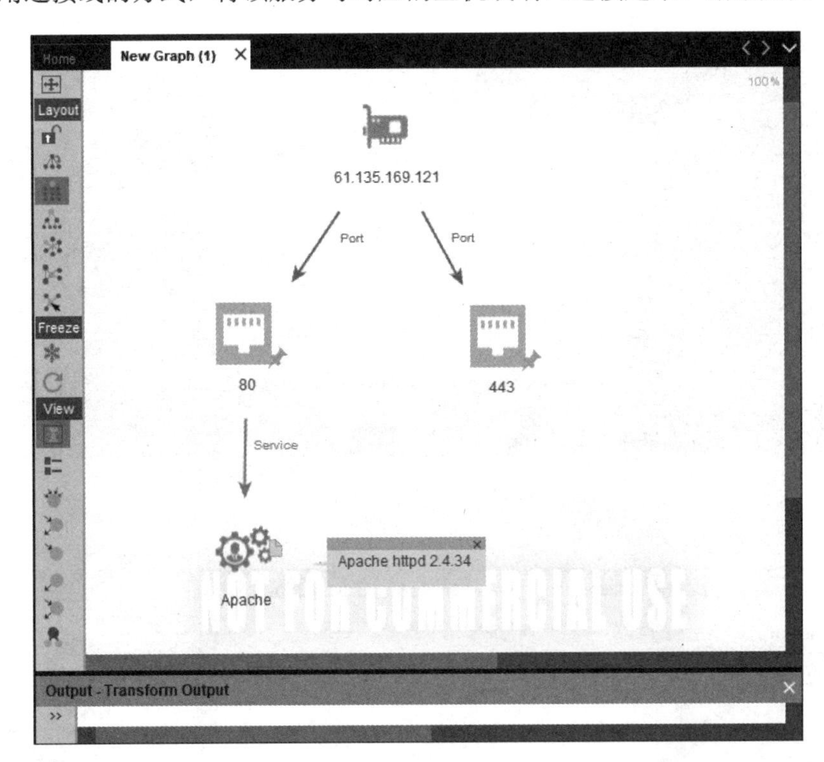

图 8.71　整理结果

8.5　域名分析

在广域网中，很多 IP 地址都和域名进行关联。通过分析对应的域名，可以获取更多的主机信息。本节将介绍使用 Maltego 工具对域名进行分析。

8.5.1　使用域名实体 Domain

在 Maltego 中提供了一个域名实体 Domain，可以用来对域名进行分析。使用时，首先需要从实体列表中拖放一个域名实体到图表中，显示结果如图 8.72 所示。

从图 8.72 中可以看到，在图表中已经添加了域名实体，默认的域名为 paterva.com。此时需要将其修改为我们要分析的域名。例如，这里将选择分析百度网站的域名 baidu.com。所以，修改默认的域名实体名称为 baidu.com，如图 8.73 所示。

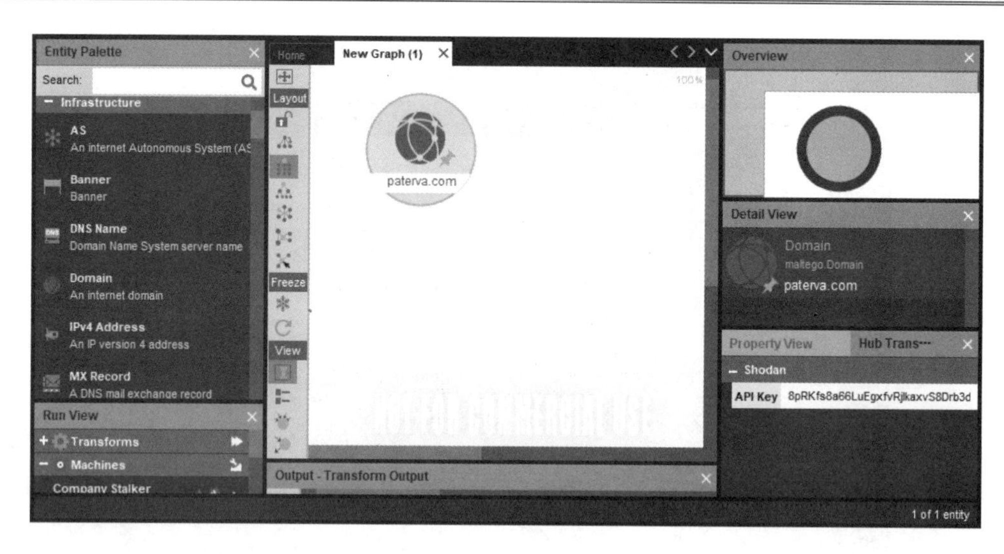

图 8.72　域名实体

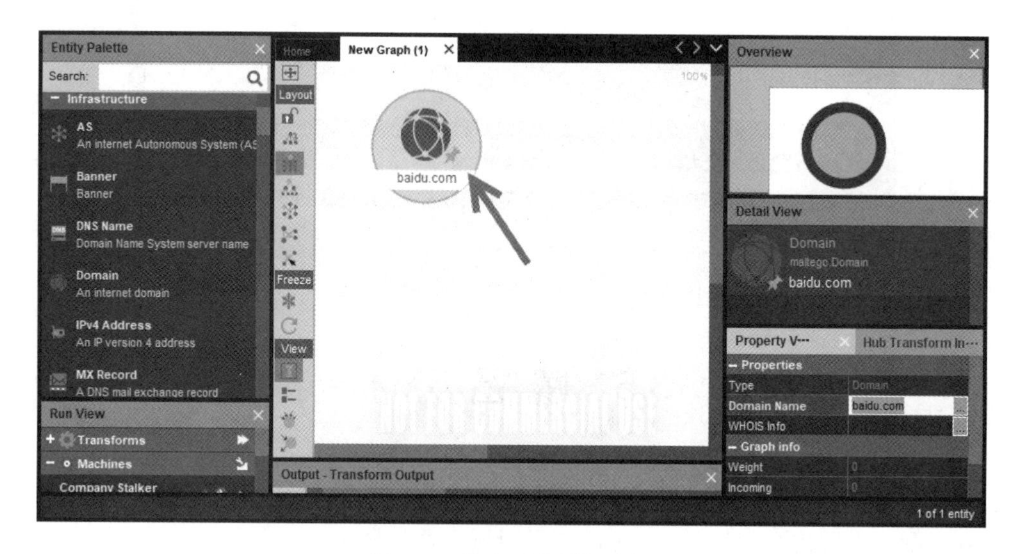

图 8.73　指定要分析的域名

从图 8.73 中可以看到，成功修改了域名实体名称为 baidu.com。接下来我们就可以使用 Maltego 工具提供的 Transform 来获取域名相关信息了，如域名的所有者、子域名等。

8.5.2　获取域名注册商信息

每个域名都有对应的 WHOIS 信息。通过查询 WHOIS 信息，即可获取到域名的注册商信息。下面介绍获取域名所有者信息的方法。

（1）在 New Graph（1）图表中选择域名实体（baidu.com）并右击，将弹出所有可以使用的 Transform 列表，如图 8.74 所示。

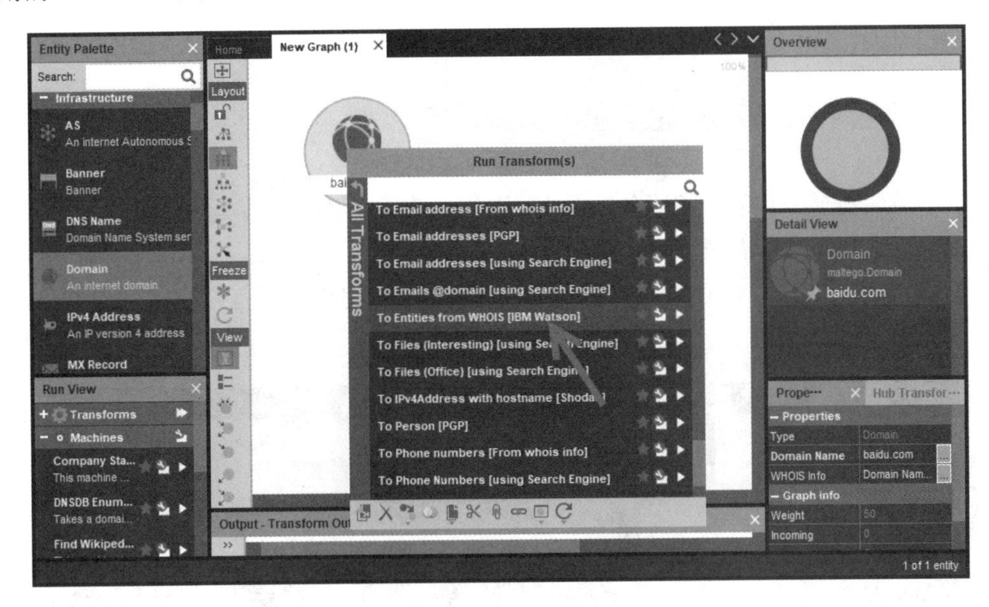

图 8.74　选择 Transform

（2）在其中选择名为 To Entities from WHOIS [IBM Watson]的 Transform，即可获取到该域名的注册商信息，如图 8.75 所示。

图 8.75　获取的结果

（3）从图 8.75 中可以看到，成功获取到了域名 baidu.com 关联的注册商信息，包括组织名称、注册商的邮件地址、注册人及注册的电话号码。例如，该域名注册商公司为 VeriSign；注册者为 Register.com、注册者的电话号码为+1 8003337680。

8.5.3 获取子域名及相关信息

每个域名都至少有一个子域名。通过获取域名的子域名，可以发现目标关联的其他主机信息。下面将介绍获取子域名信息的方法。

（1）在 New Graph（1）图表中选择域名实体并右击，将弹出所有可以使用的 Transform 列表，如图 8.76 所示。

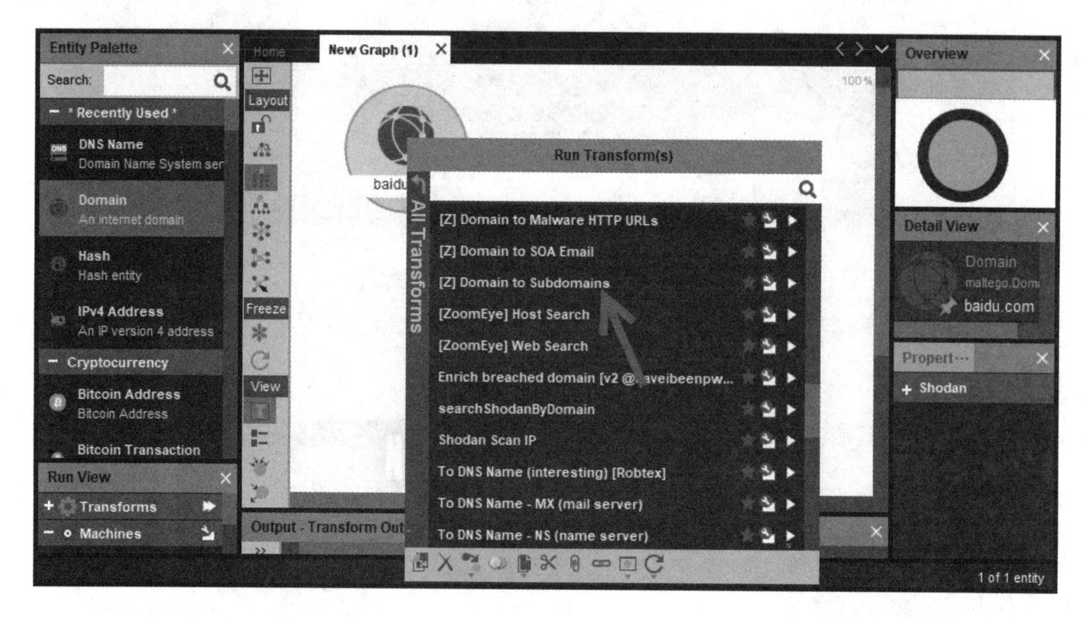

图 8.76　选择 Transform

（2）选择名为[Z] Domain to Subdomains 的 Transform，即可获取相关的子域名，如图 8.77 所示。

（3）从图 8.77 中可以看到，成功获取到了域名 baidu.com 的相关子域名，如 pqdiox.www.baidu.com 和 cxrw.baidu.com 等。从显示的结果中可以看到，这里仅获取到了几个子域名，一些经常访问的子域名没有获取到，如 www.baidu.com、mp3.baidu.com 等。如果想要获取这些子域名信息的话，则可以把它们整理出来并手动添加进去，然后使用连接线建立实体之间的关系。例如，这里添加一个子域名 www.baidu.com。首先在实体列表中选择域名实体 Domain 并拖放到 New Graph（1）图表中，修改域名为 www.baidu.com。然后使用连接线与域名 baidu.com 关联起来。添加成功后，显示界面如图 8.78 所示。

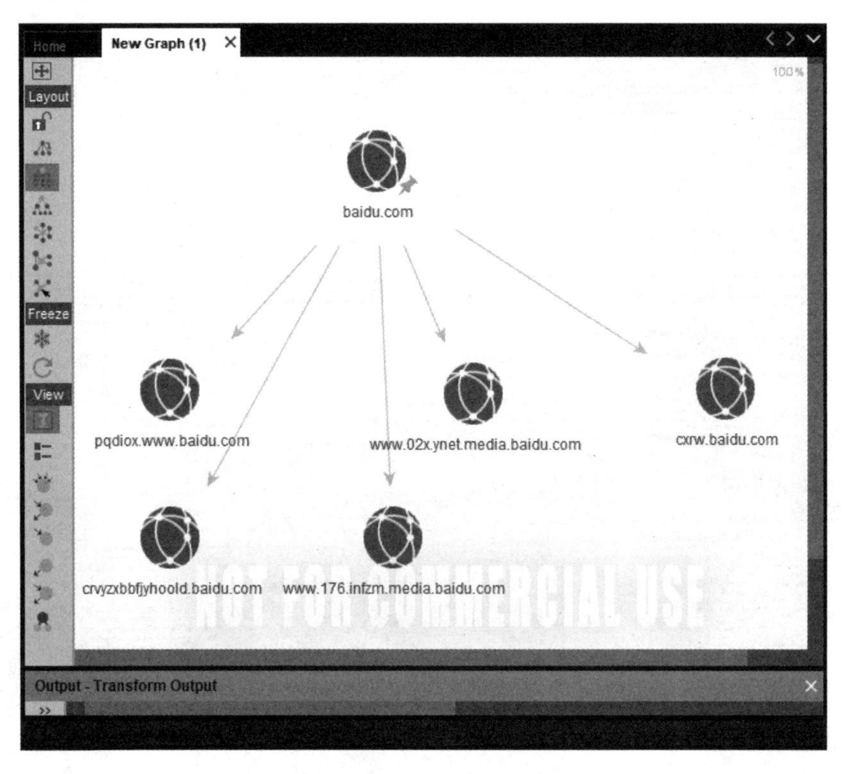

图 8.77　获取的结果

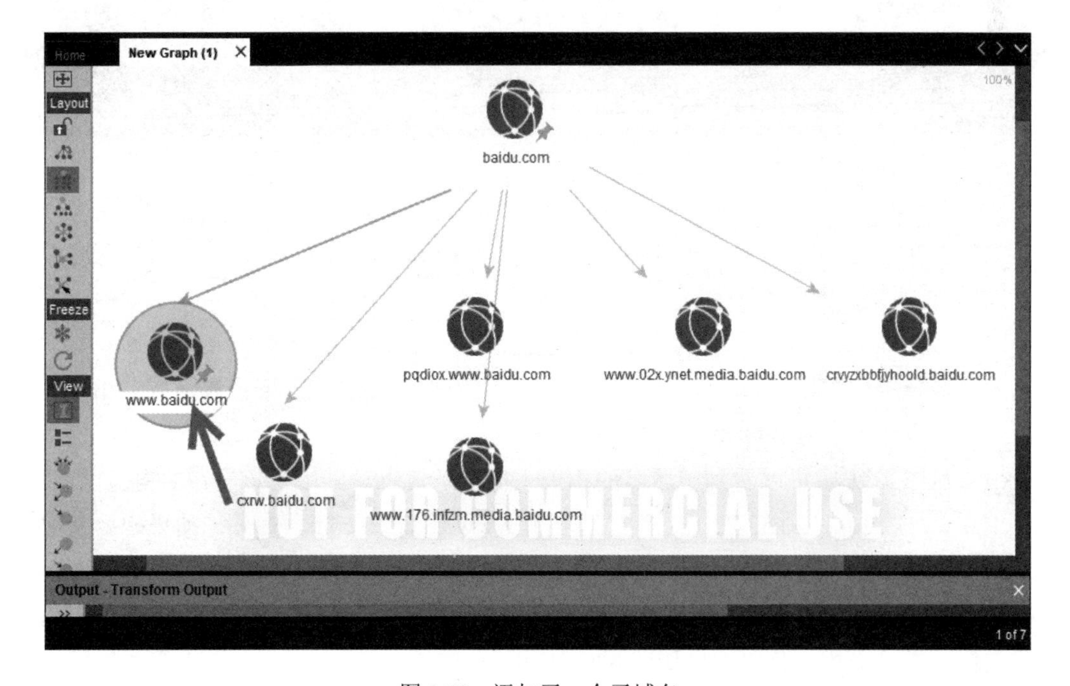

图 8.78　添加了一个子域名

当我们获取到子域名后，还可以通过该子域名来获取相关的主机地址、历史 IP 地址、关联的恶意软件的哈希值和对应的 URL 等。下面将以子域名 www.baidu.com 为例，介绍获取子域名相关信息的方法。

（1）在 New Graph（1）图表中选择子域名实体 www.baidu.com 并右击，将弹出所有可用的 Transform 列表，如图 8.79 所示。

图 8.79　选择 Transform

（2）在其中选择名为[Threat Miner] Domain to IP (pDNS)的 Transform，即可获取对相关的主机 IP 地址，如图 8.80 所示。

（3）从图 8.80 中即可以看到获取到子域名 www.baidu.com 的相关主机地址。我们还可以通过选择[DNSDB] To records with this hostname 的 Transform，来获取子域名相关的主机记录，结果如图 8.81 所示。

（4）从图 8.81 中可以看到子域名的相关主机记录信息。其中，该子域名对应的 IP 地址有 120.52.73.120、120.52.73.121 等；别名为 www.a.shifen.com。另外，如果想要获取该子域名的 URL、关联的恶意软件的哈希值、IP 地址的话，可以通过选择[Threat Miner] Domain to Samples 和[Threat Miner] Domain to URI 的 Transform 来获取，具体步骤与前面操作类似，不再赘述。获取结果如图 8.82 所示。

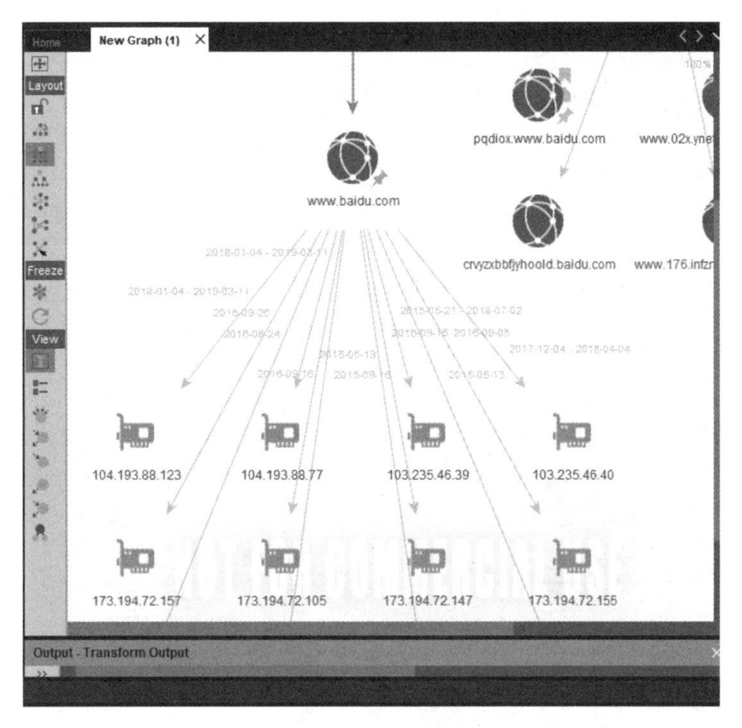

图 8.80　获取的结果

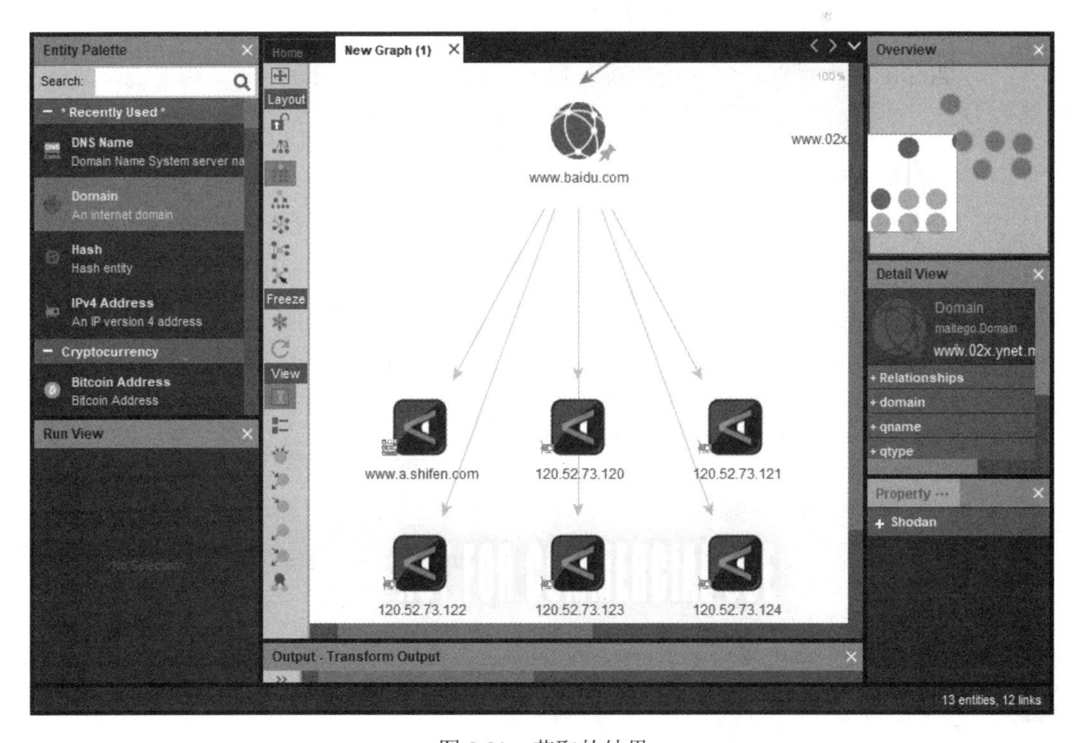

图 8.81　获取的结果

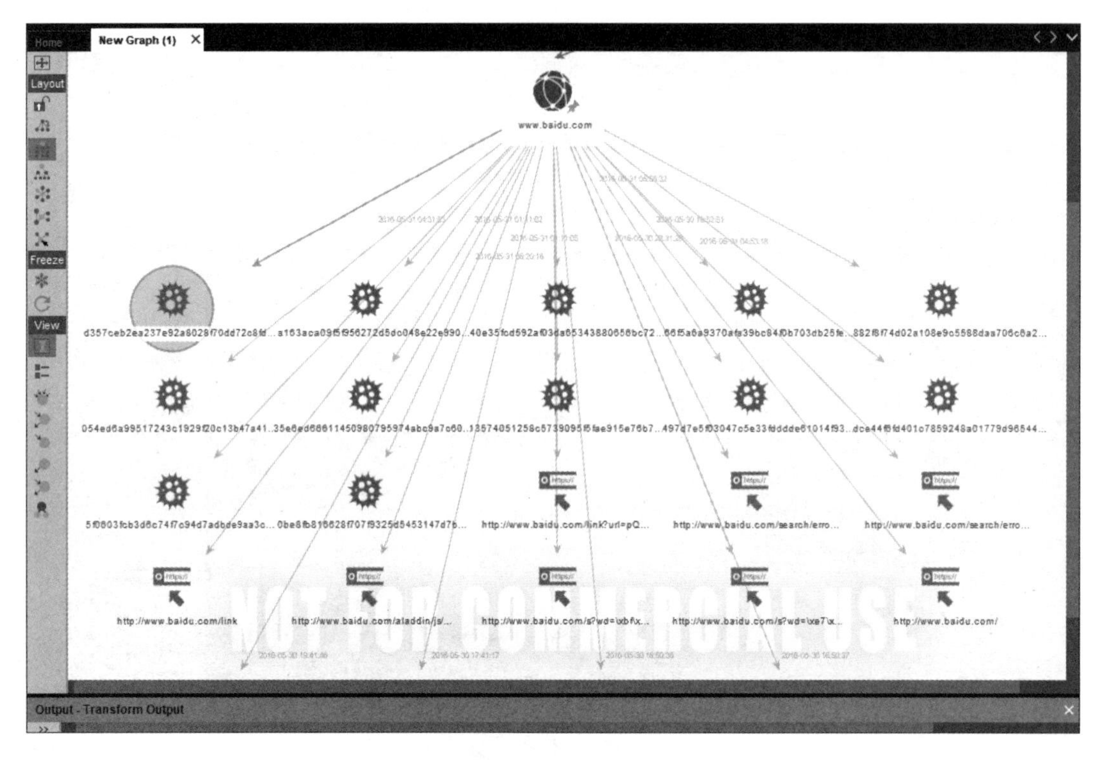

图 8.82　获取的结果

（5）从图 8.82 中可以看到，成功获取到了子域名（www.baidu.com）相关的恶意程序哈希值及对应的 URL 地址。

附录 A　特殊扫描方式

前面章节中介绍了一些通用的扫描方式，可以对目标主机实施扫描。附录 A 将介绍两种特殊扫描方式，分别是 FTP 弹跳扫描和僵尸扫描。

A.1　FTP 弹跳扫描

FTP 弹跳扫描就是利用存在漏洞的 FTP 服务器（如 HP JetDirect 打印服务器），对目标主机端口实施扫描。在 Nmap 中提供了一个-b 选项，可以用来实施 FTP 弹跳扫描。用于实施 FTP 弹跳扫描的语法格式如下：

```
nmap -b [username:password@server:port] -Pn -v [host]
```

以上语法中的选项及含义如下：

- -b：实施 FTP 弹跳扫描，其格式为 username:password@server:port。其中，server 是指 FTP 服务的名字或 IP 地址。如果 FTP 服务器允许匿名用户登录的话，则可以省略 username:password。另外，当 FTP 服务使用默认端口 21 时，也可以省略端口号（以及前面的冒号）。FTP 协议有一个特点就是支持代理 FTP 连接。它允许用户连接到一台 FTP 服务器上，然后要求文件送到一台第三方服务器上。这个特性在很多场景中被滥用，所以许多服务器已经停止支持了。其中一种场景就是使得 FTP 服务器对其他主机端口扫描。这是绕过防火墙的好方法，因为 FTP 服务器常常被置于防火墙之后，可以访问防火墙之后的其他主机，如图 A.1 所示。
- -Pn：实施 Ping 扫描。
- -v：显示详细信息。

【实例 A-1】利用 FTP 服务器（192.168.1.5）对目标主机（192.168.1.7）实施 FTP 弹跳扫描，以获取主机中开放的其他端口。执行命令如下：

```
root@daxueba:~# nmap -p 21,22,80 -b 192.168.1.5 -Pn 192.168.1.7 -v
Starting Nmap 7.70 ( https://nmap.org ) at 2019-01-09 18:51 CST
Resolved FTP bounce attack proxy to 192.168.1.5 (192.168.1.5).
Initiating Parallel DNS resolution of 1 host. at 18:51
Completed Parallel DNS resolution of 1 host. at 18:51, 0.00s elapsed
```

```
Attempting connection to ftp://anonymous:-wwwuser@@192.168.1.5:21
Connected:220-FileZilla Server 0.9.60 beta
220-written by Tim Kosse (tim.kosse@filezilla-project.org)
220 Please visit https://filezilla-project.org/
Login credentials accepted by FTP server!
Initiating Bounce Scan at 18:52
Completed Bounce Scan at 18:52, 0.00s elapsed (3 total ports)
Nmap scan report for daxueba (192.168.1.7)
Host is up.
PORT   STATE  SERVICE
21/tcp   closed    ftp
22/tcp   closed    ssh
80/tcp   closed    http
Read data files from: /usr/bin/../share/nmap
Nmap done: 1 IP address (1 host up) scanned in 9.06 seconds
```

从输出的信息可以看到，成功使用 FTP 弹跳扫描方式对目标主机的 21、22 和 80 端口实施了扫描。

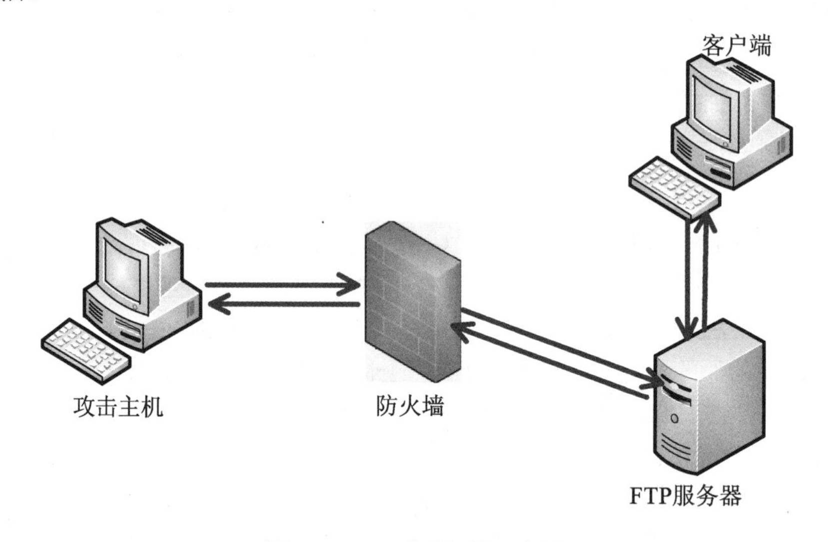

图 A.1　FTP 弹跳扫描示意图

提示： 使用 FTP 弹跳扫描，并不是使用任意的 FTP 服务器都可以实现，而需要 FTP 服务器中存在漏洞。如果利用的 FTP 服务器中不存在漏洞的话，将会响应错误信息。例如：

```
Starting Nmap 7.70 ( https://nmap.org ) at 2019-01-06 19:49 CST
Your FTP bounce server doesn't allow privileged ports, skipping them.
Your FTP bounce server doesn't allow privileged ports, skipping them.
Your FTP bounce server doesn't allow privileged ports, skipping them.
```

```
Your FTP bounce server doesn't allow privileged ports, skipping them.
Your FTP bounce server doesn't allow privileged ports, skipping them.
Your FTP bounce server sucks, it won't let us feed bogus ports!
QUITTING!
```

从以上输出信息中可以看到，捆绑的 FTP 服务不允许扫描端口。

A.2 僵 尸 扫 描

僵尸扫描是非常隐蔽的，而且实施的条件非常严格。如果要实施僵尸扫描，则必须先找到合适的僵尸机。其中，僵尸机必须符合以下两个条件：

- 它需要是一个空闲主机，很少发送和接收数据包。
- 它的 IPID 必须是递增的，0 和随机都不可以。现在大部分主流操作系统的 PID 都是随机产生的，但是早期的 Windows XP 系统（如 Windows 2000、Windows 2003）都是递增的 IPID。

A.2.1 僵尸扫描的过程

如果要实施僵尸扫描，则需要对其工作流程有所了解。僵尸扫描的过程如下：

（1）扫描者主机对 Zombie（僵尸机）发送 SYN/ACK 包，然后 Zombie（假设此时系统产生的 IPID 为 x）会返回主机一个 RST，主机将会得到 Zombie 的 IPID。

（2）扫描主机向目标机器发送一个 SYN 包。此时扫描主机会伪装成 Zombie 的 IP（即是 x）向目标主机发送 SYN 包。

（3）如果目标的端口开放，便会向 Zombie 返回一个 SYN/ACK 包。但是 Zombie 机并没有发送任何的包，Zombie 会觉得莫名其妙，于是向目标主机发送一 RST 进行询问。此时 Zombie 的 IPID 将会增加 1（x+1）。如果目标主机的端口并未开放，那么目标主机也会向 Zombie 机发送一个 RST 包。但是 Zombie 收到 RST 包不会有任何反应，所以 IPID 不会改变（依旧是 x）。

（4）扫描者主机再向 Zombie 发送一个 SYN/ACK。同样 Zombie 机会摸不着头脑，然后再向扫描者主机发送一个 RST 包。此时，Zombie 的 IPID 将变成（x+2）。

A.2.2 实施僵尸扫描

在 Nmap 工具中，提供了一个-sI 选项可以用来实施僵尸扫描。用来实施僵尸扫描的语法格式如下：

```
nmap -sI <zombie host[:probeport]>
```

这种高级的扫描方法允许对目标进行真正的 TCP 端口盲扫描。

在 Nmap 中提供了大量用于僵尸扫描的脚本序（如 ipidseq.nes 脚本）。所以我们可以通过调用这些脚本程序来判断一个主机是否是一个合适的僵尸机。

【实例 A-2】使用 Nmap 实施僵尸扫描。具体步骤如下：

（1）使用 Nmap 扫描指定端口来判断主机（192.168.1.5）是否是合适的僵尸机（zombie）。执行命令如下：

```
root@daxueba:~# nmap -p 445 192.168.1.5 --script=ipidseq.nse
Starting Nmap 7.70 ( https://nmap.org ) at 2019-01-06 18:09 CST
Nmap scan report for test-pc (192.168.1.5)
Host is up (0.00036s latency).
PORT    STATE SERVICE
445/tcp open  microsoft-ds
MAC Address: 00:0C:29:21:8C:96 (VMware)
Host script results:
|_ipidseq: Incremental!
Nmap done: 1 IP address (1 host up) scanned in 0.47 seconds
```

从输出信息中可以看到，主机 192.168.1.5 的 IPID 是递增的。所以，可以使用该主机作为僵尸机对目标实施扫描。

（2）实施僵尸扫描。执行命令如下：

```
root@daxueba:~# nmap 192.168.1.6 -sI 192.168.1.5 -Pn
Starting Nmap 7.70 ( https://nmap.org ) at 2019-01-06 18:10 CST
Idle scan using zombie 192.168.1.5 (192.168.1.5:80); Class: Incremental
Nmap scan report for 192.168.1.6 (192.168.1.6)
Host is up (0.051s latency).
Not shown: 977 closed|filtered ports
PORT    STATE SERVICE
21/tcp   open  ftp
22/tcp   open  ssh
23/tcp   open  telnet
25/tcp   open  smtp
53/tcp   open  domain
80/tcp   open  http
111/tcp  open  rpcbind
139/tcp  open  netbios-ssn
445/tcp  open  microsoft-ds
512/tcp  open  exec
513/tcp  open  login
514/tcp  open  shell
```

```
1099/tcp open  rmiregistry
1524/tcp open  ingreslock
2049/tcp open  nfs
2121/tcp open  ccproxy-ftp
3306/tcp open  mysql
5432/tcp open  postgresql
5900/tcp open  vnc
6000/tcp open  X11
6667/tcp open  irc
8009/tcp open  ajp13
8180/tcp open  unknown
MAC Address: 00:0C:29:3E:84:91 (VMware)
Nmap done: 1 IP address (1 host up) scanned in 20.92 seconds
```

从以上输出信息中可以看到，通过Nmap，成功使用僵尸机192.168.1.5对目标主机实施了僵尸扫描。另外，从显示结果中还可以看到目标主机上开放的所有端口及对应的服务名。

附录 B　相关 API

当我们在安装某个第三方 Transform 时，需要使用 API Key，如 Shodan。下面介绍获取 API Key 值的方法。

B.1　注册 Shodan 账号

如果要使用 Shodan 提供的 Transform，则需要安装 Shodan。在前面介绍安装 Shodan 的 Transform 集时我们知道，需要提供一个 API Key 值。此时，通过注册一个账号即可获取到对应的 API Key。下面介绍具体的注册方法。

【实例 B-1】注册 Shodan 账号，并获取 API Key。具体操作步骤如下：

（1）在浏览器中访问 Shodan 官网，其地址为 https://www.shodan.io/。当访问成功后，将显示如图 B.1 所示的页面。

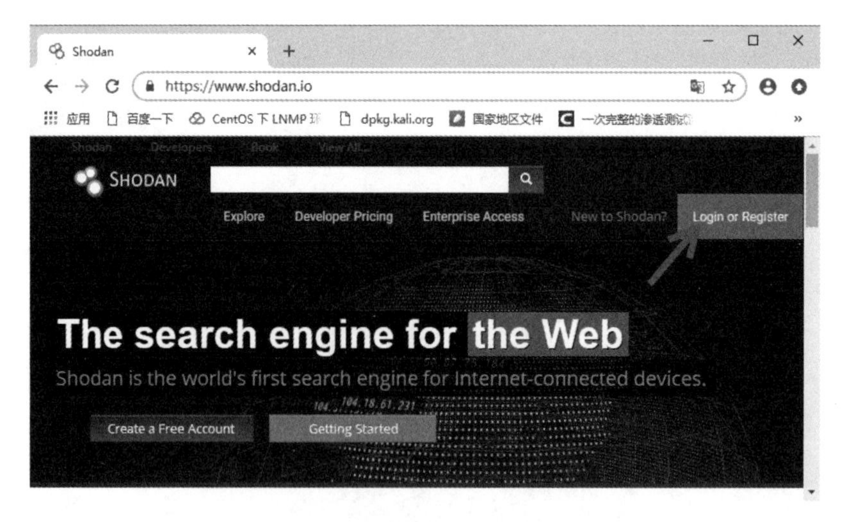

图 B.1　Shodan 官方主页

（2）选择右上角的 Login or Register 选项，将打开账号登录和注册页面。在其中选择 Register 选项卡，将进入注册页面，如图 B.2 所示。

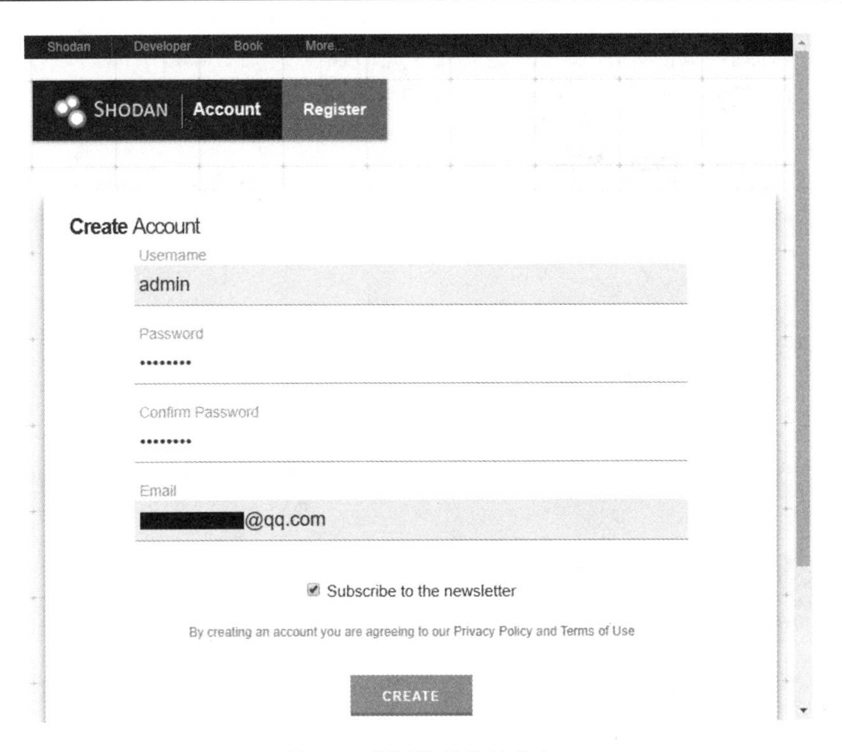

图 B.2　设置注册账号信息

（3）在图 B.2 中设置账号信息，如用户名、密码和邮箱地址。设置完成后，单击 CREATE 按钮，将进入如图 B.3 所示的页面。

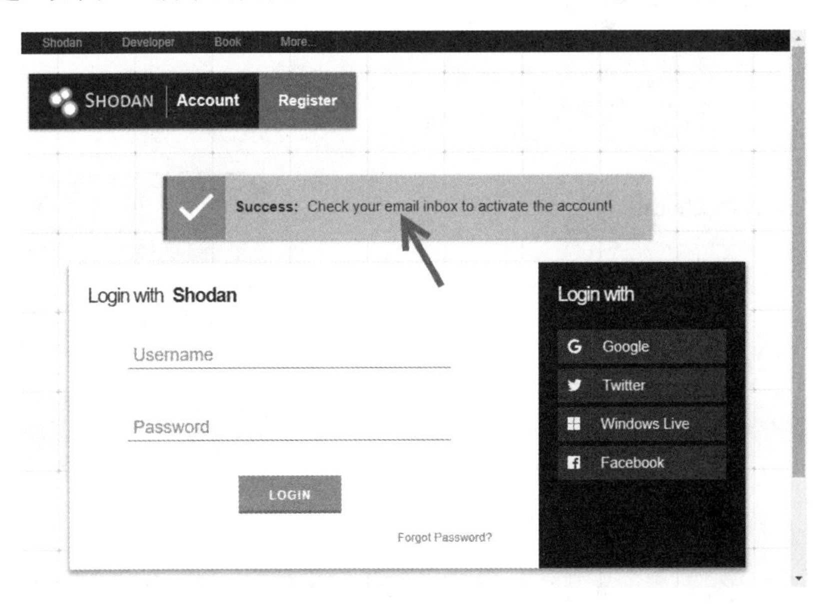

图 B.3　账号创建成功提示

（4）可以看到，页面提示账号创建成功。此时需要到注册邮箱中激活该账号。进入注册邮箱后，可以看到一个账户激活链接，如图 B.4 所示。

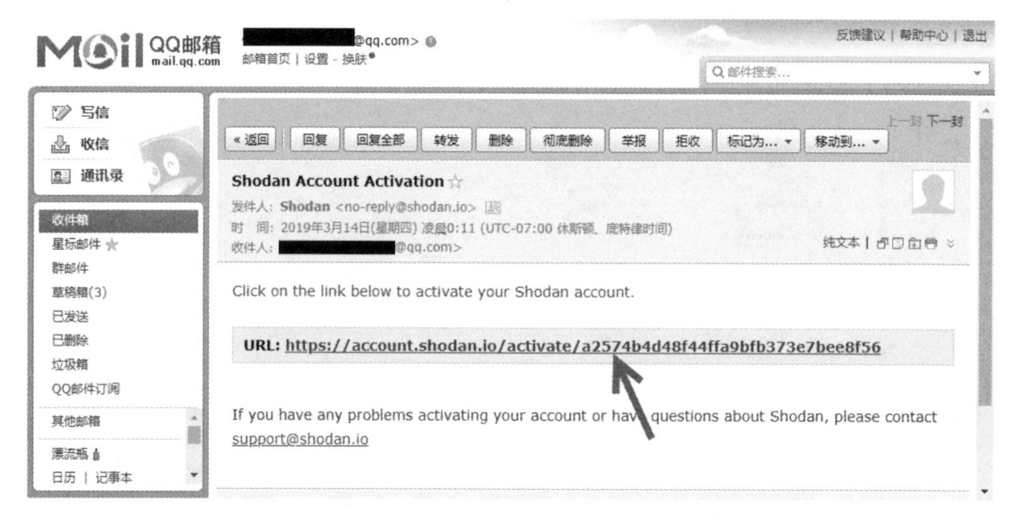

图 B.4　激活账户链接

（5）该链接用于激活 Shodan 账户。单击该链接，将显示如图 B.5 所示的页面。

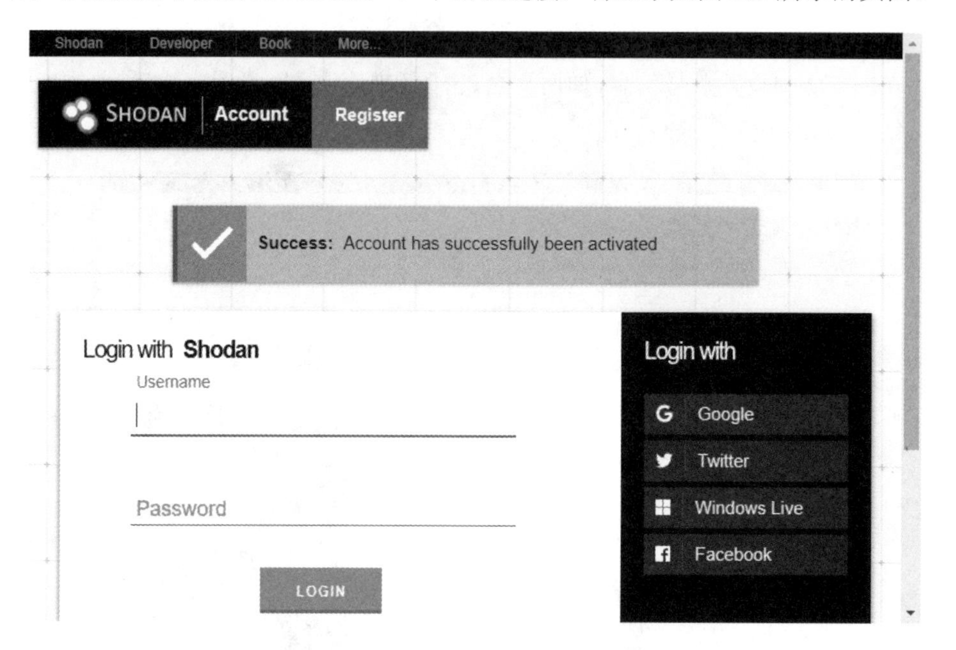

图 B.5　账户激活成功提示

（6）通过页面提示信息可以看到，账户已成功被激活。此时，在该页面中输入刚才注册的账户和密码登录 Shodan 网站，即可看到账户的 API Key 值，如图 B.6 所示。

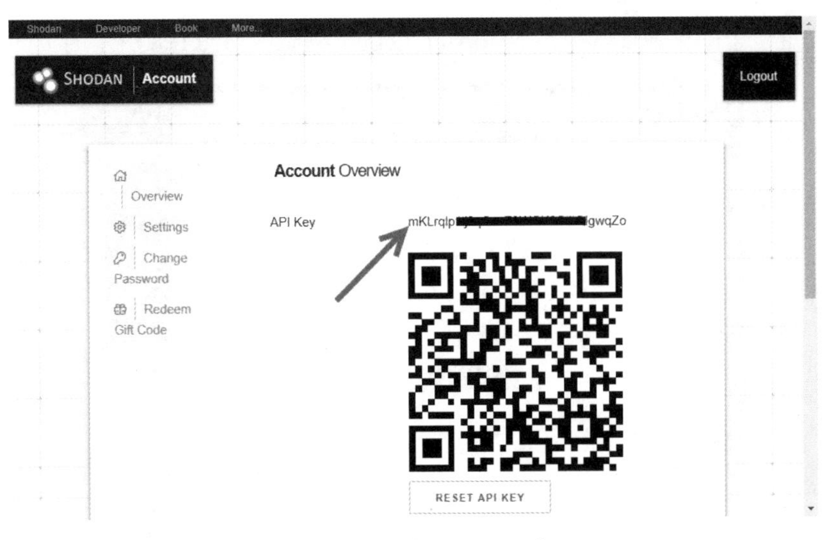

图 B.6　获取的 API Key 值

B.2　注册 ZETAlytics 账户

当我们安装由 ZETAlytics 提供的 Transform 时，也需要提供一个 API 值。所以，需要注册一个账号，才可以获取到其 API 值。下面介绍注册 ZETAlytics 账户的方法。

【实例 B-2】注册 ZETAlytics 账户，并获取 API Key。具体操作步骤如下：

（1）打开 ZETAlytics 网站的账号注册界面。地址如下：

https://zetalytics.auth0.com/login?client=b4wWwxE0Ot9hAIvH4BrpKLfdujLJs1C1。

当在浏览器中输入该地址后，将显示如图 B.7 所示的页面。

图 B.7　ZETAlytics 账户注册页面

（2）指定一个邮箱地址，单击 SUBMIT 按钮，将显示如图 B.8 所示的页面。

图 B.8　输入验证码

（3）此时需要在页面中输入一个验证码。该验证码会发送到第（2）步所指定的邮箱中，如图 B.9 所示。

图 B.9　获取到的验证码

（4）将邮箱中收到的验证码输入图 B.8 所示页面中，单击 SUBMIT 按钮，即可获取到一个 API Key，如图 B.10 所示。

图 B.10 获取到的 API Key

（5）从图 B.10 中可以看到，成功获取到了一个 API Key 值。

推荐阅读

国内物联网工程学科的奠基性作品，物联网工程研发一线工程师的经验总结

物联网之源：信息物理与信息感知基础

作者：李同滨 等　书号：978-7-111-58734-7　定价：59.00元

对物联网教学和研究有较高价值，通过动手实验让读者掌握智能传感器产品的研发技能

本书为“物联网工程实战丛书”第1卷。本书从信息物理和信息感知的角度，全面、系统地阐述了物联网技术的理论基础和知识体系，并对物联网的发展趋势和应用前景做了前瞻性的展望。本书提供教学PPT，以方便读者学习和老师教学使用。

物联网之芯：传感器件与通信芯片设计

作者：曾凡太 等　书号：978-7-111-61324-4　定价：99.00元

对物联网教学和研究有较高价值，系统阐述物联网传感器件与通信芯片的设计理念与方法

本书为“物联网工程实战丛书”第2卷。书中从物联网工程的实际需求出发，阐述了传感器件与通信芯片的设计理念，从设计源头告诉读者要设计什么样的芯片。集成电路设计是一门专业技术，其设计方法和流程有专门的著作介绍，不在本书讲述范围之内。

物联网之云：云平台搭建与大数据处理

作者：王见 等　书号：978-7-111-59163-7　定价：49.00元

百度外卖首席架构师梁福坤、神州数码云计算技术总监戴剑等5位技术专家推荐
全面、系统地介绍了云计算、大数据和雾计算等技术在物联网中的应用

本书为“物联网工程实战丛书”第4卷。本书阐述了云计算的基本概念、工作原理和信息处理流程，详细讲述了云计算的数学基础及大数据处理方法，并给出了云计算和雾计算的项目研发流程，展望了云计算的发展前景。本书提供教学PPT，以方便读者学习和老师教学使用。